交通运输工程概论

蒋红斐　主编

中南大学出版社
www.csupress.com.cn

图书在版编目(CIP)数据

交通运输工程概论/蒋红斐主编. —长沙:中南大学出版社,2016.8
ISBN 978 - 7 - 5487 - 2315 - 8

Ⅰ.交... Ⅱ.蒋... Ⅲ.交通工程学 Ⅳ.U491

中国版本图书馆 CIP 数据核字(2016)第 140666 号

交通运输工程概论

蒋红斐 主编

□责任编辑	刘颖维	
□责任印制	易红卫	
□出版发行	中南大学出版社	
	社址:长沙市麓山南路	邮编:410083
	发行科电话:0731-88876770	传真:0731-88710482
□印　装	长沙印通印刷有限公司	

□开　本	787×1092　1/16	□印张 12.5	□字数 315 千字
□版　次	2016 年 8 月第 1 版	□印次	2016 年 8 月第 1 次印刷
□书　号	ISBN 978 - 7 - 5487 - 2315 - 8		
□定　价	30.00 元		

普通高校土木工程专业系列精品规划教材

编审委员会

总　序

　　土木工程是促进我国国民经济发展的重要支柱产业。近30年来，我国公路、铁路、城市轨道交通等基础设施以及城市建筑进入了高速发展阶段，以高速、重载和超高层为特征的建设工程的安全性、经济性和耐久性等高标准要求向传统的土木工程设计、施工技术提出了严峻挑战。面对新挑战，国内外土木工程行业的设计、施工、养护技术人员和科研工作者在工程实践和科学研究工作中，不断提出创新理念，积极开展基础理论和技术创新，研发了大量的新技术、新材料和新设备，形成了成套设计、施工和养护的新规范和技术手册，并在工程实践中大范围应用。

　　土木工程行业日新月异的发展，对现代土木工程专业技术人才培养提出了迫切要求。教材建设和教学内容是人才培养的重要环节。为向普通高校本科生全面、系统和深入阐述公路、铁路、城市轨道交通以及建筑结构等土木工程领域的基础理论和工程技术成果，由中南大学出版社、中南大学土木工程学院组织国内土木工程领域一批专家、学者组成"普通高校土木工程专业系列精品规划教材"编审委员会，共同编写这套系列教材。通过多次研讨，确定了这套土木工程专业系列教材的编写原则：

　　1. 系统性

　　本系列教材以《土木工程指导性专业规范》为指导，教材内容满足城乡建筑、公路、铁路以及城市轨道交通等领域的建筑工程、桥梁工程、道路工程、铁道工程、隧道与地下工程和土木工程管理等方向的需求。

　　2. 先进性

　　本系列教材与21世纪土木工程专业人才培养模式的研究成果密切结合，既突出土木工程专业理论知识的传承，又尽可能全面反映土木工程领域的新理论、新技术和新方法，注重各门内容的充实与更新。

　　3. 实用性

　　本系列教材针对90后学生的知识与素质特点，以应用性人才培养为目标，注重理论知识与案例分析相结合，传统教学方式与基于现代信息技术的教学手段相结合，重点培养学生的工程实践能力，提高学生的创新素质。这套教材不仅是面向普通高校土木工程专业本科生的课程教材，还可作为其他层次学历教育和短期培训的教材和广大土木工程技术人员的专业参考书。

4. 严谨性

本系列教材的编写出版要求严格按国家相关规范和标准执行，认真把好编写人员遴选关、教材大纲评审关、教材内容主审关和教材编辑出版关，尽最大努力提高教材编写质量，力求出精品教材。

根据本套系列教材的编写原则，我们邀请了一批长期从事土木工程专业教学的一线教师负责本系列教材的编写工作。但是，由于我们的水平和经验所限，这套教材的编写肯定有不尽人意的地方，敬请读者朋友们不吝赐教。编委会将根据读者意见、土木工程发展趋势和教学手段的提升，对教材进行认真修订，以期保持这套教材的时代性和实用性。

最后，衷心感谢全套教材的参编同仁，由于他们的辛勤劳动，编撰工作才能顺利完成。真诚感谢中南大学校领导、中南大学出版社领导和编辑们，他们的大力支持和辛勤工作，本套教材才能够如期与读者见面。

2016 年 7 月

前　言

本书是为开设交通运输工程概论这一课程而编写的。

编写本书的目的是为适应当前教学改革新形势的需要。我国高校的教学模式主要沿袭苏联的教学模式，其主要问题是学生在校学习时知识面过窄。而随着市场经济体制的建立，科学技术的进步和产业结构的调整，用人单位对毕业生的综合能力要求越来越高，对复合型人才的需求日益强烈，知识面过窄必然导致学生参加工作后适应能力较差。拓宽学生的知识面，改善其知识结构，是突破这一困局的关键所在。因此在培养交通土建方向的复合型专门人才时，必须让学生了解现代交通运输体系中各种运输方式的基本情况及发展方向。

铁路运输、道路运输、水路运输、航空运输及管道运输是现代社会中交通运输的主要方式。由多种运输方式共同组成的国内、国际综合运输网络已成为现代经济和社会发展中不可或缺的重要组成部分，并作为国民经济的基础设施和支柱产业，在国民经济建设和社会发展中起着极其重要的作用。在此过程中交通运输工程逐步形成一门独立的学科。

交通运输工程学科涉及交通基础设施的布局及修建、载运工具的运用、交通信息工程及控制、交通运输规划及管理等。当前铁路、道路、水路及航空运输正向高速、重载、自动化、信息化、专业化和综合化的方向发展，管道运输则朝着大口径、高压强方向发展，本学科覆盖的领域和研究方向不断地更新、拓宽。

交通运输工程学科内容博大精深，教材内容的选取应既体现交通运输工程这门学科的综合性和完整性，具有一定的深度和广度，还应介绍近年来国内外专家学者在该学科领域所进行的工作和最新的科学研究成果。针对交通土建方向的毕业生主要从事公路、城市道路、机场、铁道等工程的规划、勘察、设计、施工、养护与管理的特点，本书介绍了现代交通运输业中各种运输方式的技术经济特征、主要设施、运输流程，重点阐述与各种运输方式相关的基本知识及基本原理，在此基础上还扼要介绍了科技发展的新技术、新理论，以启迪学生的思路，开阔其视野。

本书参考、选用了已出版的交通运输方面的教材的部分内容，在此致以衷心的谢意。

编　者

2016 年 5 月

目 录

0 绪 论

0.1 交通运输业简介

交通运输业指国民经济中专门从事运送货物和旅客的社会生产部门。

交通运输业在整个社会机制中起着纽带作用。交通运输是衔接生产和消费的一个重要环节，也是人们在政治、经济、文化、军事等方面联系交往的手段。因此交通运输是人类社会生产、经济、生活中不可缺少的重要环节。

现代化交通运输系统由铁路、水路、道路、航空、管道五种基本方式构成。

这五种运输方式的线路设备、运载工具和相应的运行组织方法各不相同，有各自的优势和不足，有各自的适应范围。这就说明五种不同的运输方式之间的关系必然也应该是相互补充、相互协作的，任何一种运输方式的发展，如果超越了其合理的限度，必定会导致混乱和浪费。

纵观交通运输业的发展史，在历史上的各个时期，虽然有所侧重，但都是几种运输方式同时并存的，没有单纯使用某一种运输方式的先例。然而，从世界范围内交通运输业发展的侧重点和起主导作用的角度考察，可以将整个交通运输业的发展以某种运输方式为标志分为四个阶段，即水运阶段，铁路阶段，铁路、道路、航空和管道运输阶段及综合运输阶段。

水上运输既是一种古老的运输方式，又是一种现代化的运输方式。在铁路出现以前，水上运输同以人力、畜力为动力的陆上运输方式相比，无论运输能力、运输成本和方便程度等各个方面都处于优势地位。因此，发达国家早期的工业大多沿通航水道的两岸设厂，形成沿着江、河布局的所谓"工业走廊"。在历史上，水运的发展对工业的布局带来很大的影响。此外，海洋运输还具有其独特的地位，由于地理因素的关系（大陆被海洋分隔），海洋运输是沟通联系各个国家和地区的主要运输方式，尤其是在大力发展对外贸易过程中，它的主导作用几乎是无可替代的。

1825 年英国修建了世界上第一条铁路（斯托克顿至达灵顿）并投入公共客货运输，从此标志着铁路时代的开始。由于铁路能够高速地、大量地运输旅客和货物，几乎可以垄断当时的陆上运输，因而极大地改变了陆上运输的面貌，为工农业的发展提供了新的、强有力的交通运输工具。从此，工业布局摆脱了对水上运输的依赖，可以深入内陆腹地，加速了工农业的发展。由于铁路运输当时在技术及经济上都处于优势地位，因此，19 世纪工业发达的欧美各国相继掀起了铁路建设高潮。以后又扩展到亚洲、非洲和南美洲,使铁路运输在这个发展阶段几乎处于垄断的地位。

20世纪30—50年代,道路、航空和管道运输相继发展,与铁路运输进行激烈的竞争。就道路运输而言,由于汽车工业的发展和道路网的扩大,尤其是高速公路的发展,使道路运输能充分发挥其机动灵活、迅速方便的优势,不仅在短途运输方面而且在长途运输方面也占有重要的地位。航空运输在速度上的优势,不仅使其在旅客运输方面(特别是长途旅客运输方面)占有重要的地位,而且也使其在货运方面得到发展。

以连续运输方式出现的管道运输,虽然其运输货物的品类有限,但由于运输成本低,输送方便,因此发展很快,至今方兴未艾。

铁路、水运、道路、航空和管道五种运输方式各有不同的技术经济性能和使用范围,因此需要有预见地、有计划地进行综合考虑,协调各种运输方式之间的关系,构建一个现代化的综合运输体系。综合运输阶段的重点之一是合理进行铁路、水运、道路、航空和管道运输之间的分工,充分发挥各种运输方式的优势。此外,还必须从人类同环境和能源之间关系的角度去考察问题。目前世界交通运输网的扩展速度相对于大发展时期已经有所减缓,而调整交通运输布局和提高交通运输质量则成为综合运输阶段的主要趋势。

0.2   交通运输业的基本特点

交通运输业的劳动工具为交通路线、车、船和飞机等,各种运输方式虽然使用不同的技术设备,具有不同的技术经济性能,但生产的却是同一种产品,它对社会具有同样的效用。

交通运输业的劳动对象是货物和旅客。

运输生产过程不像工农业生产那样改变劳动对象的物理、化学性质和形态,而只改变运输对象(旅客和货物)的空间位置,并不创造新的产品,因此,交通运输业的产品就是使旅客和货物产生位移。对旅客运输来说,交通运输业的产品直接被人们所消费;对货物运输来说,它把价值追加到被运输的货物身上。所以,在满足社会运输需求的条件下,多余的运输产品和运输支出,对社会是一种浪费。

0.3   各种运输方式的技术经济特征及其评价

人们对交通运输的要求是安全、迅速、经济、便利。各种运输方式的技术经济特征可以从上述要求出发,从以下几个方面进行考察。

首先是送达速度。技术速度决定运载工具在途运行的时间,但技术速度并不包括途中的停留时间和始发、终到两端的作业时间。送达速度则包含这两项时间,因此送达速度低于技术速度。对旅客和收、发货人而言,送达时间具有实际的意义。铁路的送达速度一般高于水路运输和道路运输。但在短途运输方面,其送达速度反而低于道路运输。航空运输在速度上虽然占有极大的优势,但只有将旅客前往机场和离开机场到达目的地的时间考虑在内,方有实际意义的比较。

其次是投资方面。各种运输方式由于其技术设备的构成不同,不但投资总额大小各异,而且投资期限和初期投资的金额也有相当大的差别。例如，铁路技术设备（线路、机车车辆、车站等）建设需要投入大量的人力、物力，投资额大而且工期长。相对而言，水路运输是利用天然航道进行的，其设备的投资远较铁路低，投资主要集中在船舶、码头。比较各种运输方式的投资水平，还需要考虑运输密度和运载工具利用率等因素。

第三是运输成本。一般来说，水运及管道运输成本最低，其次为铁路和道路运输，航空运输成本最高。考察某种运输方式的运输成本必须根据具体情况进行分析。例如，运输货物的品种不同，则各种运输方式之间的运输成本差异也不同。运输方向不同，各种运输方式相应的运输距离会有差异。因此只有结合具体的运输条件进行分析，比较其运输成本才具有现实意义。

此外还应从能源、运输能力、运输的经常性和机动性等方面考察各种运输方式的特性。例如从能源的角度来看，铁路运输由于可以采用电力牵引，在这个方面就占有优势。从运输能力的角度来看，水运和铁路都处于优势的地位。从运输的经常性角度来看，铁路运输受季节和气候的影响最小。而就运输的机动性而言，则道路运输最好。

将各种因素归纳在一起进行分析，就能获得各种运输方式的基本经济技术特征。

铁路运输的载运量大、运价低（在中国，其运输成本仅高于海运，同长江运输不相上下）；受气候季节变化影响小；普速列车运输过程中旅客列车的走行速度与技术速度相差不大，货物列车的区段走行速度较慢；高速铁路的运行速度快，可与飞机竞争；修建铁路工程造价高，受经济和地理条件限制，不能在短期内完成，这是它的缺点。在中国，铁路主要承担大宗货物和旅客的中长距离运输。

水路运输中海洋和主要内河干线上的轮船及拖驳船队载重量大，航道航线通过能力所受限制极小；运输成本低；它主要担负大宗、笨重货物的长途运输；由于水上航道的地理走向和水情变化难以全面控制，在运输的连续性和灵活性方面，难以和铁路、道路相提并论。

道路运输是最重要和最普遍的中短途运输方式。道路运输虽然一次载运量小，运价较高，但对不同的自然条件适应性强；机动灵活，技术速度与送达速度均较高；汽车交通广泛服务于地方和城乡的物资交流和旅客来往，为干线交通集散客货，并便于实现货物运输"门到门"服务；近年来，由于高速公路的迅速发展，公路货物运输正逐步向中、长距离发展，汽车运输的范围正在扩大。

航空运输是速度最快的运输方式，具有在两点间运输距离短，基本建设周期短，投资较少、灵活性大、可跨越各种天然障碍物等优点，它在长途和国际旅客运输中占据特殊的地位；民航运输的主要问题是机舱容积和载重量都比较小，成本高、运价也比地面运输高，而且在一定程度上还受气候条件的限制，从而影响运输的准确性与经常性。随着我国国民经济的发展和对外联系的增加，新的机场和新的航线不断出现，其重要性正在日益增长。

管道运输适合于石油及其制品、天然气、煤气以及生产和民用水等流体货物的运输。管道运输具有输量大、可不间断运送、管理方便、受自然条件影响小等优点。但无法承担多种货物运输，且铺设时需大量钢材。近年来随着固体物料液化技术的发展，管道运输已开始用于煤炭、矿石等固体物料的运输。

0.4 货物流通过程

货物流通过程是指货物由生产地向消费地流动的全过程。货物流通过程是由一个或一个以上货物运输过程所组成,货物运输过程指由承运到交付的全部过程。

货物只有完成其流通过程,才能进而实现它的使用价值。因此,货物流通过程在很大程度上可以视为商品(或物资)生产过程的继续。就实际而言,也可以说货物流通过程是货物生产过程的重要组成部分。货物流通过程是借助于交通运输部门(包括从属于物质生产部门的专业交通运输企业)所提供的交通运输工具来实现的。按所使用的运输工具的不同,货物流通过程有如下三种模式。

①铁路(道路)为主干货物流通模式:以铁路(道路)运输为干线运输方式,其他运输方式完成集散功能的货物流通模式。

②航空为主干货物流通模式:以航空运输作为干线运输方式,其他运输方式完成集散功能的货物流通模式。

③水运为主干货物流通模式:以水路运输作为干线运输方式,其他运输方式完成集散功能的货物流通模式。

第 1 章

铁路运输

1.1 铁路运输概述

1.1.1 世界铁路的由来和发展

1. 初建时期

从 16 世纪开始，德国和英国的矿山就有用木轨（铺板）和带轮缘车轮的车辆运送煤炭和矿石，借以减少车辆运行时的阻力，以后又逐渐演变为铁轨和铁车轮。当时的运送距离不长，仅限于矿区范围之内，车辆的动力是人力或畜力（主要是马力）。1804 年，英国人特雷维希克制造了第一台行驶于轨道上的蒸汽机车，随着蒸汽机车的出现这种运输设备就逐渐形成了今日铁路的雏形。

1825 年，英国在达林顿到斯托克顿之间修建了世界上第一条铁路，长 21 km，并投入公共运输，运送旅客和货物。以后，欧美发达国家竞相仿效，法国（1828）、美国（1830）、德国（1835）、比利时（1835）、俄国（1837）、意大利（1839）等国纷纷修建铁路；到 19 世纪 50 年代初期，亚、非、拉地区的某些国家也开始修建铁路，这些国家包括印度（1853）、埃及（1854）、巴西（1854）、日本（1872）等国。自 1825 年开始到 1860 年间，世界铁路已修建了 105000 km。

2. 大发展时期

19 世纪初期，陆上主要的运输工具是马车。铁路运输与马车运输相比有着不可比拟的优越性，主要表现在运费低（仅为马车的 1/10 ~ 1/7）、速度快及作业准确等方面。因此在陆上运送货物时，铁路是货主的不二选择。

由于运力不足，需求旺盛，铁路运输的利润很高，因此发展迅速，铁路运输成为当时最重要的交通运输方式，占有优势地位，形成了所谓的铁路时代。

19 世纪末至 20 世纪 20 年代期间世界呈现铁路大发展的局面。这一时期铁路建筑技术和铁路机车制造技术发展很快，如铁路隧道开凿技术方面，1872—1881 年建成的位于瑞士境内的圣哥达隧道，长 15 km，首次采用上导坑先拱后墙法施工；在铁路机车制造方面，蒸汽机车的性能日趋完善，同时电力机车和内燃机车先后于 1879 年和 1892 年研制成功。

在此基础上，工业发达国家的铁路已渐具规模，俄国修建的西伯利亚铁路和美国开发西部修建的铁路，都长达数千千米。从 1870 年至第一次世界大战前，每年平均修建 2×10^4 km，1913 年世界铁路里程达 1.104×10^6 km；世界铁路的绝大部分集中在英、美、德、法、俄五国。以美国为例，从纽约到芝加哥有八条平行铁路干线，在芝加哥有20多个铁路公司和五个大型客站。

另外，铁路的运行速度也有很大提升。

3. 停滞不前时期

从第一次世界大战后期到第二次世界大战前期，发达国家铁路基本停止发展。

从20世纪50年代到60年代，很多发达国家的铁路公司效益下滑，亏损严重，不得不将铁路收归国有或封闭、拆除铁路。美国1929年有铁路4.01×10^5 km，1955年减少为3.55×10^5 km。法国1929年有铁路6.3×10^4 km，1955年减少为4.5×10^4 km。英国1929年有铁路3.23×10^4 km，1955年减少为3.08×10^4 km。

这是因为在这一时期内公路、水运、航空和管道运输发展迅速，这些运输方式与铁路开展激烈竞争，强大的竞争压力虽然促使铁路提高行车速度和提升铁路客、货运输的服务水平，采用内燃机车和电力机车来代替落后的蒸汽机车，这在一定程度上提高了铁路的竞争力；但铁路运输不可能在每个方面都胜过其他四种运输方式，铁路、道路、水运、航空和管道运输都有其独特的技术经济性能和应用范围，因此铁路时代终结不可避免。此外铁路的无序竞争，盲目发展及1929—1933年的全球性经济大衰退都加速了铁路时代的终结。

4. 现代化时期

第二次世界大战后，一些国家将交通运输的重点转向了道路和民航运输。从20世纪60年代开始，人们发现道路运输和航空运输中存在的一些问题，诸如道路的堵塞使汽车运输效率受到影响，交通事故增加；道路和航空运输造成的大气污染和噪音污染，形成了交通公害。20世纪70年代能源危机也使世界各国重新评价各种运输方式，寻求能耗较低的交通运输工具。相对而言，铁路运输线路是专用的，并且可以直接利用电能作为动力（电力机车），因此在堵塞、事故、能源消耗等方面铁路运输因没有出现严重的问题而再度受到重视，铁路又进入了新的发展阶段，铁路设施及运营质量进一步提升，主要表现在如下几方面。

①普速铁路上旅客列车速度大幅提高。提高旅客列车速度可提高旅客运输的质量和竞争能力（主要针对公路运输），这对保证客流量有重要作用，一般来说，非高速铁路上列车的运行速度最高可达160 km/h。

②高速铁路快速发展。发展高速铁路使铁路可以与航空运输竞争，进一步稳固铁路在运输业中的地位。

③货运采用重载技术。铁路重载运输的主要特点是充分利用铁路设施的综合能力，扩大列车编组长度，大幅提高列车牵引总重，从而增强运输能力，提高运输效率，并降低运输成本。

④国有铁路运行机制进一步优化。对国有铁路运行机制进行改革不外乎两个原因：其一是国有铁路的服务质量低；其二是国有铁路的效益差，甚至亏损严重，给国家背上了沉重的包袱。其措施主要有国有铁路民营化，国有铁路公司化及扩大铁路经营范围。

当然，今天人们也认识到在交通运输业的发展过程中，铁路、水运、公路、航空和管道五种运输方式是相互制约的，也是相辅相成的。当今的铁路运输不会再回到过去"铁路时代"中的独占优势地位，而是在五种基本的现代化运输方式共同协作的综合运输网中发挥其重要作用。

1.1.2　轮轨高速铁路

1. 轮轨高速铁路的产生

1895 年在英国西海岸铁路伦敦至亚伯丁区段（距离为 868 km），铁路运营部门采用减轻牵引质量和少停站的办法（牵引质量仅为 70 t，途中停站 3 次），使列车直达速度达到了 101.6 km/h。

20 世纪 30 年代中期，美国圣太菲铁路公司在南方干线上，在 325.9 km 的距离内达到了 134.8 km/h 的运行速度。

1936 年德国在柏林至汉堡间的铁路线路上达到了 200 km/h 的运行速度。

1928 年在伦敦东北铁路上，苏格兰飞人号创造了由伦敦到爱丁堡 630 km 不停车的运行记录，直到 1958 年每天还有 26 列蒸汽机车利用水槽进行不停车上水，在 360~480 km 间不停车运行。不停车运行可以提高旅行速度。

列车的运行速度一直是铁路竞争力的一个重要指标。第二次世界大战后，高速公路和民用航空发展迅速，铁路客货运量日减，营业亏损，铁路必须增强竞争力，基于这个原因，高速铁路应运而生。

根据 UIC（国际铁道联盟）的定义，高速铁路是指营运速率达每小时 200 km 的铁路系统（也有每小时 250 km 的说法）。

世界上第一条高速铁路是日本的东海道新干线（东京—大阪），该线 1959 年 4 月 5 日动工，1964 年 7 月竣工，1964 年 10 月通车，最高速度为 210 km/h，耗资 3300 亿日元。东京至大阪 515 km，新干线全线运行时间仅 3 h 10 min，东京到大阪的直达速度达到了 162.6 km/h，20 世纪 90 年代它又将速度提高到 270 km/h，进一步缩短了运行时间。日本的东海道新干线实现了与航空竞争的预期目的，客运量逐年增加，利润逐年提高。于是，许多资金充裕、科技先进的国家，纷纷兴建高速铁路。法国在 1981 年建成了它的第一条高速铁路，长 425 km 的 TGV 东南线，速度达 270 km/h；1989 年长 308 km 的 TGV 大西洋线投入运行，速度为 300 km/h。

2. 轮轨高速铁路的特点

轮轨高速铁路的特点有如下几个方面：

①速度快。从节约总旅行时间来看，在距离 200~1000 km 范围内优于高速公路和飞机。

②运能大。高速铁路和四车道高速公路单方向昼夜输送旅客人数之比为 1:0.2。

③舒适度和安全性好。既有高速铁路在运营中很少发生伤亡事故，且旅客乘坐舒适。

④能耗低。如普通铁路每人每千米的能耗为 1，则高速铁路为 1.42；公共汽车为 1.45；小汽车为 8.2；飞机为 7.44。

⑤受气候变化影响小，正点率高。日本规定到发超过 1 分钟就算晚点，晚点超过 2 h 就要退还旅客的加快费。

⑥占地少。高速铁路比高速公路占地少，四车道高速公路占地宽 26 m，双线高速铁路占地宽 20 m。

⑦利于环境保护。高速铁路一般采用电力牵引，基本无空气污染，如考虑火电厂污物排放量，则高速铁路、小汽车、飞机的二氧化碳排放量之比为 1:3.0:4.1。

⑧运价较高。国内高速铁路票价接近民航飞机打折票的价格；国外高速铁路的票价一般

为飞机票价的 2/3。

⑨投资效益差。世界银行在其发布的《高铁研究报告》中指出："尽管成功的高速铁路服务能够带来经济和环境效益，但从国际上看，高速铁路很少能够完全收回投资。"我国高铁的投资效益并不好。

3. 轮轨高速铁路的模式

轮轨高速铁路的修建模式主要有下列几种。

①日本新干线模式。日本普速铁路是轨距为 1067 mm 的窄轨铁路，新干线一律采用标准轨距，全部修建新线，旅客列车专用，并采用较小的坡度。

②法国 TGV 模式。大部分修新线，采用较大坡度以降低工程造价，旅客列车专用。法国 TGV 在 2007 年创下了 574.8 km/h 的最高运行速度。1996 年，欧盟采用法国高速铁路技术标准作为其高速铁路的技术标准。TGV 技术被出口至韩国、西班牙和澳大利亚等国，是被运用最广泛的轮轨高铁技术。

③德国 ICE 模式。全部修建新线，客货混跑与客运专线并存。

④英国 APT 模式。既不修建新线，也不对旧线进行大量改造，采用摆式车体组成动车组；客货混跑。

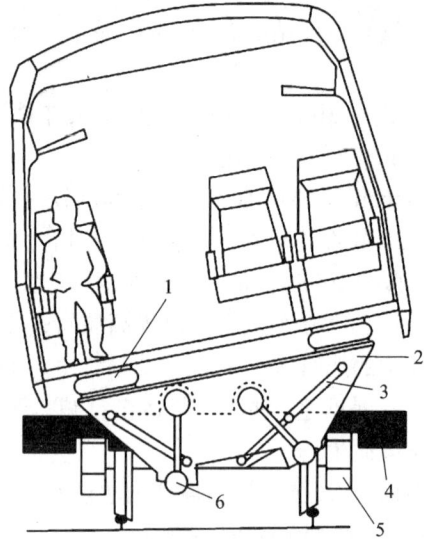

图 1-1　摆式车体构造示意图
1—空气弹簧；2—上摇枕；3—液压缸；
4—下摇枕；5—转向架；6—摆杆

摆式车体可以随运行时所通过的线路曲线半径和列车速度的变化作相应的侧向摆动，使作用在车体的离心力与其重力的分力达到平衡状态，其构造如图 1-1 所示。

1.1.3　磁悬浮高速铁路

自 1825 年世界上第一条标准轨距铁路出现以来，轮轨火车一直是人们出行的交通工具。然而，随着火车速度的提高，轮子和钢轨之间产生猛烈冲击引起列车强烈震动，发出很强大噪音，从而使乘客感到不舒服。此外，由于列车行驶速度愈高，阻力就愈大。所以，当火车行驶速度超过每小时 300 km 时，就很难再提速了。

如果能够使火车从铁轨上浮起来，消除火车车轮与铁轨之间的摩擦，就能大幅度地提高火车的速度。但如何使火车从铁轨上浮起来呢？科学家想到了两种解决方法：一种是气浮法，即使火车向铁轨、地面大量喷气而利用其反作用力把火车浮起；另一种是磁浮法，即利用两个同名磁极之间的磁斥力或两个异名磁极之间的磁吸力使火车从铁轨上浮起来。在陆地上使用气浮法不但会激扬起大量尘土，而且会产生很大的噪音，会对环境造成很大的污染，因而不宜采用。这就使磁悬浮火车成为研究和试验的主要方法。

磁悬浮列车是一种利用磁力使列车悬浮在空中运行的列车。由于悬浮在空中，行走时不接触钢轨，因此其阻力只有空气阻力。磁悬浮列车具有高速、低噪音、环保、经济和舒适等特点。

磁悬浮技术的研究源于德国，早在 1922 年德国工程师赫尔曼·肯佩尔就提出了电磁悬浮原理，并于 1934 年申请了磁悬浮列车的专利。20 世纪 70 年代以后，随着世界工业化国家经济实力的不断加强，为提高交通运输能力以适应其经济发展的需要，德国、日本等发达国家相继开始筹划进行磁悬浮运输系统的开发。

磁悬浮列车有两种类型：一为常导磁悬浮列车；二为超导磁悬浮列车。

世界上第一条投入实际运营的常导型磁悬浮铁路建在我国上海，从上海浦东机场到浦东龙阳路站，该线路计划延伸到浙江杭州。线路 2001 年 3 月 1 日开工，2002 年 12 月 31 日通车；该段铁路长 30 多千米，需行驶 6～7 min，列车的运行速度为 430 km/h，列车共有 9 节车厢，可坐 959 人，每小时发车 12 列，双向运量达 2.3 万人。按每天运行 18 h 计算，最大年运量可达 1.5 亿人次。

世界上第一条设计最高时速达 505 km 的超导磁悬浮高速铁路开工仪式 2014 年 12 月 17 日在日本东京和名古屋两地同时举行，并正式动工建设。这条从计划到开工建设花费了 40 余年的超导磁悬浮高速铁路北起东京品川南至新大阪，工程分两期建设。第一期工程从东京品川到日本中部的名古屋，全程约 286 km，计划投资 5.5235 万亿日元，建设工期预计 13 年，计划于 2027 年建成通车。第二期工程从名古屋到新大阪，计划在 2045 年之前建成营业。这条磁悬浮高速铁路途经东京、神奈川、山梨、长野、岐阜和爱知等七个都县，其中 80% 以上的路段需要开凿隧道，其中一条隧道长达 25 km，沿途基本上都是崇山峻岭，地形地质情况复杂，施工难度很大。

1. 磁悬浮列车的腾空原理

（1）超导磁悬浮列车

超导磁悬浮列车的最主要特征就是其超导元件在相当低的温度下所具有的完全导电性和完全抗磁性。超导磁铁由超导材料制成的超导线圈构成，不仅电流阻力为零，而且可以传导普通导线根本无法传导的强大电流，这种特性使其能够制成体积小且功率强大的电磁铁。

超导型磁悬浮列车的悬浮系统如图 1-2 所示，超导磁悬浮列车车厢的两侧，安装有磁场强大的超导电磁铁。车辆运行时，这种电磁铁的磁场切割轨道两侧安装的 8 字形线圈，致使其中产生感应电流，同时产生一个磁场，这一感应磁场使上半个线圈对车体产生吸引力，下半个线圈（电流方向相反）产生推斥力，进而合成悬浮力（超导线圈的横向中心线低于 8 字形线圈的横向中心线）并将车辆推离轨面在空中悬浮起来。由于超导磁铁与 U 形槽的对称性，导向力也就随之产生。悬浮力和导向力随车速的增大而增大。

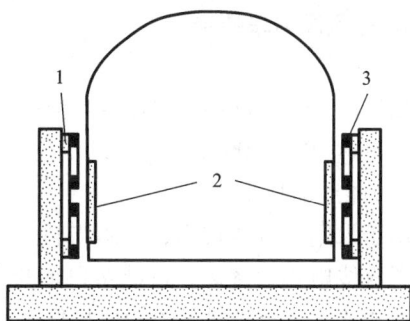

图 1-2　超导型磁悬浮列车悬浮系统
1—推进线圈；2—超导磁体；3—8 字形零磁通线圈

但是，静止时，由于没有切割电势与电流，车辆不能产生悬浮，只能像飞机一样用轮子支撑车体。当车辆在直线电机的驱动下前进，速度达到 80 km/h 以上时，车辆才能悬浮起来。

利用车上超导体电磁铁形成的磁场与轨道上线圈形成的磁场之间所产生的相斥力使车体悬浮运行的铁路，悬浮高度一般为 100 mm 左右。目前，日本的磁悬浮列车 MLX 系列，试验中的最高速度超过了 600 km/h。

（2）常导磁悬浮列车

常导型磁悬浮列车的悬浮系统如图 1-3 所示，常导磁悬浮列车将悬浮和推进电磁铁置

于轨道下方并固定在车体转向架上，悬浮
和推进电磁铁通电时产生一个强大的磁场，
磁场与T形梁下的导轨相互吸引，列车就
能悬浮起来。这种吸力式磁悬浮列车无论
是静止还是运动，都能保持稳定的悬浮
状态。

通过电磁铁产生的吸力，使车体悬浮
10 ~ 15 mm 的高度。由于悬浮高度较低，
因此对线路的平整度、路基下沉量及道岔
结构方面的要求较超导技术更高。

为了保证这种悬浮的可靠性和列车运
行的平稳，必须精确地控制电磁铁中的电
流，这样才能使磁场保持稳定的强度，使列

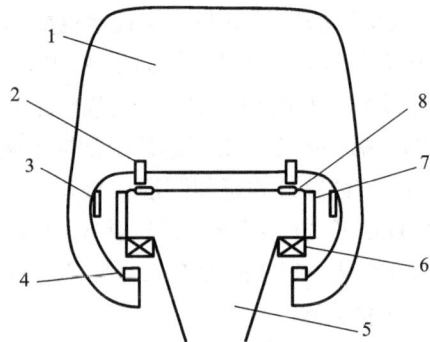

图 1-3　常导磁悬浮列车悬浮系统
1—车辆；2—滑块；3—导向和制动磁体；
4—悬浮和推进磁体；5—T形梁；
6—长定子铁心电枢绕组；7—导向和制动轨道；8—滑道

车与轨道之间始终保持合适的间隙，这个间隙值是使用气隙传感器来反馈的。

2. 磁悬浮列车前进的动力

磁悬浮列车的驱动原理和直线电动机的原理一模一样。可以把磁悬浮列车及轨道想象成
一台直线电动机，磁悬浮列车的定子就是轨道上的电磁体，转子就是磁悬浮列车的车体。线
路上的电磁体与列车上的电磁体的相互作用，使列车开动起来。

列车前进是因为列车上的电磁体(N极)被安装在靠前一点的轨道上的电磁体(S极)所
吸引，并且同时又被安装在轨道上稍后一点的电磁体(N极)所排斥。当列车前进时，在线圈
里流动的电流流向就反转过来了。其结果就是原来那个S极线圈，现在变为N极线圈了，反
之亦然。这样，列车由于轨道上电磁体极性的转换而得以持续向前奔驰。

3. 磁悬浮列车的特点

(1)速度高

磁悬浮列车速度高，常导磁悬浮列车运行速度可达 400 ~ 500 km/h，超导磁悬浮列车运
行速度可达 500 ~ 600 km/h。

(2)能源消耗小

由于采用无接触技术，车体与轨道之间不存在摩擦力；以电为动力，沿途无尾气污染；
长定子直线电机效率高，磁悬浮列车的自重轻，行驶时受到的空气阻力小。与公路交通或航
空交通相比，磁悬浮列车的能耗最低。

(3)噪音低

当磁悬浮列车以 200 km/h 的速度行驶时，几乎听不到什么声音；它可以在城市和人口稠
密区悄无声息地"飘浮"穿越，因为它所采用的无接触技术既不会产生滚动噪音，也不会产生
发动机噪音。当以更高的速度行驶时会出现空气噪声。磁悬浮列车即使以 300 km/h 的速度
行驶时，所产生的噪音与时速 80 km 左右的轻轨列车的噪音差不多；即便它的速度达到
400 km/h，噪音也要比速度要慢许多的传统轮轨列车的噪音小。

(4)地形适应性强

由于磁悬浮列车具有较强的爬坡能力，在相同速度下磁悬浮列车所需的弯曲半径较小，因
而其线路对地形的适应性强，选线自由度大，可以缩短线路长度，减少土石方数量，节约用地。

所以，铺设磁悬浮高速轨道不需要大规模地改变自然环境，并且能够较好地保护原始的地形地貌。

（5）强磁场问题

强磁场对人的健康，生态环境的平衡与电子产品的运行都会产生不良影响。

（6）断电安全问题

由于磁悬浮系统是凭借电磁力来进行悬浮、导向和驱动的，一旦断电，磁悬浮列车将发生严重的安全事故，断电后磁悬浮列车的安全保障仍然没有得到完全解决。

（7）造价及运营费高

轮轨高速铁路的造价每千米超过一亿元，磁悬浮高速铁路造价在每千米四亿元左右。因此磁悬浮铁路所需的投入巨大，投资回收期长，投资的风险系数高，这在一定程度上影响了投资者的信心，制约了磁悬浮铁路的发展。

中国科学院院士、铁路专家王梦恕说，据他掌握的资料，投资 120 亿元建设的 30 km 磁悬浮示范线，到现在光换设备就花了将近 10 亿元。巨额的运营成本，不到两成的客流，让上海磁悬浮交通公司每年都在以 5 亿～7 亿元的速度亏损。目前资产负债 70 多亿元（《时代周报》2009 年 2 月 26 日）。

我国也在积极开展磁悬浮铁路的研究，如西南交通大学和国防科学技术大学已造出磁悬浮列车的样车，2010 年 4 月 8 日，我国首辆高速磁悬浮国产车在成都实现交付。该样车由中航工业成都飞机工业（集团）有限公司制造，时速可达 500 km，标志着该企业已经具备了磁悬浮车辆国产化设计、整车集成和制造能力。它将在上海编组成列后，投入上海示范线的商业营运。

中国首条具有完全自主知识产权的中低速磁悬浮商业运营示范线——长沙磁悬浮快线 2016 年 5 月 6 日开通试运营。长沙磁悬浮快线全长 18.55 km，总投资 42.9 亿元人民币。

1.1.4　高速铁路的发展

"两院"院士沈志云指出，任何一种现有的地面交通工具，商业运营速度都不宜超过每小时 400 km，否则能耗大、噪音超标，难以被市场接受，这是由稠密大气层决定的。

基于此，一种最低时速 4000 km、能耗不到民航客机的 1/10、噪音和废气污染及事故率接近于零的新型交通工具——真空管道磁悬浮列车已呼之欲出。真空管道磁悬浮列车将把北京与华盛顿纳入两小时交通圈，用数小时完成环球旅行已经成为科学家近期努力的目标。

管道磁悬浮就是将磁悬浮铁路置于空气稀薄的管道中，其行驶速度可以大幅度提升。

研究者一开始就把这一运输方式的常规运行速度定位为每小时 4000 km，经过技术改进，每小时 6500 km 是一个中期目标。真空管道磁悬浮列车的理论极限速度接近第一宇宙速度，要达到每小时 2×10^4 km 是可以实现的。

管道磁悬浮由于是密封的，因此可以在海底及气候恶劣地区运行而不受任何影响。

美国兰德公司提出了如下的方案：由纽约到洛杉矶修建一条长 3950 km 的横贯美国东西的地下隧道，隧道内抽成相当于 1% 个大气压的真空，3950 km 的一半用于加速，一半用于减速，中间速度最高为 22500 km/h，转弯半径为 700～800 km。

真空管道磁悬浮技术的意义，类似于当初蒸汽机取代马力，将带来划时代的变革。民航、铁路运输将被大面积取代，人类将进入更清洁、高效的旅行时代。

1.1.5　重载铁路

重载铁路是指行驶列车总重大、轴重大及运量特大的铁路，主要用于输送大宗原材料货物的铁路。

国际铁路重载运输协会将列车总质量最少为 8000 t；线路长度≥150 km，年货运量≥4000万 t；列车轴重大于或等于 27 t 的铁路称为重载铁路。

重载运输适宜于诸如煤炭、矿石等大宗货物的长距离集中运输，在美国、加拿大、澳大利亚、南非、巴西、俄罗斯和中国等一些幅员辽阔、资源丰富的国家发展尤为迅速。

1967 年 10 月，美国诺克福西方铁路公司（N&W，现已归入诺克福南方铁路公司）在韦尔什至朴次茅斯的 250 km 线路上，开行了全长 6500 m、总重 44066 t 的重载列车。该列车由500 辆煤车编组而成，并由 6 台内燃机车分别位于列车头部和中部进行牵引。

1996 年 5 月 28 日，澳大利亚在纽曼山—海德兰港铁路线上，试验开行了全长 5892 m、总重 72191 t（铁矿石净重为 57309 t）的重载列车。该列车由 10 台 Dash-8 型内燃机车牵引540 辆货车（列车编组形式为：3 台机车 + 135 辆货车 + 2 台机车 + 135 辆货车 + 2 台机车 +135 辆货车 + 2 台机车 + 135 辆货车 + 1 台机车），试验列车平均速度为 57.8 km/h，最高速度达 75 km/h。

由于美国铁路充分发挥了重载运输的优势，才使之成为盈利的运输产业，其货运市场的份额保持在 40% 的水平，并有上升趋势。此外，还有加拿大、澳大利亚、巴西和南非等国的重载铁路都取得了良好的经济效益，并在交通运输业中占有重要地位。

20 世纪 90 年代初，我国建成了第一条重载铁路——大同至秦皇岛运煤专线，开行 6000 t重载列车，最大列车总重达 10000 t。随后在京沪、京广、京哈等重要干线普遍开行了 5000 t重载列车。

目前采用的重载技术有组合式、单元式及整列式三种。

组合式重载列车由两列及以上的普通货物列车连挂在一起组成，机车分别挂于列车头部和中部。

单元式重载列车由同型大型专用货车及大功率机车固定编组，中途不改编，在装车站至卸车站间往返循环运行。

整列式重载列车由单机或双机牵引，机车挂于列车头部，列车重量可达 5000 t 以上，采用普通列车的运行组织方法。我国开行的重载列车主要是这种模式。

1.1.6　我国铁路建设概况

1865 年英国商人杜兰德在北京宣武门外修建了窄轨铁路约 0.5 km 试行小火车，清政府以"见者骇怪"为理由，命令拆除；1876 年英国怡和洋行在上海到吴淞之间修建了 15 km、轨距为 762 mm 的窄轨铁路，清政府又出银 28.5 万两将路赎回拆除。直到 1880 年，清政府才同意英商在唐山至胥各庄之间修建一段长为 9 km 的铁路，以运送唐山开滦煤矿的煤，但只允许用骡马牵引，采用 1435 mm 的标准轨距，1882 年改用机车牵引。

1. 1949 年前中国铁路的特点

（1）多为外国人投资修建，标准不一

1840—1900 年，西方列强接连发动侵华战争，迫使清政府割地赔款，订立种种不平等条约，夺取筑路特权。如京汉铁路是比利时修建的，沪宁线是由英国修建的。

（2）路网分布极不合理

铁路主要集中在东北与沿海各省，西北和西南地区几乎没有铁路，如 1931 年九一八事变前，我国铁路总长 14239 km，东北铁路里程为 6170 km，占 43.3%。

（3）设备简陋，标准很低

设备设施类型多、数量不足、质量差。钢轨有 130 多种类型，机车有 120 多种类型；这给运营、维修和管理带来很大的不便。机车车辆数量少且破损不堪；浙赣线上某些路段没有信号设备，某些路段也没有铺道砟；宝天线绝大部分隧道没有衬砌，坍方断道经常发生；严重影响行车安全。

平面曲线半径小。粤汉线最小曲线半径仅 194 m，对列车运行速度和钢轨的使用寿命有很大影响。

坡段长度短。沪宁、沪杭线的最短坡道长度仅 152 m，导致列车跨越变坡点时产生较大的附加应力和局部加速度，难以保证列车的平稳运行。

2. 1949 年后中国的普速铁路建设

1949 年后，普速铁路建设速度很快，虽然期间遭受了大跃进、浮夸风和十年浩劫的干扰和破坏，走了一些弯路，但还是取得了巨大的成就。这主要表现在以下几方面。

（1）路网建设

1949 年前满洲里至昆明一线以西几乎没有铁路，目前铁路已延伸到西南、西北的边远地区，1949 年后在崇山峻岭的西南地区，修建了成渝、包成、黔桂、川黔、贵昆、成昆、湘黔、襄渝、阳安、来睦（来宾—睦南关）、黎湛、内宜、南昆、宜万等干线，构成了大西南的路网骨架。在西北地区建设了天兰、兰新、兰青、青藏、南疆、包兰、干武等干线，加强了大西北与内地的联系。因此我国铁路网布局日趋合理，路网骨架基本形成。

（2）线路状况

在繁忙干线上已铺设了特重型及重型轨道，以适应列车高速运行和大运量的需求；扩大了无缝线路铺设范围，推广超长无缝线路；铁路的通信信号采用自动及半自动闭塞。铁路线路基本适应铁路现代化和运量增长的要求。

（3）机车车辆

随着铁路运输事业的迅速发展，对机车的需求日益增加，自行制造机车是当务之急。20 世纪 50 年代我国铁路牵引机车为蒸汽机车，机车的制造即从蒸汽机车起步，沿着仿制旧型，改造旧型，进而自行设计新型机车的道路，循序渐进；1958 年开始制造内燃机车和电力机车。在此基础上陆续建成了蒸汽、内燃、电力机车及车辆制造的工业体系。

（4）运输效率

我国正处在经济快速发展阶段，随着我国复线、电气化和内燃化水平的提高，铁路运输效率也随之提高，有些指标已进入世界先进行列。

3. 我国轮轨高速铁路建设

1998 年 5 月，广深铁路（全长 147 km）电气化提速改造完成，设计最高时速为 200 km。1998 年 6 月，韶山 8 型电力机车在京广铁路的区段试验中达到了时速 240 km 的速度，创下了当时的"中国铁路第一速"，是为中国第一种高速铁路机车。

中国第一条高速铁路，是在 2002 年建成运营的秦沈客运专线，全线设计时速达到

200～250 km，同年"中华之星"电力动车组在秦沈客运专线创造了当时"中国铁路第一速"的321.5 km/h，轰动一时。

2004 年 1 月，国务院常务会议讨论并原则通过历史上第一个《国家中长期铁路网规划》，其中拟建设长度超过 1.2×10^4 km 的"四纵四横"快速客运专线网。同年，中国在广深铁路首次开行时速达 160 km 的国产快速旅客列车。广深铁路被誉为中国高速铁路成长、成熟的"试验田"。

2004—2005 年，中国北车、中国南车先后从加拿大庞巴迪、日本川崎重工、法国阿尔斯通和德国西门子引进技术，联合设计生产高速动车组。

2007 年 4 月 18 日，全国铁路实施第六次大提速和新的列车运行图。繁忙干线提速区段达到时速 200～250 km。这是世界铁路既有线提速最高值。同时，"和谐号"动车组从此驶入了百姓的生活中。

2008 年 2 月 26 日，铁道部和科技部签署计划，共同研发运营时速 380 km 的新一代高速列车。

2008 年 8 月 1 日，中国第一条具有完全自主知识产权、世界一流水平的高速铁路——京津城际铁路通车运营。京津城际铁路又称京津城际轨道交通，是一条连接北京市和天津市的城际客运专线，也是中国《国家中长期铁路网规划》中环渤海地区城际轨道交通网的重要组成部分。该线是中国内地第一条高标准、设计时速为 350 km 的高速铁路，也是《国家中长期铁路网规划》中第一个开通运营的城际客运系统。

2009 年 12 月 26 日，世界上一次建成里程最长、工程类型最复杂、时速 350 km 的京港高铁武广段开通运营。

2010 年 2 月 6 日，世界首条修建在湿陷性黄土地区，连接中国中部和西部时速 350 km 的郑西高速铁路开通运营。

自此至后，中国高速铁路进入了快速发展时期。

4. 铁路发展规划

铁路运输一直是我国最重要的运输方式，铁路部门根据我国的实际情况制定了相应的中长期铁路网规划。2004 年国务院批准了《国家中长期铁路网规划》，其主要内容如下：

到 2010 年，铁路网营业里程达到 8.5×10^4 km 左右（实际约 91000 km），其中客运专线约 5000 km（实际约 8300 km），复线 3.5×10^4 km（实际约 37000 km），电气化铁路 3.5×10^4 km（实际约 42000 km）。

到 2020 年，全国铁路营业里程达到 1.2×10^5 km，建立省会城市及大中城市间的快速客运通道，规划"四纵四横"铁路快速客运通道以及三个城际快速客运系统。建设客运专线 1.6×10^4 km 以上，客车速度目标值达到每小时 200 km 及以上。主要繁忙干线实现客货分线，复线率和电化率均达到 50%，运输能力满足国民经济和社会发展需要，主要技术装备达到或接近国际先进水平。

（1）"四纵"客运专线

北京—上海客运专线，贯通京津至长江三角洲东部沿海经济发达地区。

北京—武汉—广州—深圳客运专线，连接华北和华南地区。

北京—沈阳—哈尔滨（大连）客运专线，连接东北和关内地区。

上海—杭州—宁波—福州—深圳客运专线，连接长江、珠江三角洲和东南沿海地区。

（2）"四横"客运专线

徐州—郑州—兰州客运专线，连接西北和华东地区。

上海—杭州—南昌—长沙—昆明客运专线，连接西南和华东地区。

青岛—石家庄—太原客运专线，连接华北和华东地区。

上海—南京—武汉—重庆—成都客运专线，连接西南和华东地区。

（3）城际客运系统

环渤海地区、长江三角洲地区、珠江三角洲地区城际客运系统，覆盖区域内主要城镇。

1.2　铁路运输设备

1.2.1　铁路线路

铁路线路主要包括路基、桥梁、隧道及轨道。

1. 路基

路基承受轨道和列车的静荷载和动荷载，并将荷载向地基深处传递扩散。

在平面上，路基与桥梁、隧道连接组成完整贯通的线路；在纵断面上，路基提供线路需要的高程。

在铁道工程的发展过程中，路基为轨道结构的不断更新、改善和轨道定型化提供了必要的条件，为了保证路基正常工作，路基工程主要由三部分建筑物组成。

（1）路基本体

路基本体是直接铺设轨道结构并承受列车荷载的部分。它是在天然的地层里挖成的堑槽或在地面上用土石堆成的堤埝，路堤及路堑的构造如图 1-4、图 1-5 所示。

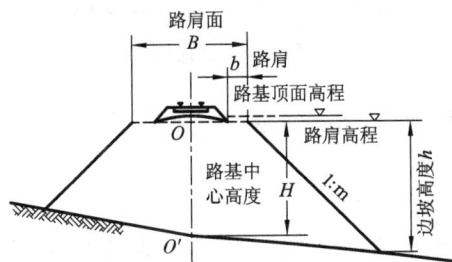

图 1-4　路堤

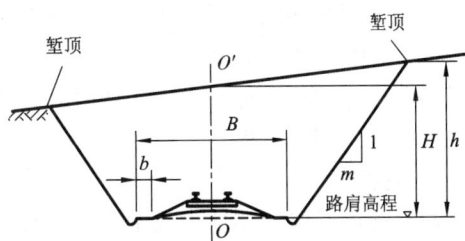

图 1-5　路堑

（2）路基防护和加固建筑物

路基防护和加固建筑物属路基的附属建筑物，如挡土墙、护坡等。浆砌片石骨架护坡构造如图 1-6 所示。

（3）路基排水设备

排水设备也属于路基的附属建筑物，如排除地面水的排水沟、侧沟、天沟和排除地下水的排水槽、渗水暗沟、渗水隧洞等。常见的边坡渗沟布置形式如图 1-7 所示。

2. 桥梁

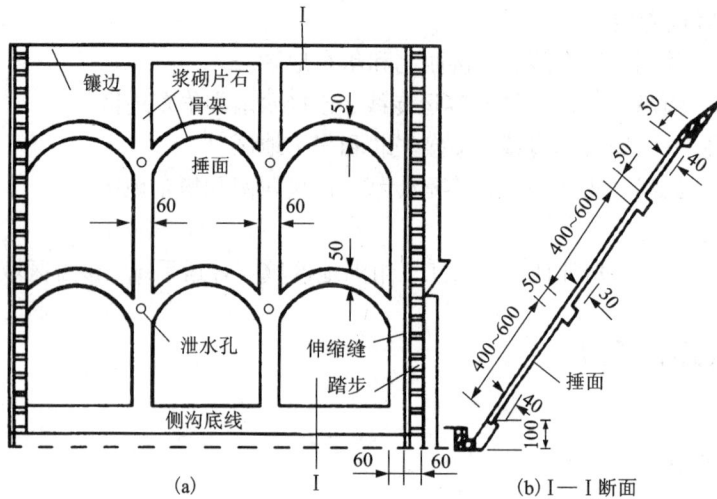

图 1-6 浆砌片石骨架护坡

当铁路通过江河、溪沟、谷地等天然障碍物或跨越公路和其他铁路线路时，需要修建桥梁、涵洞。

铁路桥梁按其长度可分为：特大桥（桥长 $L > 500$ m）；大桥（100 m $< L \leqslant 500$ m）；中桥（20 m $< L \leqslant 100$ m）；小桥（$L \leqslant 20$ m）。

铁路桥梁荷载大，冲击力大，行车密度大，要求能抵抗自然灾害的标准高，特别是结构要求有一定的竖向、横向刚度和良好的动力性能，故铁路桥梁采用最多的是梁式桥，可细分为简支梁桥、连续梁桥和悬臂梁桥。

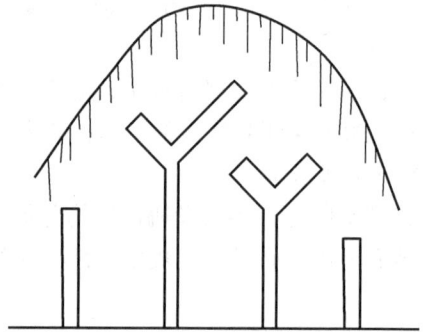

图 1-7 边坡渗沟

涵洞设在路堤下部填土中，是用以通过水流或作为人、畜和车辆通道的建筑物，由洞身、基础、端墙、翼墙组成。

3. 隧道

铁路隧道是修建在地下或水下并铺设铁路供机车车辆通行的建筑物。根据其所在位置可分为三大类：为缩短距离和避免大坡道而从山岭或丘陵下穿越的称为山岭隧道；为穿越河流或海峡而从河下或海底通过的称为水下隧道；为适应铁路通过大城市的需要而在城市地下穿越的称为城市隧道。这三类隧道中修建最多的是山岭隧道。

铁路隧道按其长度可分为：短隧道（$L \leqslant 500$ m）、中长隧道（500 m $< L \leqslant 3000$ m）、长隧道（3000 m $< L \leqslant 10000$ m）和特长隧道（$L > 10000$ m）。

铁路以单线和双线为主，故铁路隧道洞身形式相对简单，有直墙式和曲墙式两种形式。

直墙式由上部拱圈、两侧竖直边墙和下部铺底三部分组成，适用于地质条件比较好的围岩。

曲墙式由顶部拱圈、侧面曲边墙和底部仰拱组成，适用于地质条件比较差，岩体松散破碎，强度不高，又有地下水，侧向水平压力也相当大的情况。

4. 轨道

轨道作为列车运行的基础,它的强度应当满足该线路每年通过的最大运量和最高行车速度的要求。

我国普速铁路轨道分为特重型、重型、次重型、中型和轻型五种,轨道选型应按照由轻到重、逐步加强的原则,根据年通过总质量及旅客最高行车速度等条件选定。

1) 有砟轨道

有砟轨道由钢轨、联接零件、轨枕、道床、防爬设备及道岔组成,其结构如图 1 - 8 所示。

有砟轨道也可用于高速铁路,如我国的第一条高铁(秦皇岛至沈阳高铁)就采用了有砟轨道,有砟轨道的基本结构如下。

(1) 钢轨

钢轨是轨道的主要部件,它的功用在于引导列车运行,直接承受

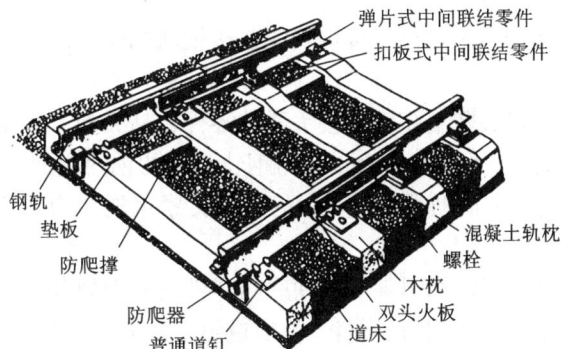

图 1 - 8　有砟轨道基本结构

车轮荷载并将其传于轨枕。在电气化铁路或自动闭塞区段,钢轨兼有轨道电路之功能。

为了充分发挥钢轨的上述功能,要求钢轨具有足够的强度、耐磨性和稳定性。钢轨还应具有足够的刚度,其表面应具有良好的平顺性,使之在列车作用下不致产生过大的变形,以减小列车的动力冲击。

钢轨的类型一般以每米质量千克数表示。我国铁路钢轨的主要类型有 75 kg/m、60 kg/m、50 kg/m 和 43 kg/m。为满足高速、重载运输的要求,钢轨有重型化发展的趋势。在提速干线、高速铁路上广泛采用 60 kg/m 钢轨,75 kg/m 轨多用于重载线路。

钢轨采用工字形断面,由轨头、轨腰和轨底三部分组成(图 1 - 9)。

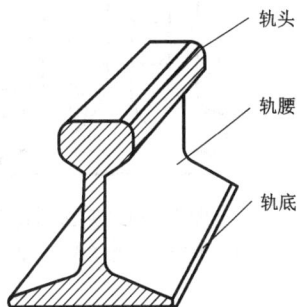

图 1 - 9　钢轨

一股轨道上两侧钢轨头部的内侧距离称为轨距。目前世界上的铁路轨距,分为标准轨距、宽轨轨距和窄轨轨距三种,标准轨距在两钢轨内侧顶面下 16 mm 处测量为 1435 mm。

我国钢轨的标准长度分为 12.5 m 和 25 m 两种,还有用于曲线内股的缩短轨。对于 12.5 m 标准系列的缩短轨有短 40 mm、80 mm、120 mm 三种;对于 25 m 标准系列的缩短轨有短 40 mm、80 mm、160 mm 三种。

(2) 轨枕

轨枕铺设在道床上,其功能是支承钢轨,保持轨距和线路方向,并将钢轨的荷载传递至道床(图 1 - 10)。

木枕断面一般为矩形,是铁路最早采用的一种轨枕。

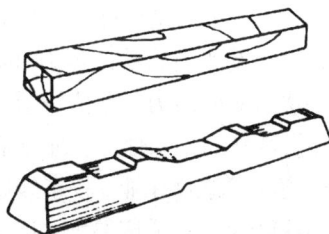

图 1 - 10　轨枕

　　木枕的优点是富有弹性，易于加工，运输、铺设、养护维修方便。木枕的缺点是需消耗大量优质木材，易腐朽，磨损大，使用寿命短，强度、弹性不完全一致造成轨道动力不平顺。

　　混凝土枕自重大、刚度大、几何尺寸均匀一致，有利于提高轨道的平顺性和稳定性，混凝土枕不受气候、腐朽、虫蛀及火灾的影响，使用寿命长。但混凝土轨枕比木枕的弹性小，需要使用弹性优良的轨下垫板。

　　（3）联结零件

　　联结零件是指连接钢轨或连接钢轨和轨枕的部件。联结零件分为接头联结零件和中间联结零件。

　　①接头联结零件。接头联结零件包括夹板、螺栓及弹簧垫圈等，如图 1-11 所示。

　　夹板：俗称鱼尾板，用与钢轨相同的钢料制成。

　　螺栓：借助螺帽对夹板的压力夹紧钢轨。为制止螺帽紧固后因列车的振动作用而松动，需加弹簧垫圈。

　　②中间联结零件。中间联结零件又称钢轨扣件，就是轨道上用以联结钢轨和轨枕（或其他类型轨下基础）的零件，包括道钉、轨下垫板以及弹性或刚性的扣压件等。图 1-12 所示为木枕扣件，图 1-13 为扣板式扣件。扣件应能长期、有效地保持钢轨与轨枕的可靠联结，并能在动力作用下充分发挥其缓冲减震性能，延缓轨道残余变形积累。

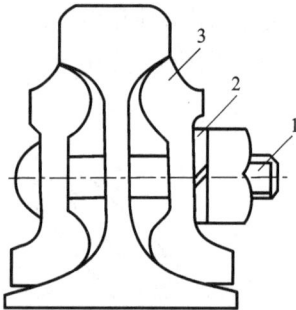

图 1-11　接头联结零件

1—螺栓；2—弹簧垫圈；3—鱼尾板

图 1-12　木枕扣件

　　（4）道床

　　道床通常指的是铁路轨枕下面，路基面上铺设的石砟（道砟）垫层，多采用双层道床，上面是面砟层，下面是底砟，如图 1-14 所示。

　　道床承受来自轨枕的压力并将其均匀地散布到路基面上，降低路基面的应力集度；提供轨道的纵、横向阻力，保持轨道几何形位的稳定；提供轨道弹性，减缓和吸收轮轨的冲击振动；提供良好的排水性能，避免雨水直接冲刷路基面，提高路基的承载能力并减少基床病害；便于轨道养护维修作业，校正线路的平、纵断面。

　　道床断面包括道床厚度，顶面宽度及边坡坡度三个主要特征。

　　（5）防爬设备

　　列车运行时，常常产生作用在钢轨上的纵向力，使钢轨做纵向移动，有时甚至带动轨枕一起移动。这种纵向移动，称为爬行。爬行一般发生在复线铁路的区间正线、单线铁路的重

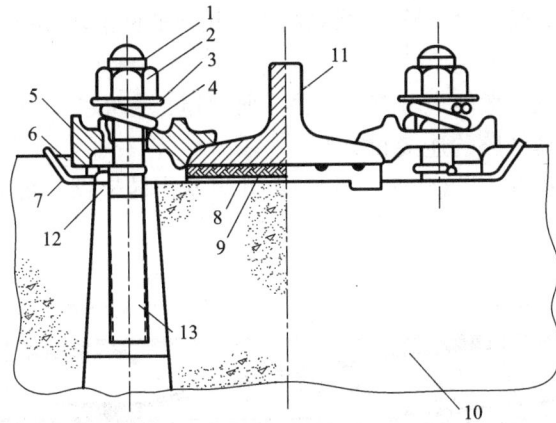

图 1 - 13　扣板式扣件

1—螺纹道钉；2—螺母；3—平垫圈；4—弹簧垫圈；5—扣板；6—铁座；7—绝缘缓冲垫片；
8—绝缘缓冲垫板；9—衬垫；10—轨枕；11—钢轨；12—绝缘防锈涂料；13—硫磺锚固剂

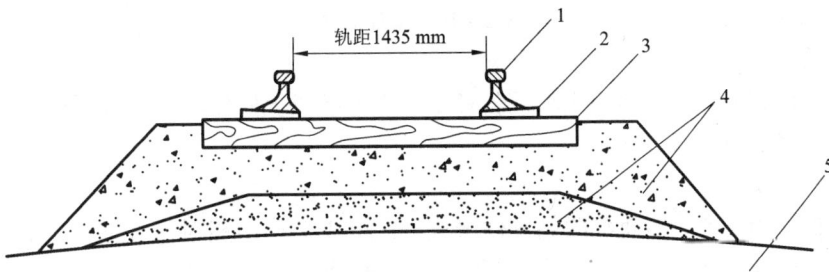

图 1 - 14　道床

1—钢轨；2—中间联接零件；3—轨枕；4—道床；5—路基

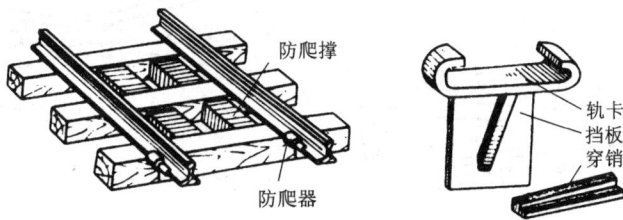

图 1 - 15　防爬设备

车方向、长大下坡道上和进站时的制动范围内。

　　线路爬行往往引起轨缝不匀，轨枕歪斜等现象，对线路的破坏性很大，甚至造成小胀轨跑道，危及行车安全。因此，必须采取有效措施来防止爬行，通常采用防爬器和防爬撑来防止线路爬行，如图 1 - 15 所示。

　　穿销式防爬器是由带挡板的轨卡和穿销组成的。安装时，轨卡的一边卡紧轨底，另一边楔进穿销，使整个防爬器牢固地卡住轨底。这样，钢轨在受到纵向阻力时，由于轨卡的挡板紧贴着轨枕，于是轨枕和道钉（扣件）就阻止钢轨爬行。为了充分发挥防爬器的作用，通常在轨枕之间还安装防爬撑,把 3~5 根轨枕联系起来,共同抵抗钢轨爬行。

6)道岔

道岔是使机车车辆从一股轨道分支进入另一股轨道,或跨越另一股轨道的线路设备。它的基本功能是实现线路的连接和交叉。

线路上最常见的是单开道岔(图 1-16)。单开道岔由转辙器、辙叉与护轨、连接部分以及岔枕组成。

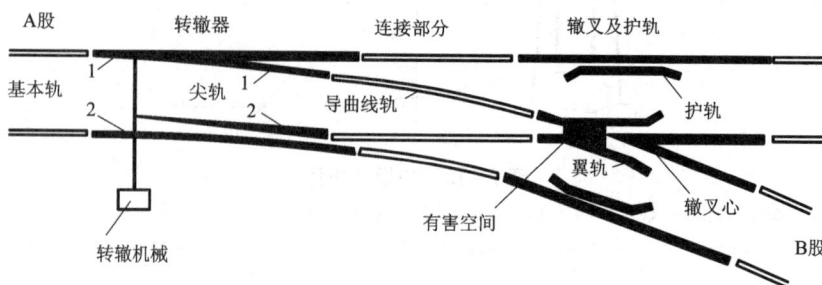

图 1-16　单开道岔

①转辙器。

转辙器由两根基本轨、两根尖轨及各种联结零件组成。操作转辙机械可以改变尖轨的位置,从而确定道岔的开通方向。

②固定式辙叉。

固定式辙叉由叉心、翼轨和联结零件组成,各组成部分的相对位置固定,不可移动。有整铸辙叉(图 1-17)和钢轨组合式辙叉(图 1-18)两种形式。

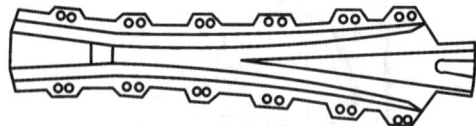

图 1-17　整铸辙叉

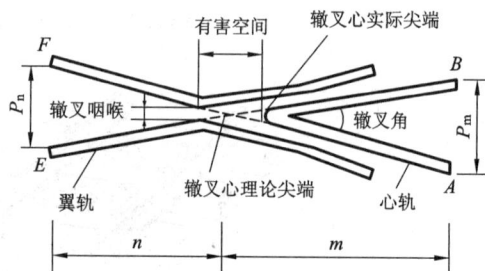

图 1-18　钢轨组合式辙叉

两翼轨工作边距离最小处称为辙叉咽喉。

辙叉心轨两工作边的交点为叉心理论尖端。辙叉心实际加工成形的尖端,宽 8~10 mm,为叉心实际尖端。

固定辙叉从两翼轨最窄处到辙叉心实际尖端之间,存在一个轨线中断的空间,称该空间为有害空间。

当机车车辆通过辙叉有害空间时,轮缘有可能走错辙叉槽而引起脱轨。

图 1-18 中的 E、F 点称辙叉趾,P_n 为辙叉趾宽。A、B 点称辙叉跟,P_m 为辙叉跟宽。

辙叉趾端至理论尖端的距离为辙叉趾距 n;辙叉跟端至理论尖端的距离为辙叉跟距 m。

辙叉趾端至辙叉跟端的长度为辙叉全长,其值等于 $n+m$。

③可动式辙叉。

可动辙叉是指辙叉的个别部件可以移动的辙叉,其作用是保证两个行车方向轨线的连续性,消除固定辙叉中的有害空间,并可取消护轨,从而提高列车运行的平顺性,并延长辙叉使用寿命,显著减小养护维修工作量;但其结构较复杂。

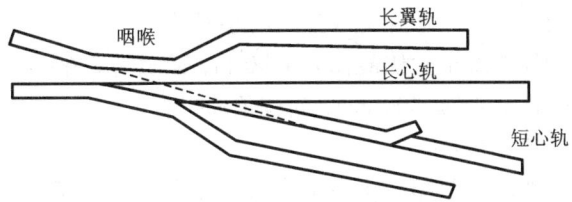

图 1 - 19　可动心轨辙叉

可动辙叉有可动心轨式、可动翼轨式及其他消灭有害空间的辙叉型式。

可动心轨辙叉(图 1 - 19)的心轨可动,翼轨固定。这种辙叉的优点是车辆作用于心轨的横向力能直接传递给翼轨,保证了辙叉的横向稳定。由于心轨的转换与转辙器同步联动,不会在误认进路时发生脱轨事故,故能保证行车安全。缺点是制造比较复杂,并较固定式辙叉长。

可动翼轨式辙叉的心轨固定,翼轨可动。这类辙叉可以设计成与既有固定式辙叉互换的尺寸,铺设时可以避免引起站场平面的变动,同时又满足了消灭有害空间的要求。缺点是可动翼轨的横向稳定性较差,翼轨的固定装置结构复杂。

其他消灭有害空间的辙叉型式有多种,其原理各不相同。经常被提及的是德国的 UIC60 型钢轨道岔,它是用滑动的滑块填塞辙叉有害空间处的轮缘槽。

④护轨。

护轨(图 1 - 20)设于固定辙叉的两侧,用于引导车轮轮缘,使之进入设定的轮缘槽内,防止与叉心碰撞。护轨的防护范围,应包括辙叉咽喉至叉心顶宽 50 mm 的一段长度,并要求有适当的富余量。护轨由中间平直段 C,两端缓冲段 B 及开口段 A 组成。护轨平直段是起防护作用的部分,缓冲段和开口段起将车轮平顺地引入护轨平直段的作用。

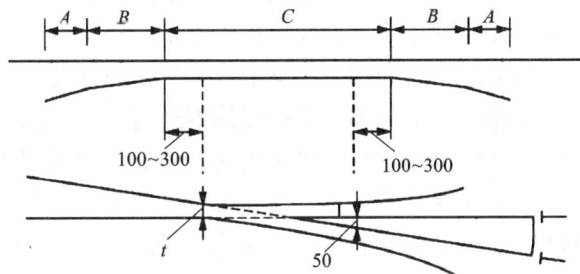

图 1 - 20　护轨

⑤连接部分。

连接部分包括直股连接线和曲股连接线,其作用是连接转辙器和辙叉及护轨,使之成为一组完整道岔(图 1 - 21)。连接部分一般配置 8 根钢轨;直股连接线 4 根(l_1, l_2, l_5, l_6);曲股连接线 4 根(l_3, l_4, l_7, l_8),曲线连接线又称导曲线。

⑥岔枕。

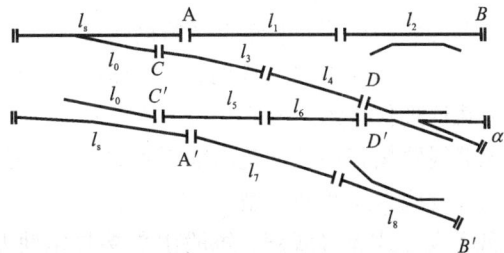

图 1 - 21　道岔连接部分

岔枕主要有木枕、混凝土枕两种。

木岔枕截面和普通木枕基本相同，长度分为12级，其中最短为2.60 m，最长为4.80 m，级差为0.20 m，采用螺纹道钉与垫板连接。

钢筋混凝土岔枕最长为4.90 m，最短为2.60 m，级差为0.10 m。断面高度220 mm，顶宽260 mm，底宽300 mm，岔枕顶面平直。

⑦道岔号数。

直线辙叉跟端心轨两工作边的交角称为辙叉角。曲线辙叉以其曲线工作边的切线与直线工作边的交角表示，如图1-22所示。

道岔号数 N 以辙叉角 α 的余切值表示，由图1-22可知，$N=\dfrac{AC'}{BC'}=\cot\alpha$。由此可见，道岔号数越大，导曲线半径也越大，机车车辆通过道

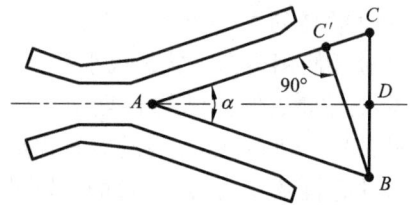

图1-22 辙叉角

岔时越平稳，允许的过岔速度也就越高。所以，采用大号码道岔对于列车运行是有利的。随着列车重量和速度的提高，应逐步采用强度更高、型号更大的道岔。

（7）有缝线路

线路上铺设钢轨的长度小于等于标准轨长度，称该线路为有缝线路，也称为普通线路。

普通线路上存在着大量的钢轨接头。钢轨接头是铁路线路的薄弱环节，接头的存在不仅加剧列车通过时对线路产生的冲击和振动，促使道床板结、溜坍，混凝土轨枕破裂损坏，使接头处线路产生较严重的病害，而且还会加剧线路的爬行，缩短钢轨和机车车辆的使用寿命，影响行车的速度和平稳性，并产生振动和噪音，使旅客感觉不舒适。另外，大量的接头需消耗大量的接头零部件，为整治接头病害还将大大增加线路的养护维修工作量和养护维修费用。随着轴重、运量和行车速度的不断增大，普通线路的上述缺点更为突出。

统计表明，列车对钢轨接头的冲击力比对非接头区的冲击力大3倍以上。在普通线路上，接头的养护维修费用占全部养护维修费用的35%～50%，钢轨由于轨端损坏而需要更换的数量也较因其他部位损坏而需要更换的数量多2～3倍。

（8）无缝线路

无缝线路是将许多根短钢轨焊接起来的相当长的长钢轨线路，因为长轨条没有轨缝而得名，又称为焊接长钢轨线路。

与普通线路相比，无缝线路的钢轨接头大大减少，因而具有行车平稳，旅客舒适，可延长轨道和机车车辆相关部件的使用寿命，降低养护维修工作量，适应高速、重载行车要求，是铁路轨道现代化的内容之一。

无缝线路按处理长钢轨内部因轨温变化而引起的温度应力方式的不同，分为温度应力式和放散温度应力式两种类型。

温度应力式无缝线路，每股由焊接长钢轨及两端2～4根标准轨（或厂制缩短轨）组成，长钢轨两端的接头采用普通接头形式。

放散温度应力式无缝线路适用于年最高和最低轨温差较大的地区，根据温度应力放散方法的不同，可分为自动放散式和定期放散式两种。

自动放散温度应力式无缝线路，是在焊接长钢轨两端设置钢轨伸缩调节器（即尖轨接

头），使长钢轨能随着轨温的变化而伸缩，随时将温度应力释放。

定期放散温度应力式无缝线路，其结构形式与温度应力式无缝线路相同。它是根据当地轨温条件，在每年春、秋两季的适当轨温条件下，将长钢轨内部的温度应力放散。放散时，松开焊接长钢轨的全部扣件和钢轨接头，使它自由伸缩，从而放散其内部温度应力，利用更换缓冲区不同长度调节轨的办法，保持必要的轨缝。

世界各国主要采用的是温度应力式无缝线路。

2）无砟轨道

有砟轨道是传统结构，它具有弹性良好、价格低廉、更换与维修方便、噪音较小等优点。但随着行车速度的提高，轨道破损和变形加剧，从而使维修工作量显著增加，维修周期明显缩短。因此各国铁路部门都在研究既有较高的稳定性，又能少维修甚至不维修的轨道结构。研究途径可以归纳为两个方面，一是加强组成轨道的部件，如钢轨、枕木和道砟，并采用无缝线路等；二是改变轨下基础的构造，采用无砟轨道。无砟轨道就是以混凝土代替散体道砟的轨道结构。

（1）整体道床

整体道床取消了传统的碎石道床，改用混凝土直接灌筑于路基面之上。预制的钢筋混凝土支承块（也可用短木枕）嵌固于混凝土道床内。混凝土道床一般都采用在现场灌筑，适用于坚实基础，如石质隧道、桥梁、高架铁道和地下铁道等，用于土质路基或不良的基底上时，基底需要加强处理，英吉利海峡隧道采用的整体道床如图 1 – 23 所示。

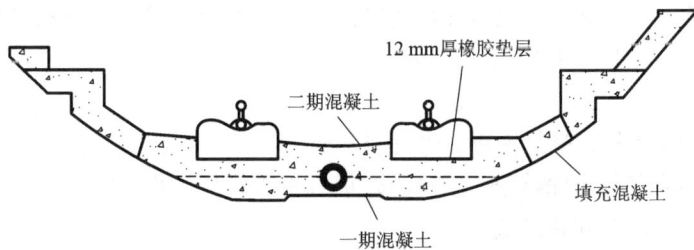

图 1 – 23　英吉利海峡隧道内整体道床

（2）板式轨道

板式轨道（图 1 – 24）是在现浇混凝土基础上以乳化沥青砂浆（CA 或 BZM 砂浆）层支承预制轨道板的无砟轨道结构形式，是日本采用得较多的无砟轨道结构形式。日本新干线上使用的板式轨道尺寸为 4950 mm × 2340 mm × 180 mm，质量为 5.21 t。

板式轨道结构简单、施工方便；由于采用工厂预制，构件的精度可以得到保证；在施工过程和病害整治中可方便调整轨道板位置的高低，具有较好的可维修性；对基础的适应能力较强。

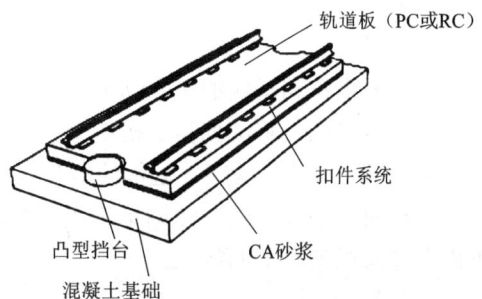

图 1 – 24　板式轨道

（3）轨枕埋入式轨道

轨枕埋入式无砟轨道是将钢筋混凝土长轨枕、短轨枕或双块式轨枕埋入现浇的钢筋混凝土道床板中形成的整体式无砟轨道。该类无砟轨道具有结构简单、施工方便、整体性好等特点，不足之处是轨道弹性和高低、水平的调整都仅依靠扣件完成，且轨道出现病害时较难整治，对基础的适应性较差。图 1 – 25 所示的普通 Rheda 型无砟轨道是由德国铁路部门开发的轨枕埋入式轨道。

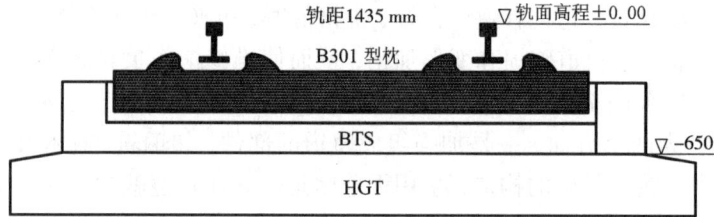

图 1 – 25　普通 Rheda 型无砟轨道

日本对高速铁路桥上的有砟轨道与无砟轨道维修进行的统计分析表明，有砟轨道的线路维修费用比无砟轨道高 111%。基于这一情况，专家认为，从经济角度和维修管理角度看，高速铁路应采用无砟轨道。

除此以外，无砟轨道还具有使用寿命长、线路状况良好、不易胀轨跑道、高速行车时不会有石砟飞溅等优点，因此无砟轨道在高速铁路上的大量铺设已成为发展趋势。

无砟轨道的缺点也是显而易见的，如：

①初期投资大。

②一旦基础变形下沉，修复困难，调整的余地小。

③无砟轨道不能在黏土深路堑、松软土路堤或地震区域铺设。

④无砟轨道噪声比有砟轨道高。

⑤混凝土无砟轨道为刚性承载层，当达到承载强度极限时将产生断裂，引起轨道几何尺寸的突然变化和难以预见的后果。

1.2.2　铁路机车与车辆

1. 机车

机车提供铁路运输的基本动力。由于铁路车辆大都不具备动力装置，列车的运行和车辆在车站内有目的的移动均需要机车牵引或推送。

从原动力来看，铁路上运行的机车有三种，即蒸汽机车、内燃机车和电力机车。按运用分为客运机车、货运机车和调车机车；客运机车要求运行速度快，货运机车需要功率大，调车机车要有机动灵活的特点。

（1）蒸汽机车

蒸汽机车是最古老的机车，是 1825 年由英国工程师乔治·斯蒂芬森发明的。蒸汽机车是利用水蒸气推动汽缸内的鞲鞴（活塞），带动车轮运转。它由产生蒸汽的锅炉部分、将热能变为机械能的汽机部分、承受重量和安装车轮的走行架部分、提供能源的煤水车以及车钩缓冲装置和制动装置等组成。

蒸汽机车结构比较简单，制造成本低，使用年限长，驾驶和维修技术容易掌握，对燃料的要求不高。在世界铁路兴建之初曾被广泛采用。但由于存在一系列缺点，如蒸汽机车的热效率太低，总效率一般只有 5% ~ 9%；煤水的消耗量很大，沿线需要设置许多上煤给水设备；在运行中产生大量的煤烟和火星，既污染空气又不利于防火；机车乘务员的劳动条件不好；运行速度不高，由于构造上的原因，无法进一步提高蒸汽机车的功率和速度，不适于铁路的进一步发展。随着科学技术的发展，在现代铁路运输中，蒸汽机车逐步被电力、内燃机车所取代。

中国第一台蒸汽机车"龙"号，是 1881 年利用煤矿起重机的锅炉和一些旧钢材装配制成的。我国研制了解放型、建设型，胜利型、人民型、FD 型和前进型六种主型蒸汽机车。

（2）内燃机车

内燃机的动力来自柴油机，通过传动装置将能量传至走行部分。一般来说，内燃机车由动力装置（柴油机）、传动装置、车体与车架、走行部、辅助设备、制动装置和车钩缓冲装置等部分组成。

根据从柴油机到动轮之间采用传动装置的不同，内燃机车可分为电力传动、液力传动两种。柴油机带动发电机发电，然后将电能传至轮轴上的牵引电机，驱动轮对转动，称为电传动机车；柴油机驱动液力传动装置的变矩器泵轮，将机械功转变成液体的动能，再经变矩器的涡轮转换成机械功，然后经方向轴、车轴齿轮箱等部件驱动车轮，称为液力传动机车。液力传动较电力传动效率稍低，适合牵引旅客列车。

内燃机车热效率比蒸汽机车的热效率高得多，可达 20% ~ 30%；内燃机车加足一次燃料后，能持续工作的时间长，利用率高；内燃机车用水量少，适用于缺水和水质不良地区；机车乘务条件较好。但内燃机车的构造复杂，制造、维修和运营费用高，需要液体燃料，对大气也有较大的污染。

我国从 1957 年开始研制内燃机车，1958 年开始试制第一台内燃机车，目前拥有多个系列的机车，广泛运用于客运、货运及调车等领域。

东风系列主要有 DF1、DF2、DF3、DF4、DF4B、DF4C、DF4CK、DF4D、DF4DD、DF4DF、DF4DH、DF4DZ、DF4E、DF5、DF5B、DF5D、DF6、DF7、DF7B、DF7C、DF7D、DF7E、DF7F、DF7G、DF7J、DF8、DF8B、DF8BJ、DF8CJ、DF8DJ、DF9、DF10、DF10D、DF10F、DF11、DF11G、DF11Z、DF12 等。

东方红系列主要有 DFH1、DFH2、DFH3、DFH4、DFH5、DFH5B、DFH6、DFH7 等。

和谐号单机主要有 HXN3、HXN5 等。

（3）电力机车

电力机车由其上的直流串激牵引电动机提供动力，依靠顶部的受电弓从沿线的接触网导线上取得电能，使电动机带动轮对运转。电力机车由电气设备、车体与车架、走行部、车钩缓冲装置和制动装置等部分组成。

电力机车的效率最高；起动快，速度高，爬坡能力强；当利用水力供电时，最为经济，电力机车不用水，不污染空气，劳动条件好，噪音低。但电气化铁路需要建立一套完整的供电系统，基建投资巨大。

我国电力机车的研制和生产从 1958 年开始，开发出了多种型号的机车，能够满足我国电气化铁路的需要。

韶山系列主要有 SS1、SS2、SS3、SS3B、SS4、SS4B、SS4C、SS4G、SS5、SS6、SS6B、SS7、SS7B、SS7C、SS7D、SS7E、SS8、SS9、SS9G 等。

和谐号单机主要有 HXD1、HXD1B、HXD2、HXD2B、HXD3、HXD3B 等。

从世界各国铁路牵引动力的发展来看，电力机车是最有发展前途的一种机车。目前我国在有条件地区大力发展电力牵引，在缺电地区采用内燃牵引，蒸汽机车已不再生产，已被淘汰。

2. 车辆

铁路车辆是运送旅客和货物的工具，它本身没有动力装置，需要把车辆连挂在一起由机车牵引，才能在线路上运行。根据其用途，车辆可分为客车和货车两大类。

按照旅客旅行生活的需要和长、短途旅客的不同要求，客车分为硬座车（YZ）、软座车（RZ）、硬卧车（YW）、软卧车（RW）、餐车（CA）、行李车（XL）、邮政车（UZ）。

为了适应不同货物的运送要求，货车种类很多。货车车辆主要有用于装运怕湿及贵重货物的棚车（P）；用于装运不怕湿及机械设备的敞车（C）；用于装运长大货物与集装箱的平车（N）；用于装运液体或粉状货物的罐车（G）；用于装运新鲜易腐烂货物的保温车（B）。

3. 动车组

高速铁路一般采用动车组。

通常的旅客列车，其动力装置都集中安装在牵引机车上，在牵引机车后面挂着许多没有动力装置的客车车厢。如果把动力装置分散安装在车厢上，使其既具有牵引动力，又可以载客，这样的客车车辆称为动车。而动车组就是几节自带动力的车辆与几节不带动力的车辆组合而成的列车。带动力的车辆叫动车，不带动力的车辆叫拖车。

动车组有两种牵引动力的分布方式，一种是动力分散，一种是动力集中。

（1）动力分散

动力装置分布在列车不同的位置上，动力分散方式有两种模式。一种是完全分散模式，即动车组中的车辆全部为动车，如日本的 0 系列高速列车，16 辆编组中全部是动车。另一种是相对分散模式，即高速列车编组中部分是动车，部分为无动力的拖车，如日本的 100 系列、700 系列高速列车，16 辆编组中有 12 辆动车，4 辆拖车，所谓 12 动 + 4 拖。

（2）动力集中

动力装置集中安装在 2～3 节车上。如德国 ICE1 的 2 动车 12 拖车编组。

动力分散动车组能够实现较大的牵引力，编组灵活。由于采用动力制动的轮对多，制动效率高，且调速性能好，制动减速度大，适合用于限速区段较多的线路。另外，列车中一节动车的牵引动力发生故障对全列车的牵引指标影响不大。但动力分散的电动车组设备的数量多，总重量大。

动力集中动车组由于设备相对集中，所以检查维修比较方便；此外，其设备的总重量小于动力分散的动车组。但动力集中动车组动车的轴重较大，对线路不利。

和谐号电动车组主要有 CRH1A、CRH1B、CRH1E、CRH2A、CRH2B、CRH2C、CRH2E、CRH3、CRH5。

内燃动车组有 NZJ1（新曙光号）、NZJ2（金轮号和神州号）、NDJ3（和谐长城号）。

1.3　铁路等级

1.3.1　铁路设计年度

设计线交付运营后,其客货运量随着国民经济的发展而增长,因此铁路设计线应具有与某一设计年度的运量相适应的设计能力。铁路设计年度可根据设计运量与运输性质分为初、近、远三期或分为近、远两期。

初期——交付运营后第五年。

近期——交付运营后第十年。

远期——交付运营后第二十年。

铁路建筑物和设备,应根据设计年度的运量分期加强,使铁路设施的能力与运量的增长相适应。这样,既能满足日益增长的运量需要,又可节约铁路建设初期的投资。

铁路线下基础设施和不易改、扩建的建筑物和设备,应按远期运量设计;对于易改、扩建的建筑物和设备,可按近期运量设计,并预留远期发展的条件;铁路机车、车辆等运营设备可按交付运营后第三年或第五年的运量进行设计。

1.3.2　铁路类型与等级

1. 客运专线铁路

客运专线铁路是铁路网中专门(或主要)用于旅客运输、列车在主要区间能以 200 km/h 及以上速度运行的标准轨距铁路。新建客运专线铁路(或区段)的等级,根据其在铁路网中的作用、性质、旅客列车设计行车速度可分为高速铁路和快速铁路。

1)高速铁路

高速铁路是在客运专线网中起骨干作用,或最高设计行车速度为 250 km/h 及以上的客运专线铁路。

高速铁路常建于经济特别发达、人口很稠密、客运量很大的地区,连接国家重要政治、经济中心城市,具有特别重要的政治、经济意义。高速铁路的主要任务是运输旅客,列车在主要区间能以 250 km/h 及以上速度运行,能够实现大量、快速和高密度运输。

高速铁路应采用本线旅客列车和跨线旅客列车混合运行的运输组织模式;对于新建 300~350 km/h 高速客运专线,本线旅客列车应采用运行速度大于或等于 300 km/h 的动车组,跨线旅客列车应采用运行速度 200 km/h 及以上的动车组。

2)快速铁路

快速铁路在客运专线网中起联络、辅助作用,为区域或地区服务且最高设计速度不高于 250 km/h 的客运专线铁路。我国目前修建的快速铁路,根据其在铁路干线网中的作用和服务区域的不同,通常可分为快速客运干线和城际铁路。

(1)快速客运干线

快速客运干线铁路通常建于经济发达、人口很稠密、客运量很大的地区,连接省会城市及大中城市,具有重要的政治、经济意义。快速客运干线铁路的主要任务是运输旅客,列车在主要区间能以 200 km/h 及以上速度运行,能够实现大量、快速和高密度运输。

　　快速客运干线铁路应采用本线旅客列车和跨线旅客列车混合运行的运输组织模式；对于新建 200~250 km/h 的客运专线，跨线旅客列车运行速度不应小于 160 km/h。

　　（2）城际铁路

　　城际铁路通常建于经济发达区域，连接经济区域内存在着经济旅客运量需求的中心城市，列车在主要区间能以 200 km/h 及以上的速度运行。

　　城际铁路有单式城际铁路和复式城际铁路之分。单式城际铁路是指连接两个城镇的铁路线上只存在着彼此之间唯一一对经济旅客运量需求的铁路；复式城际铁路是指连接多个城镇的铁路，同时每两个城镇之间也可能存在着经济旅客运量需求。

　　2. 客货共线铁路

　　客货共线铁路是铁路网中客货列车共线运行、旅客列车设计行车速度等于或小于 160 km/h，货物列车设计行车速度等于或小于 120 km/h 的标准轨距铁路。根据铁路在路网中的作用、性质、旅客列车设计行车速度和客货运量将铁路划分为四个等级。

　　Ⅰ级铁路，在路网中起骨干作用的铁路，或近期年客货运量大于或等于 20 Mt 者。

　　Ⅱ级铁路，在路网中起联络、辅助作用的铁路，或近期年客货运量小于 20 Mt 且大于等于 10 Mt 者。

　　Ⅲ级铁路，为某一地区或企业服务的铁路，近期年客货运量小于 10 Mt 且大于等于 5 Mt 者。

　　Ⅳ级铁路，为某一地区或企业服务的铁路，近期年客货运量小于 5 Mt 者。

　　以上年客货运量为重车方向的货运量与客车对数折算的货运量之和。每日一对旅客列车按 1.0 Mt 年货运量折算。

　　铁路的等级可以全线一致，也可以按区段确定。如线路较长，行经地区的自然、经济条件及运量差别很大时，便可按区段确定等级。

　　3. 货运专线铁路

　　铁路网中专门（或主要）用于货物运输，轴重 25 t 及以上、列车牵引质量 10000 t 及以上，年输送能力 1 亿 t 以上的标准轨距铁路。货运专线铁路重点围绕煤炭、矿石等资源外运地区运输需求建设，用于运载大宗散货，供总量大、轴重大的列车行驶，通常行车密度和运量特别大。

1.4　铁路主要技术标准

　　修建铁路的目的就是要完成一定的客货运量，铁路的主要技术标准是确定铁路能力大小的决定因素，所以一条铁路的能力设计，实际上就是选定主要技术标准的问题。

　　客货共线铁路的主要技术标准有：正线数目、限制坡度、最小曲线半径、牵引种类、机车类型、机车交路、牵引质量、到发线有效长和闭塞类型。

　　客运专线铁路的主要技术标准包括：最大坡度、最小曲线半径、到发线有效长度、牵引种类，动车组（机车）类型、列车运行控制方式、行车指挥方式和追踪列车最小间隔时分。

　　1. 正线数目

　　正线数目指连接并贯穿车站的线路数目。按正线数目可以把铁路分为单线铁路、双线铁路和多线铁路。单线铁路是区间只有一条正线的铁路，在同一区间或同一闭塞分区内，同一时间只允许一列车运行，对向列车的交会和同向列车的越行只能在车站上进行。双线铁路是区间有两条正线的铁路，分为上行线和下行线，在正常情况下，上、下行列车分别在上、下行线上行驶，但在一条正线上同一区间或同一闭塞分区内，同时只允许一列车运行。多线铁路是区间有多于两条正线的铁路。

新建铁路一般按单线设计，只有运量特大的设计线才一次建成双线。

单双线通过能力悬殊。单线半自动闭塞铁路的通过能力约为 $N = 42 \sim 48$ 对/天；双线自动闭塞的通过能力为 $N = 144 \sim 180$ 对/天。双线的通过能力远远超过两条单线的通过能力，而双线的投资比两条平行单线少约 30%，双线旅行速度比单线高约 30%，运输费用低约 20%。可建，运量大的线路修建双线是经济的。

2. 限制坡度

最大坡度就是铁路线路纵断面允许采用纵坡的最大值。在一定自然条件下，线路的最大坡度不仅影响线路走向、线路长度和车站分布，而且直接影响行车安全、行车速度、运输能力、工程投资、运营支出和经济效益。

限制坡度指设计线单机牵引地段允许的最大坡度。限制坡度越大，牵引质量越小，否则越大；限制坡度越大，对地形的适应能力越强，否则相反；限制坡度越大，列车的运行速度越小，磨损越大，运营指标越差，运营费越高，否则相反。

3. 最小曲线半径

最小曲线半径即设计线允许采用的曲线半径的最小值。

当列车速度为定值时，半径越大，则离心力越小，对钢轨的磨损减小，列车安全性增大，乘客也越感到舒适。因此，只有大的曲线半径才适应高速列车的行驶；曲线半径过小时，就会限制列车速度，甚至危及行车安全。

曲线半径越大，对地形的适应能力越差，工程数量也越大，但线形质量好。曲线半径小，工程数量小，但线路标准低，维修量大。

4. 牵引种类

牵引种类是指机车牵引动力或动车组动力类别。牵引种类有电力、内燃和蒸汽三种。其中，蒸汽牵引已被淘汰。

电力牵引是牵引动力的发展方向，已在我国推广，电力机车具有效率高、整备时间短、利用率高、功率大、速度高、牵引力大的优点；其缺点是独立性较差。

内燃牵引方式是常用的牵引动力方式，是目前和今后的主要牵引种类，内燃机车具有热效率高、整备时间短、利用率高、速度高、牵引力大的优点；其缺点是造价高且消耗贵重的液体燃料。

牵引种类应根据路网与牵引动力规划、线路特征和沿线自然条件以及动力资源分布情况合理选定。运量大的主要干线，大坡度、长隧道或隧道毗邻的线路上应优先采用电力牵引。

高速客运专线应按电气化铁路设计。

5. 机车（动车组）类型

机车（动车组）类型就是指机车或动车组的具体型号，对铁路运输能力、行车速度、运营条件及工程与运输经济有重要的影响。

机车或动车组类型应根据牵引种类、运输需求以及与线路平、纵面技术标准相协调的原则，结合车站分布和牵引质量确定。速度 200 km/h 及以上的旅客列车应选用动车组。

6. 机车交路

机车交路为机车固定担当运输任务的周转区段，即机车从机务段所在站到折返段所在站之间往返运行的线路区段，也称机车牵引区段。机车牵引区段的长度为机车交路长度，两端的车站称为区段站。

区段站上设有机务段或折返段。机务段配属有一定数量的机车，并设有机车整备和检修设备，配属本段的机车在此整备、检修。折返段设在机车返程站上，不配属机车，机车在折返段进行整备和检查，乘务组在此休息或驻班。

（1）机车交路类型

短交路——一个往返交路由一班乘务组承担，如图1-26(a)、图1-26(c)、图1-26(d)所示。

长交路——一个单程交路由一班乘务组承担，如图1-26(b)所示。

超长交路——一个单程交路由两班乘务组承担，如图1-26(e)、图1-26(f)、图1-26(g)所示。

（2）机车运转方式

肩回式——机车返回区段站均要入段整备。

循环式——机车在两个相邻短交路内往返行驶，在区段站内机车不摘钩，只在到发线上整备。

半循环式——机车在两个相邻短交路内往返行驶，每循环一次入段整备一次。

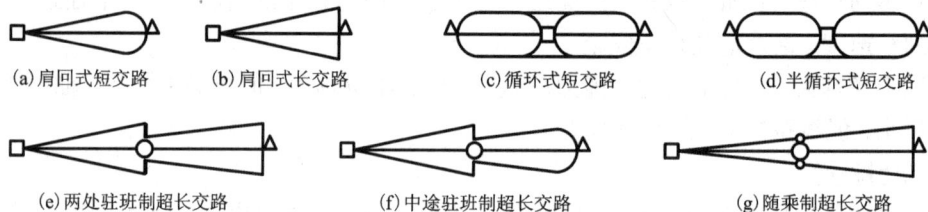

(a)肩回式短交路　　(b)肩回式长交路　　(c)循环式短交路　　(d)半循环式短交路

(e)两处驻班制超长交路　　(f)中途驻班制超长交路　　(g)随乘制超长交路

图1-26　机车交路

△—折返段；□—机务段；○—换班折返段

（3）乘务制度

包乘制——机车由固定的乘务组驾驶。

轮乘制——机车由不同的乘务组分段轮流驾驶。

机车交路距离较长，可减小区段站数目，降低工程费用及设备投资，提高旅行速度。影响机车交路长度的主要因素有机车交路类型、乘务制度及列车旅行速度。

7. 牵引质量

牵引质量就是机车牵引的车列的质量，也称牵引吨数。

在普速铁路线上，一般情况下是按列车在限制上坡道上，以机车的计算速度作等速运行为条件来确定牵引质量；快速线上，按列车在平直道上的最高速度运行，并保有一定的加速度余量为条件来确定牵引质量。

机车类型、车站到发线有效长度、限制坡度等技术标准，是影响牵引质量的主要因素，此外运输任务、地形条件也对牵引质量的选定产生影响。

牵引质量的选择，还应考虑与邻线标准统一和配合。

8. 到发线有效长

到发线有效长是车站到发线能停放列车而不影响相邻股道作业的最大长度。

到发线有效长决定可开行货物列车的最大长度，而列车长度又直接决定车辆数目，如到发线有效长度不足，则会限制牵引质量值，从而影响列车对数、运能和运行指标。此外到发线有效长直接决定车站站坪长度，影响工程数量。

到发线有效长应根据运输需求和货物列车长度确定，且应考虑邻接线路的到发线有效长度。

事实上车站的到发线不可能全部恰好符合标准有效长。因车场的形状、道岔配列等影响，除了保证最短路满足标准有效长，其余线路的有效长允许超过标准。但为节省工程投资，提高车站能力，应力求将道岔区设计得更紧凑，尽量使各线路的有效长相近。

9. 闭塞方式

铁路为了保证行车安全，提高运输效率，利用信号设备来管理列车在区间运行的方法，称为闭塞方式。

闭塞方式有电气路签、半自动闭塞、自动闭塞及高速铁路信号与控制系统四种。

10. 最大坡度

最大坡度就是铁路线路纵断面允许采用纵坡的最大值。

客运专线铁路，高速列车采用大功率、轻型动车组，牵引和制动性能优良，能适应大坡度运行。

法国高速铁路采用全高速模式，通常采用的最大坡度为 35‰。例如，法国 TGV 东南线的纵断面的最大坡度为 35‰，不仅减少了展线，缩短了线路长度，而且全线无一座隧道，节省了大量工程数量。

德国部分高速铁路采用客货共线运行模式，在已投入运营的客货共线的高速铁路上，最大坡度采用 12.5‰，但在高速客运专线上，最大坡度可达 40‰。

日本高速铁路采用全高速模式，日本新干线最大坡度多为 15‰。但也有例外，例如北陆新干线在高崎—轻井泽(34 km)区段中约有 20 km 采用了连续 30‰的长大坡。受列车制动性能的限制，在长大坡段列车的限制速度定为 160 km/h，并且专用 E2 系高速列车(8 辆编组，交直交牵引传动，再生制动与电气指令式空气制动共同作用)。显然，由于地形条件所限，灵活处理并应用较大的坡度，适当降低列车运行速度，是实事求是的选择。

我国京沪高速铁路采用最大坡度为 20‰，Ⅰ级客货共线铁路最大纵坡为 15‰。

11. 列车运行控制方式

普通铁路由司机控制列车运行。

高速客运专线采用自闭式的自动控制系统，它根据采集到的信息，如列车数据、线路数据、轨道占用信息、联锁状态等产生列车行车许可命令并控制列车运行，保证列车的运行安全。

12. 行车指挥方式

普通铁路由总公司调度处、铁路局总调度室、技术站调度室三级调度指挥机构分别掌管全国、铁路局和车站的日常运输组织指挥工作。

高速客运专线采用调度集中方式。就是对某一区段内的信号设备进行集中控制，对列车进行直接指挥及管理。

13. 追踪列车最小间隔时分

在自动闭塞区段，一个站间区间内同方向可有两列或两列以上列车，以闭塞分区间隔运行，称为追踪运行。追踪运行列车之间的最小间隔时间，称为追踪列车间隔时间。

追踪列车间隔时间，决定于同方向列车间隔距离、列车运行速度及信联闭设备类型。

客货共线铁路追踪列车最小间隔时分为 6~10 min。

高速客运专线追踪列车最小间隔时分为 3~4 min。

1.5　铁路线路平面

铁路线路平面是指线路中心线在水平面上的投影，表示线路在平面上的具体位置。线路平面位置用线路平面图表示，如图 1-27 所示。

线路在地形平易，又没有大的障碍物需要绕避的情况下，线路应沿短直方向布设。当线路遇到巨大高程障碍（如跨越分水岭）或不良地质区域等障碍物时，按短直方向定线就并非最佳选择，线路需要适当地偏离短直方向，这时线路平面就需要有曲线存在，因此线路平面由直线和曲线组成。

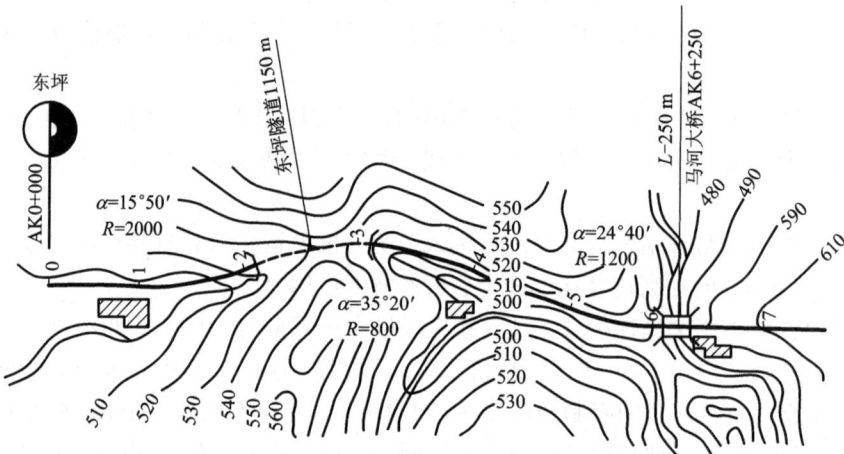

图 1-27　铁路线路平面图

平面曲线又由圆曲线和对称布置在圆曲线两端的缓和曲线组成。这是因为行驶于圆曲线上的机车车辆，出现一些与直线运行显著不同的受力特征，如曲线运行的离心力，外轨超高不连续形成的冲击力等。为使上述诸力不致突然产生和消失，以保持列车曲线运行的平稳性，需要在直线与圆曲线之间设置一段曲线半径和外轨超高均逐渐变化的曲线，称为缓和曲线。当缓和曲线连接设有轨距加宽的圆曲线时，缓和曲线的轨距是呈线性变化的。

直线、缓和曲线及圆曲线组合形式有如下两种。

（1）直线—圆曲线—直线组合

这种线形组合方式适合于无外轨超高的站线使用（图 1-28）。圆曲线要素有偏角 α，圆曲线半径 R，切线长 T_y 和外矢距 E_y。

切线长

$$T_y = R\tan\frac{\alpha}{2}\,(\text{m})$$

曲线长

$$L_y = \frac{\pi R\alpha}{180}\,(\text{m})$$

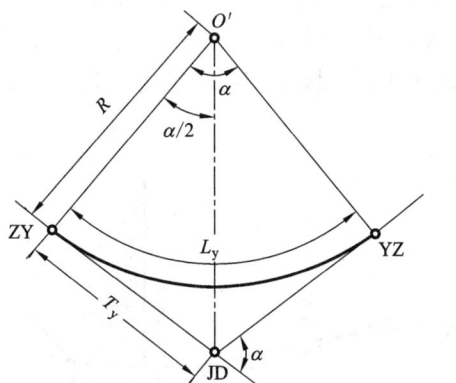

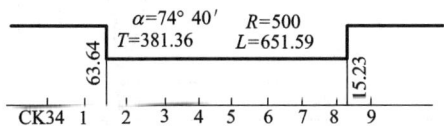

图 1 – 28　不带缓和曲线的铁路曲线

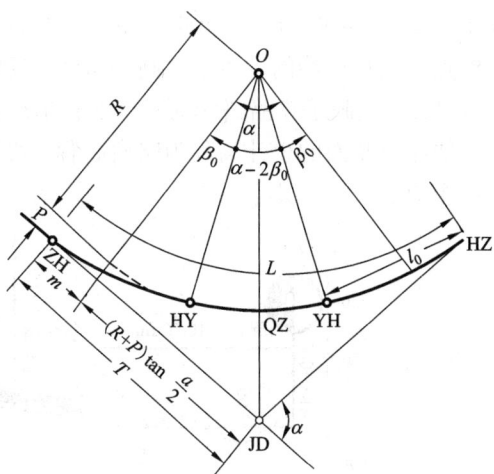

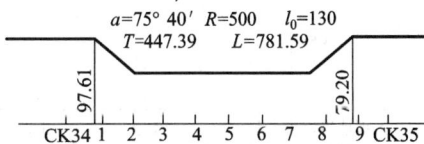

图 1 – 29　带缓和曲线的铁路曲线

（2）直线—缓和曲线—圆曲线—缓和曲线—直线组合

站线和正线均可采用这种线形组合方式。曲线要素有偏角 α，圆曲线半径 R，缓和曲线长度 l_0，切线长 T 和外矢距 E，如图 1 – 29 所示。

内移量

$$p \approx \frac{l_0^2}{24R}\,(\text{m})$$

切垂距

$$m \approx \frac{l_0}{2}\,(\text{m})$$

缓和曲线角

$$\beta_0 = \frac{90 l_0}{\pi R}\,(°)$$

切线长

$$T = (R + p)\tan\frac{\alpha}{2} + m\,(\text{m})$$

曲线长

$$L = \frac{\pi R(\alpha - 2\beta_0)}{180} + 2l_0 = \frac{\pi\alpha R}{180} + l_0 (\text{m})$$

1.6 铁路线路纵断面

线路纵断面就是将线路中心线展直以后在铅垂面上的投影。线路纵断面用线路纵断面图表示，如图 1-30 所示。纵断面图上有两条主要的线；一条是地面线，它是根据线路中线上各桩点的高程点绘的一条不规则的折线，反映了沿着线路中线地面的起伏变化情况；另一条是设计线，反映了铁路路线的起伏变化情况，它应做到技术上可行、经济上合理。

线路纵断面的设计高程为路肩高程，线路纵断面由平道、坡道和设在坡度变化点处的竖曲线组成。

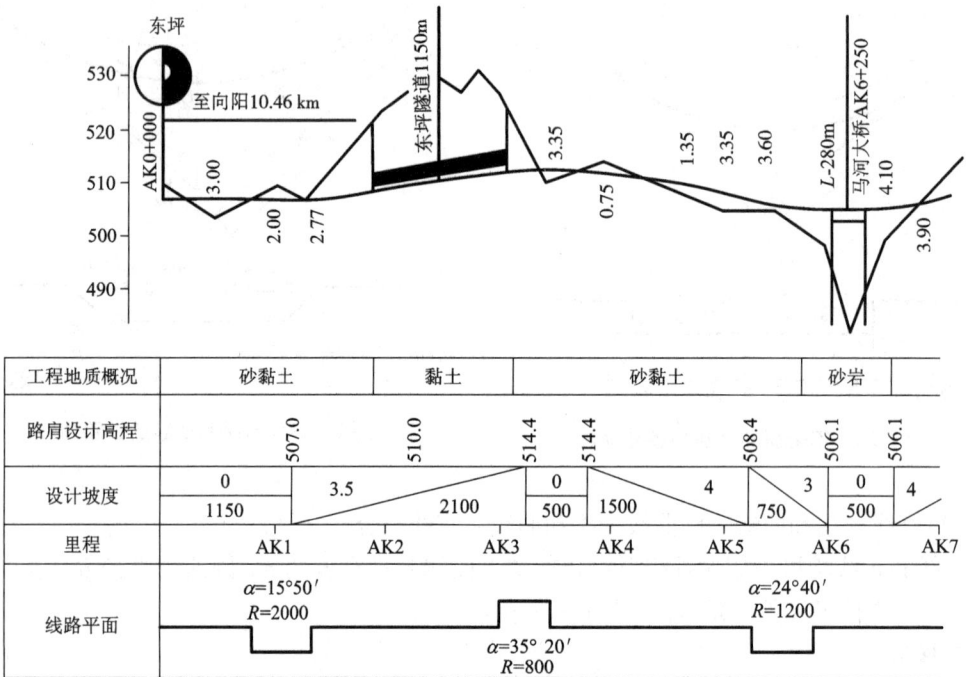

工程地质概况	砂黏土		黏土		砂黏土			砂岩	
路肩设计高程		507.0	510.0	514.4	514.4		508.4	506.1	506.1
设计坡度	0 / 1150		3.5 / 2100		0 / 500	4 / 1500		3 / 750	0 / 500	4
里程	AK1		AK2	AK3	AK4		AK5	AK6		AK7
线路平面	$\alpha=15°50'$ $R=2000$		$\alpha=35° 20'$ $R=800$					$\alpha=24°40'$ $R=1200$		

图 1-30 铁路线路纵断面图

（1）坡段长度

坡段长度为一个坡段两端变坡点之间的水平距离。

线路的坡段长度不能过短，否则对行车安全、舒适性产生不良影响；因此应力争设计较长的坡段，并取为 50 m 的整数倍。

（2）坡度

坡度值为坡段两端变坡点之间的高程差除以坡段长度，单位为‰。

最大坡度是纵断面设计采用的设计坡度最大值。最大坡度对设计线的输送能力、工程数量和运营质量具有重要影响。

最大坡度在单机牵引的路段称为限制坡度；一般情况下，一条线路双方向的限制坡度是相同的，如线路具备一定条件，可以在重车方向设置较缓的限制坡度（上坡坡度），在轻车方向设置较陡的限制坡度(上坡坡度),称为分方向选择限制坡度。

客货共线铁路的某些越岭地段,地形较陡,若按限制坡度设计,会引起线路大量展长或出现较长的越岭隧道,使工程量加大、工期延长。在这种地段,可采用加力牵引,保持在限制坡度上单机牵引的牵引定数不变,从而可以采用较大的坡度定线。最大坡度在两台及以上机车牵引的路段称为加力牵引坡度。

(3)竖曲线

在线路纵断面的变坡点处,为了保证行车的安全平顺,设置的与坡段直线相切的竖向曲线称为竖曲线。常用的竖曲线有两种线形,一种为抛物线形竖曲线,即用一定变坡率的 20 m 短坡段连接

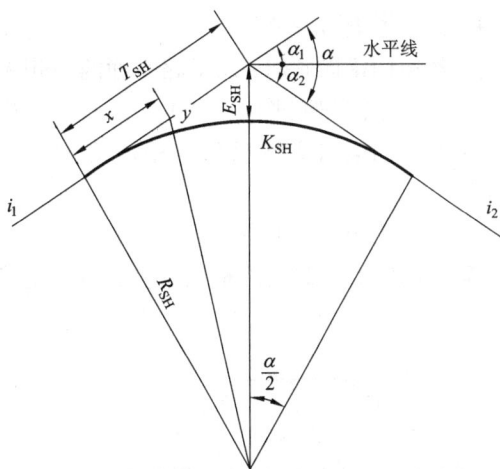

图 1 – 31　竖曲线

起来的竖曲线;另一种为圆弧形竖曲线。因圆弧形竖曲线测设、养护方便,目前国内外均大量采用。这里仅介绍圆弧形竖曲线。

如图 1 – 31 所示,设竖曲线的半径为 R_{sh};变坡点前、后坡段的坡度(‰)为 i_1,i_2,规定上坡为正,下坡为负。

坡度代数差　　　　　　　　$\Delta i = |i_2 - i_1|$

竖曲线切线长　　　　　　　$T_{sh} = \dfrac{R_{sh}\Delta i}{2000}(m)$

竖曲线长度　　　　　　　　$K_{sh} \approx 2T_{sh}(m)$

竖曲线纵距　　　　　　　　$y = \dfrac{x^2}{2R_{sh}}(m)$

对于设计速度小于 160 km/h 的铁路,Ⅰ、Ⅱ级铁路相邻坡段代数差大于3‰,其余铁路大于4‰时,需设置竖曲线。对于设计速度大于等于 160 km/h 的铁路,相邻坡段代数差大于等于1‰时设置竖曲线,即在路基面上做出竖曲线线形。

1.7　铁路线路横断面

1. 线路横断面形式

线路横断面是指沿垂直于线路中心线方向截取的剖面,线路横断面的形式应与其所处的地形条件相适应。

(1)路堤(图 1 – 32)

当铺设轨道的路基面高于天然地面时,路基以填筑方式构成,这种路基称为路堤。

(2)路堑(图 1 – 33)

当铺设轨道的路基面低于天然地面时,路基以开挖方式构成,这种路基称为路堑。

(3)半路堤(图 1 – 34)

　　当天然地面横向倾斜，路堤的路基面边线和天然地面相交时，路堤体在地面和路基面相交线以上无填筑工程量，这种路堤称为半路堤。

　　（4）半路堑（图1-35）

　　当天然地面横向倾斜，路堑路基面的一侧无开挖工作量时，这种路基称为半路堑。

　　（5）半路堤半路堑（图1-36）

　　当天然地面横向倾斜，路基一部分以填筑方式构成而另一部分以开挖方式构成，称为半路堤半路堑。

　　（6）不填不挖断面（图1-37）

　　当路基的路基面和天然地面平齐，路基无填挖土方时，这种路基称为不填不挖断面。

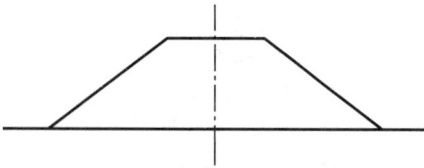

图1-32　路堤断面

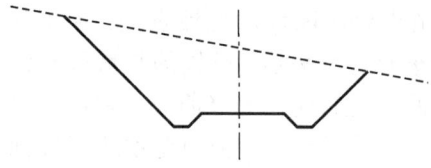

图1-33　路堑断面

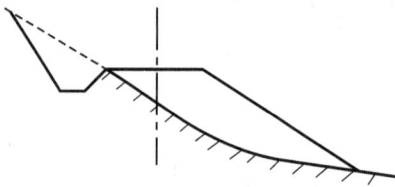

图1-34　半路堤断面

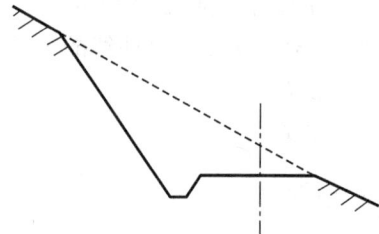

图1-35　半路堑断面

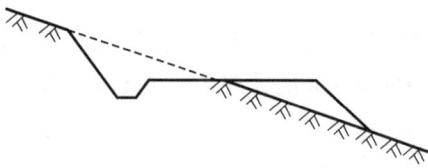

图1-36　半路堤半路堑断面

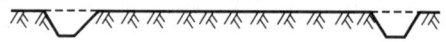

图1-37　不填不挖断面

2. 路基面

（1）路基面形状

路基面的形状视路基材料是否为渗水材料而分为有路拱和无路拱两种。

当土质路堤或路堑的材料为非渗水土时，为了便于排水，路基面的形状应该设计为三角形路拱，由路基中心线向两侧设4%的人字排水坡，使雨水能够尽快排出，避免路基面积水使土浸湿软化，保证路基土体的稳定。

岩质路基或用渗水材料（如碎石、卵石、砾石、粗砂或中砂）修筑的路基，因填料具有良好的渗水性能，降雨时短暂的湿润对强度影响不大，故路基面不需设成路拱而作成水平状即可。但对于多雨地区易风化的泥质岩石,因其在动荷载长期作用下易于软化,而发生翻浆冒泥病害,因此路基面亦应按土质路基作出路拱。

单线铁路路拱高一般为 0.15 m,一次修筑的双线路拱高 0.20 m。

(2)路基面宽度

路基面的宽度等于道床覆盖的宽度加上两侧路肩的宽度。

在曲线地段,曲线外侧的路基宽度应进行加宽。

3. 路肩高程

路肩的高程应保证路基不致被洪水淹没,也不致在地下水最高水位时因毛细水上升至路基面而产生冻胀或翻浆冒泥等病害。因此,对路肩高程有一个最小值要求。

在铁路线路工程中,路基面的高程由线路纵断面设计确定,并以路肩高程表示。

4. 路基边坡

在路堤的路肩边缘以下和在路堑两侧的侧沟外,因填挖而形成的斜坡面,称为路基边坡。

边坡的形状在路基中常修筑成单坡形、折线形和阶梯形。图 1 – 38 中路堑的边坡为单坡形边坡;图 1 – 39 中路堤的右侧边坡为折线形。边坡的坡率用 $1:m$ 表示,即边坡上两点间高差为 1 单位时,这两点间的水平距离为 m 个单位。

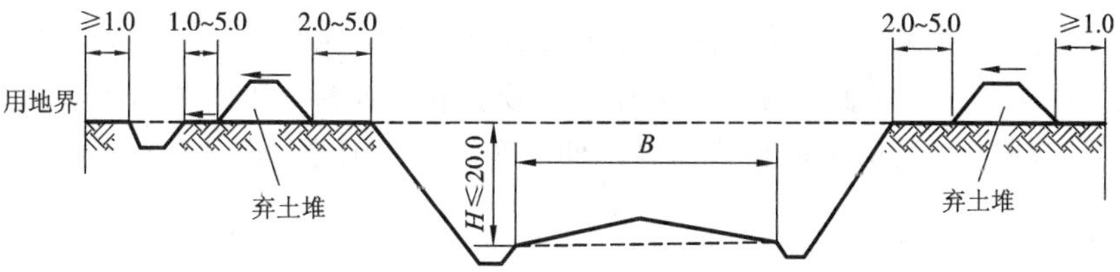

图 1 – 38　单坡形边坡

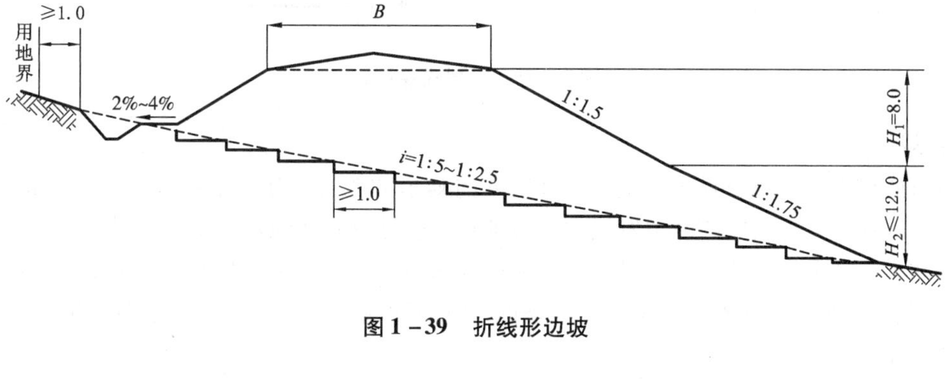

图 1 – 39　折线形边坡

1.8　铁路车站及枢纽

车站是铁路运输的基本生产单位,它集中了和运输有关的各项技术设备,并参与整个运输过程的各个作业环节。车站按技术作业性质可分为会让站、越行站、中间站、区段站、编组站,编组站和区段站又统称为技术站;按商务作业性质可分为客运站、货运站、客货运站;

按等级可分为特等站、一至五等站。

1. 会让站

会让站设置在单线铁路上，主要办理列车的到发、会车、让车，有的站也办理少量的客货运业务。因此，会让站应铺设到发线并设置通信、信号及旅客乘降、办公房屋等设备。

会让站按其到发线的相互位置可分为以下两类。

（1）横列式会让站

横列式会让站的到发线横向排列，如图 1-40 所示。横列式布置具有站坪长度短，工程费小，在紧坡地段可缩短线路长度；车站值班员对两端咽喉有较好的瞭望条件，便于管理；无中部咽喉区；到发线使用灵活，站场布置紧凑等优点。一般情况下，会让站应采用横列式布置。

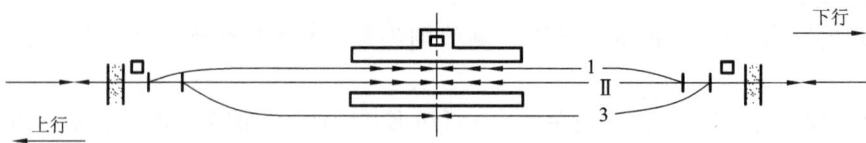

图 1-40　横列式会让站

（2）纵列式会让站

纵列式会让站是将两到发线纵向排列，并逆向运行方向错移一个货物列车到发线的有效长度，如图 1-41 所示。因此，纵列式会让站需要较长的站坪、工程投资大；车长与值班员联系时走行距离长；车站值班员瞭望信号不便，确认进路困难，道岔分设在三处，运营管理不便。

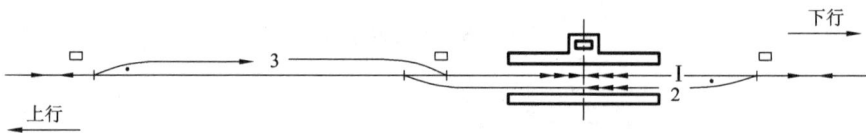

图 1-41　纵列式会让站

2. 越行站

越行站设置在双线铁路上，主要办理同方向列车的越行，有的车站也办理少量的客、货运业务。因此，越行站应铺设到发线并设置通信、信号及旅客乘降、办公房屋等设备。

如图 1-42 所示，越行站一般应采用横列式布置，其主要优点是站坪长度短，工程费小；车站值班员对两端咽喉区有较好的瞭望条件，便于管理；无中部咽喉；到发线使用灵活，站场布置紧凑。

3. 中间站

中间站是为提高铁路的通过能力，保证行车安全，以及为沿线城镇及工农业生产服务而设立的。中间站主要办理列车的到发、会让、越行以及客货运业务。单线铁路中间站的布置形式如图 1-43 所示，双线铁路中间站的布置形式如图 1-44 所示。

（1）中间站的作业

旅客乘降和行李、包裹的承运、保管、装卸与交付。

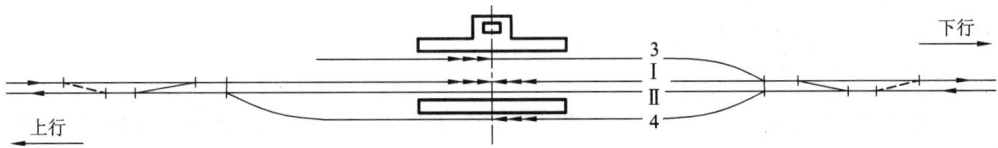
图 1-42　越行站

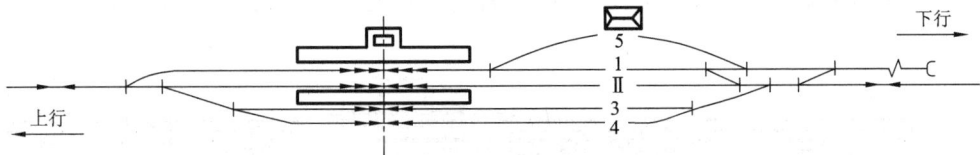
图 1-43　单线铁路中间站

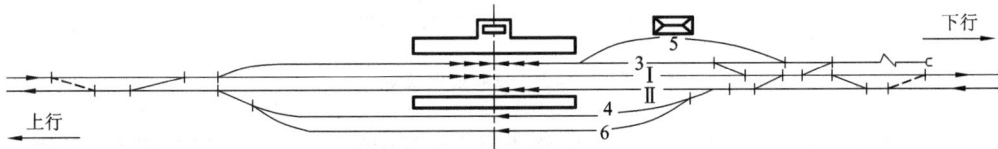
图 1-44　双线铁路中间站

货物的承运、保管、装卸与交付。

接发列车作业。

摘挂列车的车辆摘挂作业和向货场、专用线取送车辆的调车作业。

（2）中间站的设备

客运设备。包括站房、站台、雨棚和跨越设备。

货运设备。包括货物仓库、货物站台、货运室和装卸机具。

站内线路。包括到发线、牵出线和货物线等。

信号及通信设备。

4. 区段站

区段站就是设在机车交路两端的车站。区段站可作为机车运行的起终点站，车辆的中转站。

1）区段站的作业

区段站除办理中间站的各项作业外，还办理以下主要作业。

旅客列车的技术作业。包括车列技术检查与修理，以及更换机车。

货物列车的技术作业。包括车列技术检查及货运检查，更换机车及列车乘务组，编组及解体区段摘挂列车，车辆的技术检查及检修。

机车的整备、检查及修理。

2）区段站的设备

列车到发场。用于办理接发列车和车列的技术检查。

编组场。用于编组列车、解体列车。

机务设备。区段站一般均设有机务段或折返段。

车辆设备。列车检修所、站修所。

信号通信设备和照明设备。

3）区段站的布置

区段站的布置形式是多种多样的，但可归纳为横列式、纵列式和客货纵列式三种基本形式。

（1）横列式布置

当上、下行客货列车到发场横向排列时，称为横列式布置，如图1－45所示。

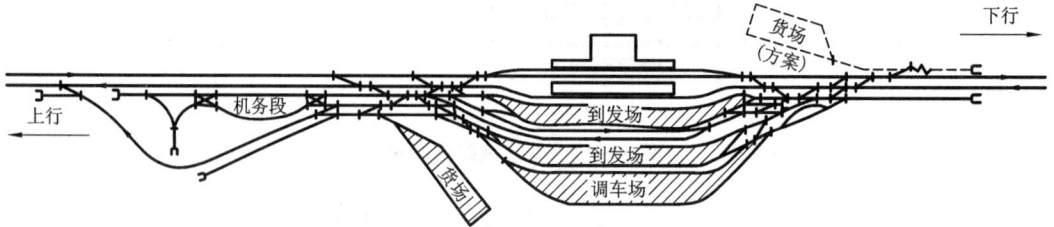

图1－45　横列式区段站

区段站采用横列式布置具有站场布置紧凑；站坪长度短，占地少；设备集中，管理方便；作业灵活性大；对地形的适应性强的优点。不足之处是一个方向的机车出入段走行距离长；如货场与站房同侧，取送车和正线有干扰。

（2）纵列式布置

上、下行到发场分设在正线的两侧，沿线路纵向布置，称为纵列式布置，如图1－46所示。

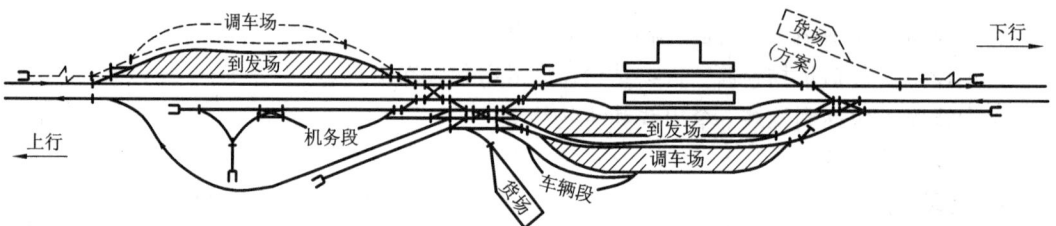

图1－46　纵列式区段站

由于车场沿线路纵向布置，纵列式车站在进行生产作业时产生的相互干扰要较横列式少；机车出入段走行距离短；有较大的通过能力。但纵列式车站占地多，设备分散；一个方向的机车出入段要横切正线，对正线的运营产生一定的干扰。

（3）客货纵列式布置

由于运量增长或新线引入，既有的横列式区段站横向发展受到限制，或客、货运量大，站内作业交叉干扰严重，故将原有站场改为旅客列车运转车场，并沿正线在适当距离处另建与其纵列的货物列车运转车场，形成客货纵列式区段站布置，如图1－47所示。

采用客货纵列式区段站布置时，客运设备与货运设备互不干扰。机务段有两个出入口，上下行货物列车的机车出入段都比较方便，走行距离也较短。不足之处是占地多，设备分散；下行货物列车及上行改编货物列车的机车出入段要横切两条正线。

5. 编组站

所谓编组站,就是在铁路网上办理货物列车解体、编组作业,并为此设有比较完善的调车设备的车站。

在铁路运输网上,编组站是铁路运输的重要生产基地,大量装载货物的重车和卸货后回送的空车,在这里汇集,然后被编成各种列车开往各自的目的地。

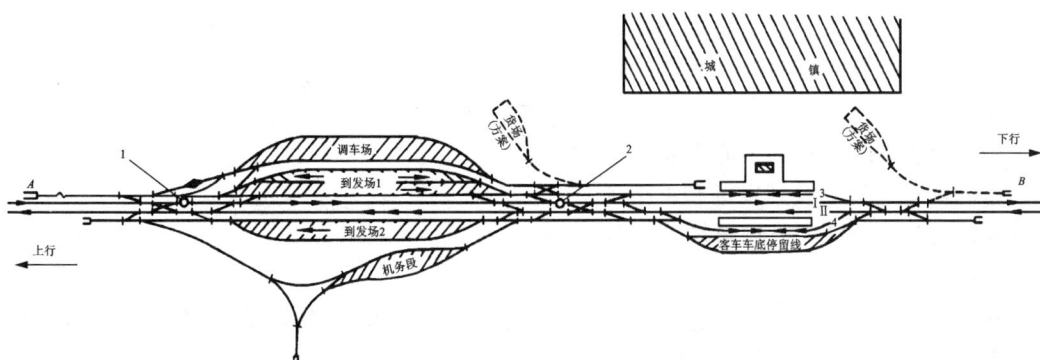

图 1 – 47　客货纵列式区段布置

编组站在加速机车车辆的周转,完成货物运输任务,降低运输成本等方面起着重要的作用。

(1)编组站的作业与设备

从技术作业上看,编组站和区段站都要办理列车的接发、货物列车的解体及编组,机车的供应和换挂,列车的技术检查。

区段站主要是办理中转列车的作业,解体和编组的列车数量少,而且大多是区段列车和摘挂列车。编组站的主要作业是大量办理列车的解体和编组,而且其中多数是直达列车和直通列车。

编组站的设备,从种类上看,一般与区段站一样,但编组站的编组场和调车设备的规模和能力往往比区段站大得多。

为了确保主要任务的完成,编组站尽量不办理或少办理客货运业务是适宜的,因此如编组站位于大城市的郊区,也可以不设客货运设备。

(2)调车驼峰设备

驼峰是编组站的主要特征。所谓"驼峰",就是在地面上修筑的犹如骆驼峰背形状的小山丘,设计成适当的坡度,上面铺设铁路,利用车辆的重力和驼峰的坡度所产生的位能,辅以机车推力来解体及编组货物列车的一种调车设备。

驼峰调车以利用车辆重力为主,以机车推力为辅。驼峰由推送部分、峰顶平台、溜放部分及有关线路组成,如图 1 – 48 所示。和驼峰线路配套的设备还有调速工具、信号设备、通讯设备和调车机车等。

①推送部分。由峰顶起向到发场方向一个解体车列长度范围的线路部分称为推送部分。由到达场出口咽喉最外道岔(或牵出线终端)至峰顶平台间的一段线路称为推送线。

②溜放部分。从峰顶起至调车场各股道计算停车点的长度称为溜放部分。计算停车点位

于调车场头部警冲标内侧100 m(机械化
驼峰)或50 m(非机械化驼峰)处。

③峰顶平台。推送部分与溜放部分
的连接平台,一般净长为10 m左右。

(3)编组站的布置

影响编组站布置的主要因素有编组
站汇集铁路线路的数目、运量及车流性
质、车站作业特点、城市规划要求及地
形地质条件等。

调车设备是编组场的核心设备。调
车设备的数量与规模及到发场和编组场
的相互位置关系,是区分编组场图形的
主要依据。

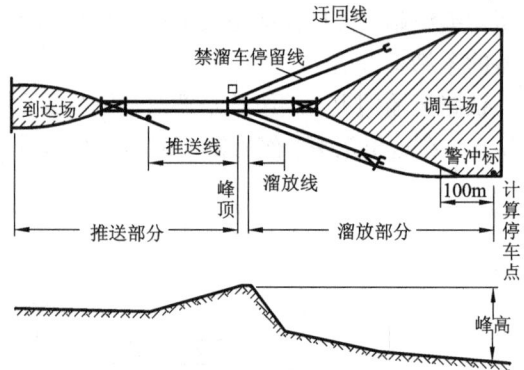

图1-48　驼峰示意图

凡是以一套调车设备为核心,供上、下行改编车流共用的车站,称为单向编组站。对于
这种车站而言,其驼峰调车方向与主要改编车流运行方向一致。

若有两套调车设备各自改编上下行车流的车站,称为双向编组站。在这种情况下,两个
主要驼峰应沿各自的主要改编车流运行方向布置。

根据上述定义,可将我国编组站类型归纳为六类。即:单向横列式,单向纵列式,单向
混合式;双向横列式,双向纵列式,双向混合式。

铁路编组站类型,习惯上又称为"几级几场"。级是指车场排列形式,一级式就是车场横
列,二级式就是到达场、编组场纵列,三级式就是到达场、编组场、发车场顺序排列。场是指
车场,站内有几个车场,就叫几场。单向二级四场混合式编组站布置如图1-49所示,双向
二级六场混合式编组站布置如图1-50所示。

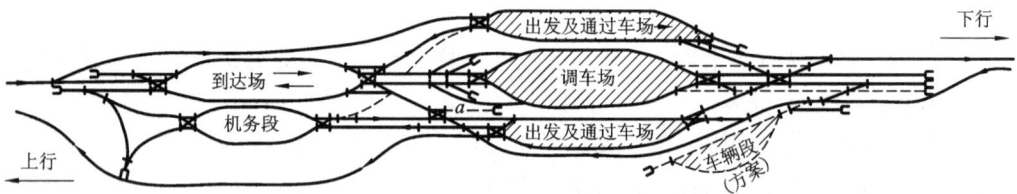

图1-49　单向二级四场混合式编组站布置图

6. 铁路枢纽

铁路枢纽是在铁路网的交汇点或终端地区,以几个在统一指挥下协调工作的铁路车站、
联络线和进出站线等技术装备构成的铁路综合设施。

铁路枢纽的功能是使各向铁路线相互沟通,与其他运输方式顺畅衔接。其主要作业内容
是组织各向列车的到发和通过、客货的集散和中转、车辆改编以及货物承运与换装等。

铁路枢纽通常设有编组站、客运和货运站,有时也可由一个站办理各种作业。

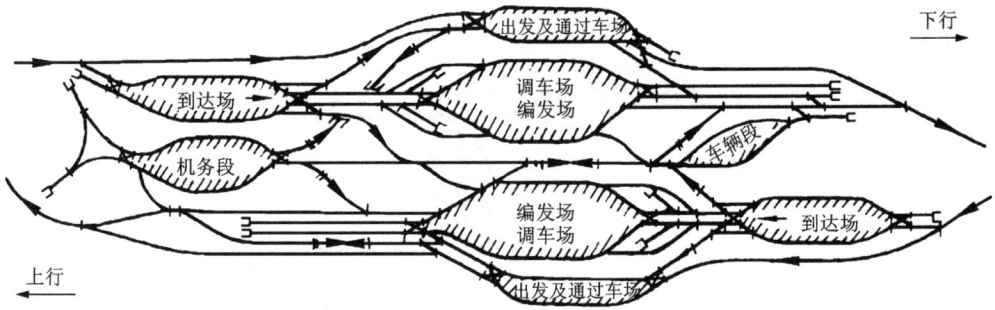

图 1 - 50　双向二级六场混合式编组站布置图

（1）一站枢纽

一站枢纽一般由一个综合性车站（兼办客、货、改编作业）和 3 ~ 4 条引入线路组成，是铁路枢纽布置图型中最简单的一种结构型式，通常位于中小城市附近，如图 1 - 51 所示。

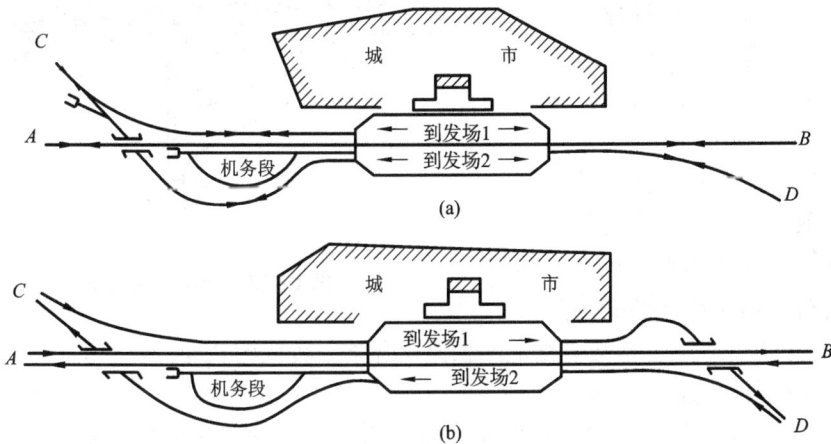

图 1 - 51　一站铁路枢纽

这种枢纽布置结构，不存在保证各车站之间的运输联系通道，作业量分配等复杂的设计问题。

所有的客、货运及列车改编作业，完全集中在一个综合性车站上进行。设备、作业集中，管理方便，效率较高。

由于枢纽内全部作业均集中在一处，必然产生大量的作业进路交叉干扰，通过能力和改编能力一般均较小。

（2）三角形铁路枢纽

三个引入方向间互有较大的客、货运量交流，在两交会线路间修建联络线就形成了三角形枢纽，如图 1 - 52 所示。

AC 及 *CA* 方向的列车可顺联络线通过，以缩短列车行程和消除列车变更运行方向作业。

只有当引入铁路线汇合于三点，各方向间有较大的客、货运量交流时，才可参照三角形枢纽图型进行总体规划。

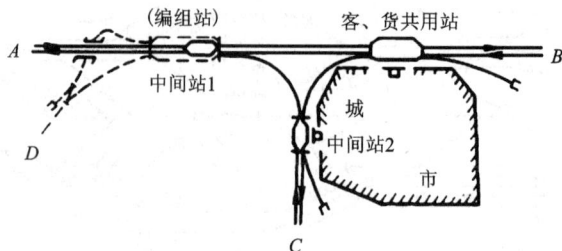

图 1 - 52　三角形铁路枢纽

（3）十字形铁路枢纽

两条铁路线路近似正交，在枢纽中心设有呈"十字形"交叉的疏解布置，车站设置在各引入线路上。

适用两条近似正交的铁路干线具有大量的直通客货流，其他方向的客、货运量甚少的铁路枢纽，如图 1 - 53 所示。

十字形铁路枢纽布置能保证相互交叉的线路独立作业，并能沿最短径路方向放行通过枢纽的直通列车。而且这一优点随着相交线路的交角越接近直角越明显。相反，随着相交线路之间换乘的旅客、转线的货车、合并的作业增加，则十字形枢纽布置图型的优越性就越来越小。

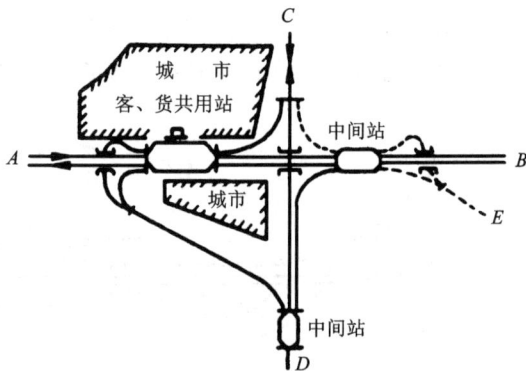

图 1 - 53　十字形铁路枢纽

有时，为了把十字形枢纽的某种作业（客运、货运或改编作业）集中到一个车站上进行，为减少交叉干扰，可以修建联络线和立体交叉疏解布置。

（4）顺列式铁路枢纽

顺列式枢纽是在三个及更多方向的铁路干线交会地区建有编组站，并在主要车流方向的干线上邻近区间布置客运站而形成的，如图 1 - 54 所示。枢纽内的所有车站，包括旅客站、货物站、编组站等，按顺序纵列地布置在枢纽的同一条伸长的通道上。

顺列式布置便于配合城市规划解决专业车站的分布和为城市服务的问题，两端进出站线路疏解比较简易，以及枢纽分阶段发展适应性较强。但顺列式布置的到发和通过枢纽的客货列车及枢纽内取送车辆均运行于同一铁路线上，当行车量较大、取送作业较多时，交叉干扰大，车站咽喉区负担过重。为增强枢纽通过能力，有时会导致必须修建第三线和第四线，以及复杂的线路交叉疏解布置。

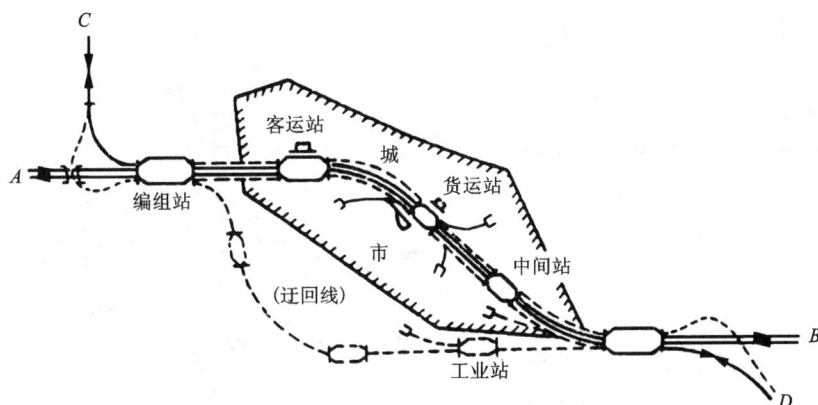

图 1-54　顺列式铁路枢纽

(5)并列式铁路枢纽

枢纽内有两条平行的通道、旅客站和编组站并列地分布在两条平行的通道上。其接轨铁路先按线路方向引入枢纽，再按列车运转种类分设两条平行进路，分线直接引入平行布置的编组站和客运站，如图 1-55 所示。

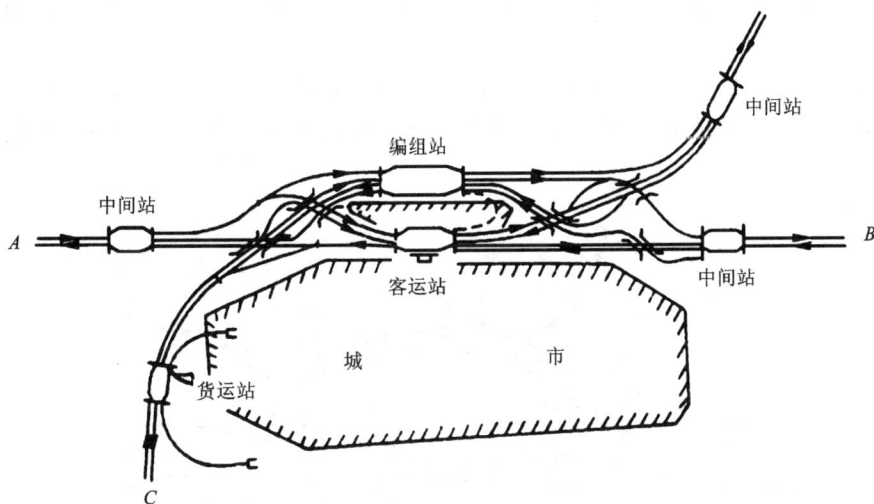

图 1-55　并列式铁路枢纽

并列式枢纽的编组站与客运站平行布置，对选择站坪有较大的活动余地；各方向铁路分线直接引入编组站与客运站，客货列车运行互不干扰，枢纽通过能力大；但枢纽的进、出站线路疏解布置较为复杂，分期过渡比较困难。此种布置图型通常适用于客货运量均较大，当地条件又适宜时。

(6)环形铁路枢纽

引入线路方向较多(一般有 6 个及以上的线路方向)，用环形线将所有引入线路方向连接起来形成一个整体，以便各方向间的客货运量交流，避免各引入线路集中于少数汇合点，并为地区客货运业务提供较好的服务。

环形枢纽的通道灵活,通过能力大,环线能发挥平衡与调节作用。但客、货列车通过时,经路迂回。

环形枢纽布置图型如图 1-56 所示,一般适用于有 6 条及以上引入线路汇集的大城市,而且各引入线路之间有大量的客货运量交流。在有些情况下,受种种条件的限制(如滨海、滨河、傍山等等),不可能或不适合修建封闭的完整环形线时,也可因地制宜地修建不完整的、不封闭的环线—半环线,此时,就成为半环形铁路枢纽布置图型。

(7)组合式铁路枢纽(混合形枢纽)

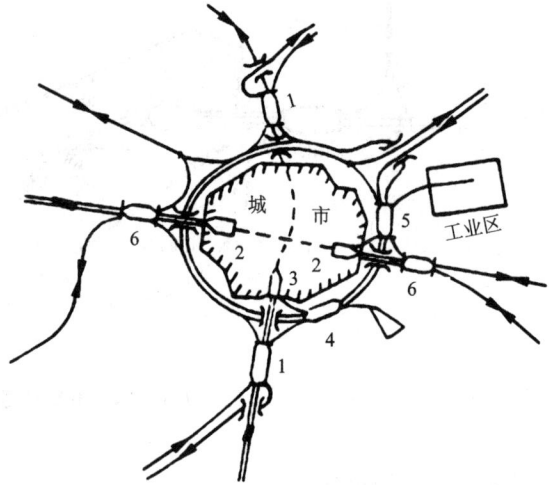

图 1-56 环形铁路枢纽

混合形枢纽是在铁路网发展、城市改建、车流条件和自然条件等因素影响下发展形成的。由于各枢纽的历史条件、技术经济资料、形成与发展过程的不同,因而混合形枢纽结构是多样的。

如图 1-57 所示枢纽,为位于两江汇流处的大城市铁路枢纽,两座大桥将被江河分割的三镇连接在一起,并贯通 AB 干线。它是由三角形、顺列式以及环形枢纽组成的混合形铁路枢纽。

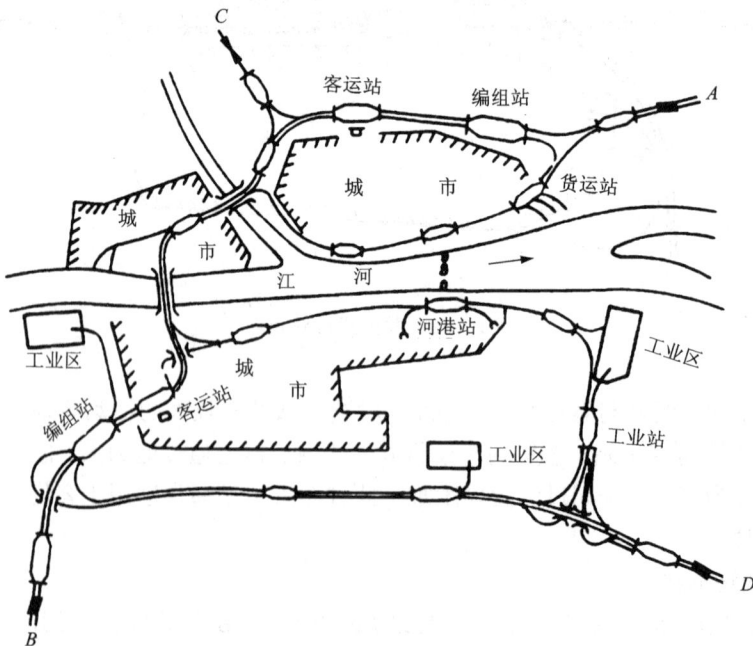

图 1-57 组合式铁路枢纽

混合形枢纽的特点由其构成枢纽的形式决定。

(8)尽端式铁路枢纽

尽端式铁路枢纽位于铁路网的起讫点即铁路网端。一般设在大港湾、大工业区或采矿区等有大宗货流产生及消失的地区。

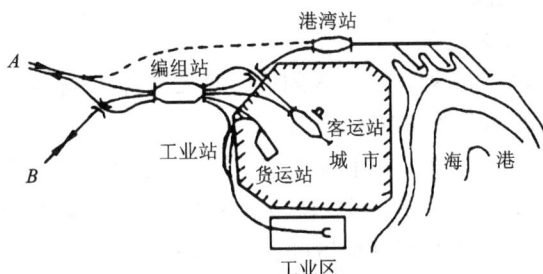

图 1 – 58 尽端式铁路枢纽

尽端式铁路枢纽,按其分布地点不同,通常可划分为两大类,即位于滨海的尽端式铁路枢纽和位于内陆的尽头式铁路枢纽。位于滨海的尽端式铁路枢纽布置如图 1 – 58 所示。

这种铁路枢纽布置图型由于只有一端与铁路网沟通,因此通过能力受到较大限制。为了减轻枢纽出入口咽喉区的负荷,应设置必要的联络线。

1.9 信号与闭塞

1. 铁路信号

铁路信号就是向行车和调车工作人员发出的指示和命令。行车和调车工作人员必须执行信号显示的要求,以保证安全和提高作业效率。

铁路信号按感官的感受方式可分为视觉信号和听觉信号两大类。

(1)听觉信号

听觉信号包括号角、口笛、响墩发出的声响或机车、轨道车的鸣笛声。

(2)视觉信号

视觉信号包括铁路工人手拿信号旗、信号灯或直接用手臂发出的信号及各种信号机发出的信号。

2. 联锁

为了保证行车安全和提高运输效率,在车站内为列车进站、出站或调车准备的通路,称之为进路。进路是由道岔的不同开通位置来确定的,每一列车、调车进路的始端都要有一架信号机进行防护,以保证站内作业的安全。

电气联锁的车站,排列进路还要检查有关的轨道电路。如果进路上的道岔位置不正确(或者有车占用),那么有关的信号机就不能开放;信号开放(或轨道区段被占用)以后,被防护的进路就不能改变,即进路上的道岔就不能转换。这种道岔、轨道电路和信号机之间的互相制约的关系,就称之为联锁关系,简称联锁。

控制车站内的道岔、进路和信号机,并实现它们之间联锁关系的设备,就叫车站信号联锁设备。

联锁的基本内容就是防止建立两条会导致机车车辆相撞的进路,即敌对进路;必须使列车或调车车列所经过的所有道岔均处于与进路开通相符合的位置;必须使信号机的显示与建立的进路相符合。

我国目前使用的车站信号联锁设备主要有非集中联锁设备(包括臂板电锁器联锁和色灯

电锁器联锁）、电气集中联锁设备、微机联锁设备和平面调车区集中联锁设备。

3. 闭塞

1）闭塞定义

闭塞是指列车进入区间后，使之与外界隔离起来，区间两端车站都不再向这一区间发车，以防止列车相撞和追尾。

实际运营中，在单线铁路上，为了防止一个区间内同时进入两列对向运行的列车发生正面冲突，以及在单、双线铁路上为了避免两列同向运行的列车发生追尾事故，铁路上规定区间两端车站值班员在向区间发车前必须办理行车联络手续，用信号或凭证，保证列车按照空间间隔制运行。

闭塞设备即为实现"一个区间（闭塞分区）内，同一时间只允许一列车占用"而设置的铁路区间信号设备。

2）闭塞类型

我国采用的基本闭塞方法有四种，即电气路签闭塞、半自动闭塞、自动闭塞和高速铁路信号与控制系统。

（1）电气路签闭塞

路签（路牌）闭塞是早期采用的行车闭塞方法。相邻车站各装一台路签（路牌）机，当区间空闲，经双方人员协同操作，才能从其中一台闭塞机中取出一个路签，作为列车占用区间的行车凭证。而在这一路签未放入闭塞机以前，再也不能从闭塞机中取出第二个路签。电气路签闭塞办理手续复杂，效率低，费时，是一种不很完善的闭塞方法。

（2）半自动闭塞

半自动闭塞就是人工办理闭塞手续，列车凭信号显示发车后，出站信号机自动关闭的闭塞方法。半自动闭塞是以两车站之间的线路范围作为一个闭塞区间的，如图1-59所示。

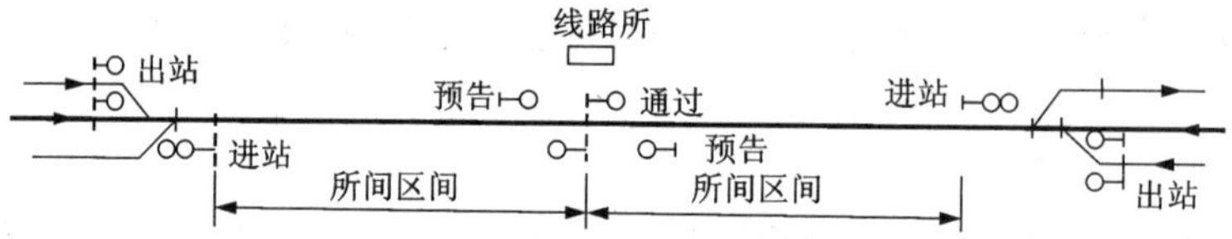

图1-59 半自动闭塞

采用半自动闭塞时站间或所间只准走行一趟列车；人工办理闭塞手续；人工确认列车完整到达和人工恢复闭塞。

列车占用区间的行车凭证是出站信号机发出的信号，出站信号机受半自动闭塞机的控制。只有当区间空闲，经过办理规定手续后，出站信号机才能开放。半自动闭塞的办理手续简便，且不需要向司机递交列车占用区间的实物凭证，所以它比采用电气路签更能提高区间通过能力，同时，在行车安全方面也更为可靠。

（3）自动闭塞

自动闭塞就是根据列车运行及有关闭塞分区状态自动变换信号显示，而司机凭信号行车的闭塞方法。

如图1-60所示，自动闭塞系统把区间划分为若干闭塞分区，有分区占用检查设备，列车可以凭通过信号机的显示行车，也可凭机车信号或列车运行控制的车载信号行车；站间能实现列车追踪；办理发车进路时自动办理闭塞手续，自动变换信号显示。

由于自动闭塞的闭塞分区长度一般在 1200～3000 m，大大缩减了列车占用线路的长度，因此，它比半自动闭塞的通过能力要大得多。

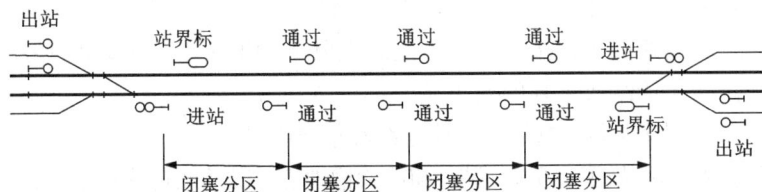

图 1-60　自动闭塞

(4)高速铁路信号与控制系统

高速铁路信号与控制系统是集微机控制与数据传输于一体的综合控制与管理系统，是高速列车安全、正点运行的基本保证。

高速铁路信号系统采用计算机网络传输相关信息，可以连续、实时监督高速列车的运行速度，自动控制列车的制动系统，实现列车超速防护；另外，通过设置综合调度系统对列车运营实行集中控制，实现列车群体的速度自动调整，使列车均保持在最优运行状态，在确保列车安全的条件下，最大限度地提高运输效率。

1.10　铁路车站工作组织

1.10.1　车站接发列车和调度工作

1. 接发列车程序

列车除在区间运行外，还要在车站到发和通过。因此，接发列车工作是列车运行过程中不可缺少的重要环节。为了保证列车的安全运行，列车接入车站和由车站出发都必须按照一定的程序办理接发列车的必要手续。

(1)接车

邻站请求发车。

车站值班员办理闭塞。

向有关人员发出准备接车进路的命令。

开通进路并确认接车线路空闲。

开放进站信号准备接车。

(2)发车

车站值班员和接车站办理闭塞，请求发车。

通知有关人员准备发车进路。

确认发车进路，开放出站信号，指示发车。

(3)放行不停车列车

有些列车在中间站不停车通过，所以在中间站还要办理不停车通过列车的放行，其作业内容及办理手续，相当于同时办理接车和发车。但在一般情况下，总是先办理发车手续，后办理接车手续。

2. 调车

车站上除了列车运行以外，凡是机车车辆在站内线路上有目的的移动，统称为调车。

按照作业的目的不同，调车工作可分为如下几种。

①解体调车。将到达的车列按车辆的到达地点分解到编组场固定线路上去的调车。

②编组调车。将车辆编成车列的调车。

③摘挂调车。为列车补轴、减轴、换挂车组和摘挂车辆。

④取送调车。将车辆从调车场送到装、卸或检修地点，以及从这些地点取回车辆的调车。

1.10.2　车站客运工作

1. 售票工作

售票工作是车站为旅客服务的重要内容，通过售票将众多的旅客按车次、方向有计划地组织起来，纳入车站旅客运送计划。客票发售方式通常有固定窗口售票，车上售票，网上售票等方式。售票窗口开设的数量及位置应根据客运大小决定，在城市人口集中的繁华地段可设立市内售票所，主要办理客票预售。

2. 旅客乘降工作

旅客乘降工作的内容是有秩序地组织旅客在站内通行、检票进站、上车以及到达车站下车的旅客在出站口验票出站。车站根据设备条件及到车占用线路来划分旅客在站内的通路，设置导向系统，指示售票处、候车室、各方向各车次列车的候车地点及通路，以便旅客按最短路径检票进站、验票出站。

3. 客运服务工作

车站通过问询处正确、迅速解答旅客有关购票、托运和提取行李、候车、中转等问题。随身携带品暂存处为旅客临时寄存物品，为上车前和下车后的旅客创造便利条件。候车室是旅客大量聚集等候上车的地方，应有足够的通道，保证室内整洁、空气流通。

4. 行包运输工作

行包运输工作的任务是保证行李、包裹安全，并将其迅速、准确、便利地运到目的地。行李运输是随旅客运输产生的，包裹运输是由旅客列车运输的零星物资。行包运输工作分为发送作业、到达作业和中转作业。行包发送作业包括承运，保管，装车作业；行包到达作业包括卸车，保管，交付作业；中转作业是指行包在中转站卸下后，装入另外的旅客列车行李车继续运送的作业。

5. 旅客列车技术作业

通过旅客列车的技术作业。旅客列车到达客运站后，换挂机车，同时进行技术检查、列车上水、行包邮件装卸、旅客上下及发车作业。

始发旅客列车的技术作业。旅客列车车底由客车整备所调入客运站到发线后，进行技术检查、旅客上车、装载行包邮件、运转车长接收列车、挂机及试风。

终到旅客列车的技术作业。终到旅客列车的各项作业可平行进行，行包邮件卸车完毕和旅客全部下车后，车底可由本务机车或调车机车送至客车整备所。

6. 客车车底整备作业

凡办理始发、终到旅客列车为主的客运站，一般设有客车整备所。客车整备所是客车进行技术检查、修理、整备和停留的场所。客车整备所对客车车底的主要整备作业包括清除泥垢及技术检查；车底改编；车底外部及内部清扫、洗刷、修理；上燃料、上水等；有关乘务组接收列车，车底等待送往客站。

1.10.3　车站货运工作

1. 货物运输的基本条件

铁路货物运输是根据货主的要求，在规定时间内将一定品名、一定数量的货物从指定的发站安全地运到指定的到站，交付给收货人。

根据每批货物的数量及使用运输车辆的方式不同，铁路货物运输分为整车、零担、集装箱三种。需要冷藏、保温或加温运输的货物，规定限按整车办理的危险货物，易于污染其他货物的污秽品，蜜蜂，不易计件的货物，都必须按整车托运。

按一批托运的货物，必须发货人、收货人、发站、到站和装卸地点相同（整车分卸货物除外）。整车货物每车为一批；跨装及使用游车的货物，每一车组为一批。零担货物或使用集装箱运输的货物，以每张货物运单为一批。使用集装箱运输的货物，每批必须是同一箱型，至少一箱，最多不超过铁路一辆货车能装运的箱数。

2. 车站货运作业组织

车站货运作业的基本内容包括组织货源货流，办理货物的承运、保管和交付，货物的装车和卸车，计算和核收运输费用，填制货运票据。此外，有些车站还办理铁路与其他运输方式的联运，车辆的洗刷消毒及冷藏车的加冰加盐作业等。

按照货物运输过程的阶段划分，车站货运作业可分为发送、运输途中以及到站作业。

发送作业为受理、进货、承运和装车；途中作业包括途中交接、货物的中转、换装和整理以及货物运输变更；到达作业为货物到达卸车，交付和出货。

1.11　客货列车运行组织

1.11.1　货物列车的运行组织

1. 车流组织

将货流变成列车流是货物列车运行组织要解决的问题。

（1）货流

货流是车流组织的基础数据。

在一定时期内，由某一发站运往某一到站的货物吨数，叫货流。在我国，铁路的货流是由货物运输计划规定的，称为计划货流。所以铁路年度（月度）运输计划是车流组织的基础。

根据铁路年度（月度）运输计划，就能知道由哪个车站到哪个车站要运送多少吨货物，可以将品种类别的货流换算为车种别的车流，进而确定列车的编组和列车的对数。

（2）从货流到车流

货物必须装进货车才能进行运输，因此要根据货物的性质选用适宜的货车类型。

一般情况下，日用百货和粮食应该用棚车装运，煤和砖应该用敞车装运，而钢轨和木材则用平车为宜。

按照货流计划，选定了车种，再根据这种货车装运该种货物时平均每车所能装载的数量，也就是货车平均静载重，就可以确定应该装运的车数了。

算出各种货物的装车数后，把它们的发站和到站表示出来，就把品种类别的货流变成车种别的车流了。

（3）从车流到列车流

为了规定一列货物列车应有的编组辆数，首先要确定货物列车的牵引定数。根据牵引定数，算出列车的牵引车辆数。

接着，就可以将各区段每天的装车数换算成列车流，确定各区段应开行的列车数。

2. 列车编组计划

（1）列车编组方法

上面所说的从货流到车流、从车流到列车流的过程和它们间的相互关系，只是原则地指出了换算的方法和步骤，还未涉及车流组织的具体做法。究竟由哪些车站来编组列车，用哪些车流编成哪一种列车，以及各种列车怎样进行编组等一系列问题仍然没有解决。

我国铁路有大小车站几千个，每天装运货车达几万辆，如何把它们编成列车，迅速、合理而又经济地运送到目的地，再把卸货后的空车送到新的装车地点，的确是一项相当复杂的工作，这就是列车编组要解决的问题。

列车编组计划所要解决的问题有三个：

①规定各次列车的发站和到站。

②规定各发车站所编列车的种类。

始发直达列车。在一个车站装车后直接编组或在相邻几个车站装车后编组，通过一个以上编组站不进行改编作业的列车。

技术直达列车。在技术站编组，通过一个以上编组站不进行改编作业的列车。

直通列车。在技术站编组，通过一个以上区段站不进行改编作业的列车。

区段列车。在技术站编组，开行距离为一个区段，在中间站不进行摘挂作业的列车。

沿零摘挂列车。在技术站编组，开行距离为一个区段，在中间站进行零担货物装卸及车辆摘挂作业的列车。

小运转列车。在枢纽或区段内几个车站间开行的列车。

③规定各种列车所包含的车流以及车辆编入列车的要求。

（2）列车编组计划种类

①装车地直达列车编组计划。

在装车地直接组织直达列车，不仅可以加速铁路货车周转，减少技术站的调车工作量，降低运输成本，而且可以缩短货物的运送时间，加速商品流通。

在确定装车地直达列车编组计划时，必须要具备下列几个条件。

货源要充足，流向要集中。

装卸地要有足够的装卸设备和装卸能力。

空车供应要有保证。不但车种要求合适、数量够用，而且要求配送及时。

运行途中如果需要增加列车重量时，应有合适车流作补充。

②技术站列车编组计划。

每个站每天所装车辆，不可能全部用来组织始发直达列车。凡是没有被装车地直达列车吸收的车流，都应该用摘挂列车或小运转列车送到邻近的技术站集中，再进行编组。

编制技术站列车编组计划，应根据车流情况找出一个最优方案，使得集结车辆小时与改编车辆小时的总和最小。

1.11.2　客流分类及旅客列车种类

1. 客流分类

客流是一定时间和空间范围内旅客的流动，包括流量、流向、流距、流时四个要素。铁路运输将客流分为三类。

直通客流。跨两个及两个以上铁路局的客流。

管内客流。旅行距离在一个铁路局管辖的范围。

市郊客流。往返于大城市和郊区之间的客流。

2. 旅客列车种类

旅客列车指以客车编组的，为运送旅客、行李、包裹、邮件的列车。包括高速铁路动车组列车(G 字头)；城际动车组列车(C 字头)；动车组列车(D 字头)；直达特快旅客列车(Z 字头)；特快旅客列车(T 字头)；快速旅客列车(K 字头)；普通旅客快车(普快)；普通旅客列车(普客、慢车)；通勤列车；临时旅客快车(L 字头)；临时旅游列车(Y 字头)。

1.11.3　旅客列车的运行组织

1. 旅客列车的重量和速度的选择

在一般情况下，受到发线有效长度的影响，旅客列车的重量不大，不会出现列车爬坡困难的情况。因此旅客列车的重量主要是根据列车的运行速度来确定。

旅客列车的速度又主要由列车种类决定。

2. 旅客列车的开行方案

旅客列车的开行方案就是要拟定旅客列车的运行区段、列车种类及开行对数。

旅客列车的运行区段、种类和开行对数主要根据客流量的分布情况、客流量的性质及客流量的大小确定。

1.12　铁路能力

1.12.1　列车运行图及要素

1. 列车运行图

列车运行图是运用坐标原理描述列车运行的时间、空间关系，表示列车在铁路各区间运行时间及在各车站停车和通过时间的线条图。

在列车运行图上，以横坐标表示时间，纵坐标表示距离，水平线表示车站的中心位置，斜线表示列车的运行线，如图 1-61 所示。

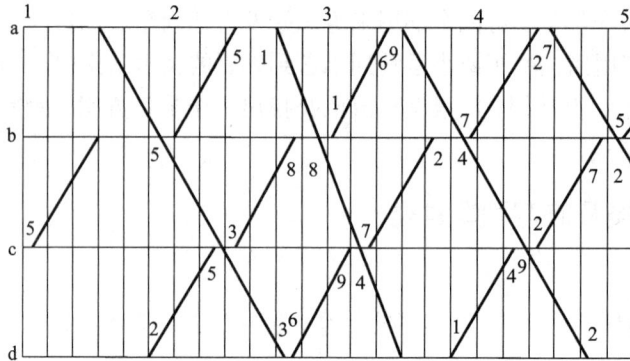

图 1 – 61 列车运行图

2. 列车区间运行时分

列车区间运行时分是指列车在两相邻车站或线路所之间的运行时间。

列车不停车通过两个相邻车站或线路所所需的时间称为纯运行时分。实际上列车在某些车站或线路所需要停车，因此，列车区间运行时分要大于纯运行时分。

如列车在区间的两端都要停车，则列车区间运行时分为纯运行时分、起动附加时分及停车附加时分之和。

3. 车站间隔时分

（1）不同时到达间隔时分

不同时到达间隔时分发生在单线区段。是指两列对向开行的列车在车站交会时，从某一方向的列车到达车站起，至相对方向列车到达或通过该站时的时间间隔，如图 1 – 62 所示。

（2）会车间隔时分

会车时间也发生在单线区段。自列车到达或通过车站起，至由该站向同一区间发出另一对向列车为止的时间间隔，如图 1 – 63 所示。

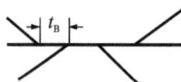

图 1 – 62 不同时到达间隔时分

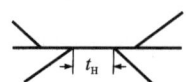

图 1 – 63 会车间隔时分

（3）列车连发间隔时分

从列车到达或通过前方邻接站起，至车站向该区间再发出另一同方向列车时的最小间隔时间，如图 1 – 64 所示。

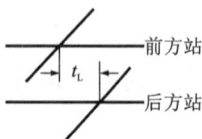

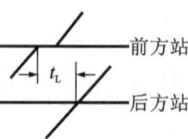

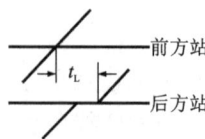

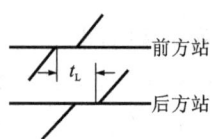

图 1 – 64 连发间隔时分

④追踪列车间隔时分

在自动闭塞线路的同一区间内，同方向运行的列车以闭塞分区为间隔运行，称为追踪运行。追踪运行的两列车在运行过程中相互不受干扰的最小间隔时间称为追踪列车间隔时分，如图 1 - 65 所示。

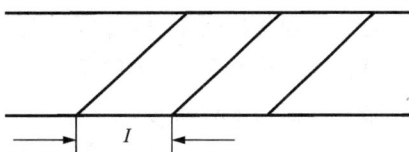

图 1 - 65　追踪列车间隔时分

1.12.2　铁路区间通过能力

单线铁路通过能力为每昼夜可以通过的列车对数。双线铁路通过能力为每昼夜每方向可以通过的列车数目。由于单线铁路的行车方式与双线铁路的行车方式不同，故其计算方法是不同的。

1. 单线平行成对运行

此时列车在区间总是成对开行的，同一区间内同方向列车的运行速度相同，并且上、下行方向列车在同一车站都采取相同的交会方式，因而同方向列车的运行线相互平行，如图 1 - 66 所示。

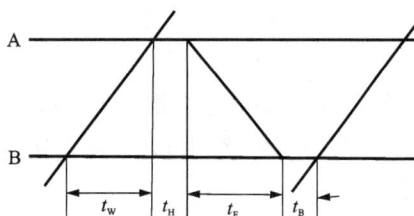

图 1 - 66　平行成对运行图

通过能力为：$n = \dfrac{1440 - T_T}{T_Z}$

运行周期为：$T_Z = t_W + t_F + t_B + t_H$

式中：t_W, t_F 分别为上下行列车的区间运行时分；T_T 为日均综合维修"天窗"时间，电力牵引取 90 min，内燃牵引取 60 min；t_B 为不同时到达间隔时分；t_H 为会车间隔时分。

2. 双线连发运行

双线连发运行时每条线路上只运行一个方向的列车，同方向列车的运行以站区间为间隔，在半自动闭塞的双线区段上采用，列车运行图如图 1 - 67 所示。

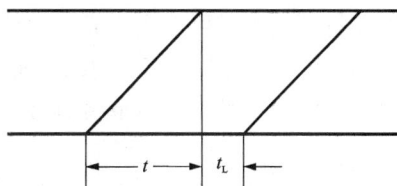

图 1 - 67　连发运行图

运行周期为：$T_Z = t + t_L$

通过能力为：$N = \dfrac{1440 - T_T}{T_Z}$

式中：t_L 为同方向列车连发间隔时间；t 为列车的区间走行时分。

3. 双线追踪运行

通过能力为：$N = \dfrac{1440 - T_T}{I}$

式中：I 为追踪列车间隔时间。

1.12.3　客货共线列车对数计算

$$N_{pt} = \frac{N}{1 + \alpha} - (N_K \varepsilon_K + N_{KH} \varepsilon_{KH} + N_L \varepsilon_L + N_Z \varepsilon_Z)\,(对/d)$$

式中：N_{pt} 为普通货物列车对数；N 为通过能力；ε 为扣除系数，指开行一趟指定列车相当于开行 ε 趟普通货物列车；α 为储备系数，单线 $\alpha = 0.20$，双线 $\alpha = 0.15$。

线路上货物列车对数为：

$$N_{H} = N_{PT} + N_{KH}\mu_{KH} + N_{L}\mu_{L} + N_{Z}\mu_{Z}(\text{对}/\text{d})$$

式中：μ 为满轴系数，为指定列车装载货物质量与普通货物列车装载质量之比。

将 N_{pt} 表达式代入上式有：

$$N_{H} = \frac{N}{1+\alpha} - [N_{K}\varepsilon_{K} + N_{KH}(\varepsilon_{KH} - \mu_{KH}) + N_{L}(\varepsilon_{L} - \mu_{L}) + N_{Z}(\varepsilon_{Z} - \mu_{Z})](\text{对}/\text{d})$$

1.12.4　铁路输送能力及加强措施

1. 输送能力计算

铁路输送能力是铁路单方向每年能运送的货物吨数。

$$C = \frac{365N_{H}QK_{j}}{\beta}(\text{t}/\text{a})$$

式中：N_{H} 为折算的普通货物列车对数；Q 为货物列车牵引质量；K_{j} 为净载系数，为牵引净载与牵引质量之比值；β 为货运波动系数，其值为一年内最大月份货运量与全年月平均货运量之比值。

2. 铁路输送能力加强措施

社会经济不断发展，运输需求不断增加，铁路客货运量也逐年增长。为了适应运输市场的发展，铁路需及时地采取加强能力的措施。铁路能力加强措施可从如下几方面着手。

（1）运输组织措施

运输组织措施基本上不增加设备、没有改建工程，而是采用特殊的行车方式，发挥既有铁路潜力，以提高通过能力，通常作为既有线改建前适应运量增长的过渡措施。如铁路上、下行行车量不均衡时可采用不成对运行图。

（2）改革牵引动力与信联闭的措施

增大牵引功率可以提高牵引质量，并且可以提高运行速度，相应增加通过能力。采用先进的信号、联锁、闭塞设备可使列车在车站上交会、越行的作业时间缩短，从而提高通过能力；车站间隔时间缩短后，区段速度也相应提高，可加速机车车辆周转，降低运输成本。

（3）改建工程设施的措施

增设车站或线路所可缩短控制区间的长度，从而缩短行车时分；减缓限制坡度可提高牵引质量；增建二线可大幅提高铁路能力。

（4）提高净载系数

提高净载系数措施有采用大型货车，改善车辆构造等。

━━━━━━━━━━━━━━━ 重点与难点 ━━━━━━━━━━━━━━━

1. 铁路轨道的类型与结构组成。

2. 铁路主要技术标准。

3. 列车的通过能力与输送能力。

思考与练习

1. 某铁路曲线，不设缓和曲线时曲线长度为 L_y，如曲线半径不变，当在其两侧分别设置长度为 l_0 的缓和曲线后，试分析曲线长度的变化。

2. 某单线铁路区间列车按平行成对运行图运行，一对普通货物列车的运行周期中包括两个会车间隔时分，绘出对应的运行图。

第 2 章

道路运输

2.1　国内外道路发展概况

1. 公路运输的发展阶段

（1）初期阶段

从 19 世纪末到第一次世界大战前是公路运输发展的初期阶段。此阶段汽车数量少，运载量低，行驶速度慢，供汽车行驶用的公路，多半是在原有的马车道和大车道的基础上改建而成的，因而，公路运输还只是水运和铁路运输的辅助手段。

（2）中期阶段

两次世界大战期间是公路运输发展的中期阶段，第一次世界大战结束后，一些资本主义国家把军事工业转为民用工业，这在一定程度上促进了汽车产业的发展；他们还将过剩劳动力用于公路建设，道路网规模越来越大，质量不断提高。

此阶段公路建设发展较快，欧美各国已初步建成了国家公路干线网，开始建设高速公路。德国从 1932 年开始，花了 11 年时间建成了 3860 km 的高速公路。美国的第一条高速公路于 1940 年 10 月 1 日建成通车。随着小客车的大量增加，汽车逐渐成为人们的主要交通工具。货运方面，由于运输条件的改善，公路运输的优越性逐渐显示出来，它不仅成为短途运输的主要工具，而且在长途运输中，也开始与铁路、水运竞争。

有些国家已完全淘汰了畜力车，铁路短途运量也大大下降，美国、英国、法国纷纷拆除一些铁路。

（3）近期阶段

从第二次世界大战结束到现在，是公路运输发展的新时期。自 20 世纪 50 年代起，欧美等国家开始认识到高速公路的巨大作用，大力兴建高速公路。如美国从 1956—1991 年建成的"州际及国防公路网"长达 7×10^4 km，大多属高速公路，目前美国高速公路网已将所有五万人以上的城镇联系起来。

第二次世界大战结束后，随着世界经济的恢复与发展，汽车工业和石油开采业迅速发展，公路运输得到空前规模的发展。许多国家打破了一个多世纪以来以铁路为中心的局面，公路运输在综合运输体系中起到了主导作用。

2. 我国公路的发展概况

我国的第一条公路为长沙至湘潭公路，1913 年开始动工修建，1921 年建成通车，全长

50 km。

解放后，我国修建了举世闻名的青藏、川藏公路，成功地解决了在冻土上修建公路的世界级难题，它们的建成通车标志着我国公路建设事业和运输事业的兴旺发达。

另外我国还修建了塔里木沙漠公路、阿拉尔至和田沙漠公路，成功地攻克了流动沙漠中修筑上等级公路的一系列世界级难题，如固沙等问题，取得了世界级的突破。

1989 年，中国修建了第一条高速公路——上海沪嘉高速公路，高速公路的兴建，标志着我国公路建设已跨入新的历史阶段。

2004 年拟定的国家高速公路网主要由 7 条首都放射线、9 条南北纵向线和 18 条东西横向线共同组成，这些高速公路简称为"7918 网"，总里程达 8×10^4 km。其中主线 6.8×10^4 km，地区环线、联络线等其他路线约 1.7×10^4 km，计划用 30 年时间建成。

①首都放射线 7 条。北京—上海、北京—台北、北京—港澳、北京—昆明、北京—拉萨、北京—乌鲁木齐、北京—哈尔滨。

②南北纵向线 9 条。鹤岗—大连、沈阳—海口、长春—深圳、济南—广州、大庆—广州、二连浩特—广州、包头—茂名、兰州—海口、重庆—昆明。

③东西横向线 18 条。绥芬河—满洲里、珲春—乌兰浩特、丹东—锡林浩特、荣成—乌海、青岛—银川、青岛—兰州、连云港—霍尔果斯、南京—洛阳、上海—西安、上海—成都、上海—重庆、杭州—瑞丽、上海—昆明、福州—银川、泉州—南宁、厦门—成都、汕头—昆明、广州—昆明。

规划方案还包括辽中环线、成渝环线、海南环线、珠三角环线、杭州湾环线共 5 条地区性环线；2 段并行线，分别为 G4（京港澳高速）的并行线 G4W（广澳高速）、G15（沈海高速）的并行线 G15W（常台高速）。此外还有 30 余段联络线。

规划的高速公路网将形成由中心城市向外放射以及横贯东西、纵贯南北的大通道，并且实现"东部加密、中部成网、西部连通"的新局面。具体目标是高速公路网覆盖 10 亿以上人口，直接服务范围东部地区超过 90%、中部地区达 83%、西部地区近 70%；实现东部地区平均 30 min、中部地区平均 60 min、西部地区平均 120 min 上高速；连接全国所有省会城市，以及目前城镇人口超过 50 万人的大城市、超过 20 万人的中等城市；连接全国重要的交通枢纽城市；连接重要的对外公路口岸；在环渤海、长三角、珠三角三大都市圈内部，形成较为完善的城际高速公路网；实现"首都连接省会、省会彼此相通、连接主要地市、覆盖重要县市"的新高速公路网络。

虽然我国在公路建设上取得了巨大成就，但暴露出来的问题须引起我们足够重视，存在的主要问题有：

①质量差。主要表现在路面质量差及线形不流畅等方面。

②公路网布局不太合理。我国公路大多数以省市行政区为中心，偏重于自成体系，不适应横向联系的需要。

③公路的抗自然灾害能力低。目前公路的病害较多，正常情况下每年都要付出较大的财力、物力，用于维持正常通车，一旦有较大的自然灾害，就会中断交通，造成严重损失。

④高速公路收费的情况不容乐观。除了长三角、珠三角等经济发达的城市带周围，如蛛

网密布的高速公路上，除了空旷还是空旷。一个常识性的问题是，没有足够的车流量，何来高速公路的收费现金流，何来贷款还本付息的源头？

针对上述问题的主要应对措施包括采用先进技术，改造现有道路；开发大幅度降低造价和节约投资的先进技术，提高筑路水平；加强道路规划，杜绝盲目建设。

2.2　道路运输概述

1. 道路运输系统

道路运输系统由基础设施及运输工具两部分组成。

基础设施包括道路及其附属设施、站场及其附属设施、道路交通控制与管理设施等。

在现代社会中，道路运输工具主要是汽车。

其中基础设施是衡量运输系统生产力水平的主要标准，因此要提高道路运输生产力水平，关键是要加强道路基础设施建设。

2. 道路的基本功能

通常将道路运输的基本功能划分为通过和送达功能。

通过功能指在干线上完成大批量的运输。

送达功能又称为集散功能，是指为通过性运输承担客货集散任务的运输。

在高速公路投入使用以前，道路运输的主要功能是送达，也就是为其他运输方式承担集散客货的任务。因为航空、水运和铁路运输都只有单一的通过功能，只有通过道路运输才能完成送达旅客和货物的任务。此时，道路的通过功能较差。

随着高速公路的建成使用，道路运输的通过功能大大加强，如一条六车道的高速公路，其输送能力大于一条双线铁路的输送能力，这使得道路运输成为全能的运输方式，这正是道路运输业迅速发展的根本原因。

3. 道路运输的特点

可实现门到门运输，除道路运输外只有管道运输能实现门到门运输，其他运输方式一般难以独立完成全程运输过程。

道路货运和客运基本上可实现即时运输，随到随走。

与其他运输方式相比，道路运输要求的起运批量最小。

运行条件要求不高，道路运输既可在等级公路上运行，也可在乡村便道上作业，覆盖面广。

能根据货主和旅客的具体要求提供针对性服务。

4. 道路运输现状与发展趋势

1）道路运输现状

（1）服务方式多样化

随着市场经济的发展，道路运输行业竞争日益激烈，为了最大限度地占有市场，运输经营者不断扩展其经营方式。

客运企业从等客上门到想方设法"引客上门"，尽可能为旅客出行全程便利着想，在售票网点设置、售票方式、站点安排、车辆设施配置、途中服务等方面，都采取了行之有效的服务措施，除了最常规的购票乘车外，还有计程包车、定时包车。近年来，又出现了车辆租赁业务，目前一些省市正在采取措施取消公务用车，定向服务客运应运而生。

在客运车辆的配置方面，有大、中、小客车；有普通车、空调车、豪华空调车；有直达班车，定点停靠班车；有快速客运班车、普通客运班车。

在货运方面，有整车货运、零担货运；有直达货运、普通货运；货车车辆有普通货车、专用货车；有单纯运输服务、储运结合服务和运销结合服务。服务方式多样化，大大促进了道路运输业的发展。这也是发展市场经济给道路运输业带来最大的而且是根本性的变化。

（2）运输经营主体多元化

经营主体有国家运输企业、股份制运输企业、中外合资运输企业、私营运输企业和个体运输企业。

在道路客运行业，国有运输企业仍占主导地位，干线运输任务主要由国有运输企业承担，在道路货运方面，个体运输所占比例较大。

（3）经营方式单车化

经营方式单车化就是指采用单车承包的经营方式，即企业赋予承包人相应的经营管理权限，每一承包人对所承包的单车负全面的经济责任。这种运营模式目前在我国占主导地位。

（4）存在的主要问题

道路基础设施还较差，道路品质与发达国家相比差距仍很大。

运输车辆的技术性能还需要进一步提高。

运输生产的效率、效益较低。

运输经营组织与管理手段还比较落后。

2）道路运输的发展趋势

在高速公路及汽车专用公路上开展快速客、货运业务；建立集约化经营的运输企业；开展不同运输方式之间的合作及与服务对象的合作；建立运输信息管理系统。

运输组织方式将按生产力水平分层发展。在道路通行条件好、客货流量大的道路上，按现代企业制度的要求建立规模化、集约化经营的运输企业；在车辆配置上，充分考虑使用强度的影响及运输服务品质的要求。而在其他道路上，仍延续现行的运输组织方式。

力求做到道路设施与客货流协调配合。

2.3　道路通行能力

道路的通行能力是指在通常的道路条件、交通条件和人为度量标准下，在一定时段内道路某断面可通过的最大车辆数。

（1）道路条件

道路条件指道路的几何特征，包括每个方向的车道数、车道的宽度、路肩宽度、侧向净空、设计速度以及平面和纵面线形。

（2）交通条件

交通条件涉及使用该道路的交通流特性，指交通流中车辆组成、车道分布、交通量的变化、交通管理和交通控制方式等。

（3）度量标准

度量标准是计算通行能力的前提条件，一般用服务水平来表示。

目前我国将服务水平划分为 6 级。

1. 通行能力的分类

（1）基本通行能力

基本通行能力是道路和交通都处于理想条件下，由技术性能相同的一种标准车，以最小车头间距连续行驶，在单位时间内通过道路断面的车辆数。

（2）容许通行能力（可能通行能力）

容许通行能力（可能通行能力）是道路实际所能承担的最大交通量，指对与理想条件不符的各种道路条件和交通条件进行修正，使之达到人们所允许的最低质量要求，而后得到的通行能力。

（3）设计通行能力（实际通行能力）

设计通行能力（实际通行能力）就是根据对交通运行的质量要求和该路段的具体道路条件、交通条件及交通管理水平，对容许通过能力进行相应的修正后得到的通行能力。

2. 道路设施分类

（1）非间断交通流设施

这类交通流设施中没有引起交通流中断的设备（如没有交通信号灯）。

交通流状况是车辆之间、车辆与道路、道路与环境之间相互影响的结果。非间断交通流设施主要有高速公路、多车道公路、双车道公路等。

（2）间断交通流设施

这类交通流设施中有专门引起交通流中断的设备（如交通信号灯）。

交通流状况不仅要受车辆之间、车辆与道路、道路与环境之间的影响，而且受引起交通流中断的设备的影响。间断交通流设施主要包括交叉口、市区与郊区的道路。

根据公路设施分类，可将公路通行能力分成路段通行能力，交叉口通行能力，匝道通行能力及交织路段通行能力。交织路段如图 2 - 1 所示。

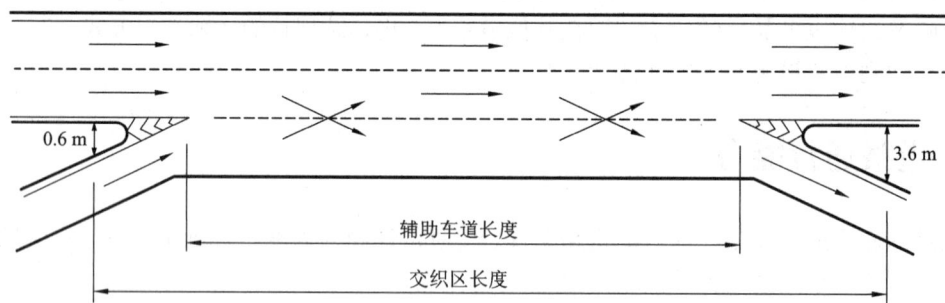

图 2 - 1 交织路段示意图

3. 道路交通流要素

1）速度

速度用车辆在单位时间内通过的距离来表示。

由于交通流中各种车辆的速度大小不一，在表征交通流的速度特性时，必须采用有代表性的数值，一般采用平均行程速度及平均行驶速度。

（1）平均行程速度

平均行程速度就是公路路段的长度除以车辆通过该路段的平均行程时间。因此，如果有 n 辆车，通过路段的长度为 L，测得车辆的行程时间为 t_1，t_2，$\cdots$，t_n，则平均行程速度为：

$$V = \frac{L}{\sum\limits_{i=1}^{n} \frac{t_i}{n}} = \frac{nL}{\sum\limits_{i=1}^{n} t_i}$$

式中：t_i 为为第 i 辆车通过该路段的总行驶时间，包括由于固定间断或交通阻塞引起的停车延误。

（2）平均行驶速度

平均行驶速度为车辆行驶的路段长度除以车辆的平均行驶时间，平均行驶时间只包括车辆处于运动中的时间。只有在非间断交通流设施上运行时，平均行程速度和平均行驶速度相等。

2）交通量和流率

（1）交通量

交通量是指单位时段内通过一条车道或道路某一断面的车辆总数。

$$Q = \frac{N}{T}$$

为了反映出某一较长时间段内交通量的大小，就要用到平均交通量的概念，平均交通量通常有月平均日交通量和年平均日交通量。

而一天之中交通最繁忙时段的交通量通常采用高峰小时交通量来表示。

（2）流率

流率是在不足一小时的时段（通常为 15 min）内，通过一条车道或道路指定断面的车辆数。例如在 15 min 内观测到的交通量为 100 辆，则流率为 100 辆/0.25 h 或 400 辆/h。

高峰小时系数为高峰小时交通量与该小时内最大的 15 min 流率之比。

3）交通密度与平均车头间距

（1）交通密度

交通密度是单位长度（通常为 1 km）路段上，在某一时刻，一个车道上行驶的车辆数。交通密度表示车辆之间的接近程度。如果在某一时刻测得公路上的车辆数为 N，公路的长度为 L，则交通密度

$$K = \frac{N}{L} = \frac{N/t}{L/t} = \frac{Q}{V}$$

式中：Q 为交通量；V 为车辆的平均行程速度。

（2）平均车头间距

设道路上同向行驶的车辆中，相邻两辆车的车头间距为 l_i，车头间距为前车保险杠到后车保险杠之间的距离，道路上所有车辆的平均车头间距为 $l_a = \frac{\sum l_i}{N} = \frac{L}{N}$，故交通密度 $K = \frac{1}{l_a}$。

4）速度、流量和密度的关系

（1）速度 – 密度关系

道路上行驶的车辆数增多（密度增大），车速就会降低，这是一个大家都能感觉到的现象，用数学公式来描述这种现象，则有：

$$V = V_{\mathrm{f}}\left(1 - \frac{K}{K_{\mathrm{j}}}\right)$$

式中：V 为平均行程速度，km/h；V_{f} 为自由流速度，km/h；K 为密度，辆/km 车道；K_{j} 为阻塞密度，辆/km 车道。

速度与密度曲线如图 2－2 所示。

（2）流量—密度关系

流量就是交通量。

交通密度有两种表达方式，其一是 $K = \dfrac{N}{L}$，其二是 $K = \dfrac{Q}{V}$，将 $K = \dfrac{Q}{V}$ 代入速度－密度关系得：

$$Q = V_{\mathrm{f}}\left(K - \frac{K^2}{K_j}\right)$$

流量与密度曲线如图 2－3 所示。

（3）流量－速度关系

由上述可知，速度－密度关系为 $V = V_{\mathrm{f}}\left(1 - \dfrac{K}{K_{\mathrm{j}}}\right)$，交通密度可表示为 $K = \dfrac{Q}{V}$，将 $K = \dfrac{Q}{V}$ 代入速度－密度关系式可得：

$$Q = K_{\mathrm{j}}\left(V - \frac{V^2}{V_{\mathrm{f}}}\right)$$

流量与速度曲线如图 2－4 所示。

4. 道路通行能力计算方法

1）基本通行能力

基本通行能力计算图式如图 2－5 所示。

车头间距是相邻两车车头之间的距离，主要与汽车长度、制动距离、车速、驾驶员反应时间及安全距离有关。

$$l = l_{车} + S_{制} + vt + l_{安}$$

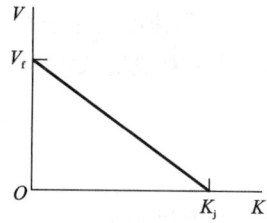

图 2－2　速度－密度关系

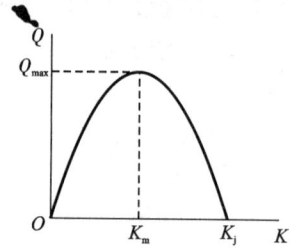

图 2－3　流量－密度关系

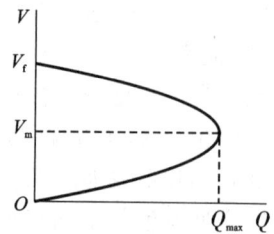

图 2－4　流量－速度关系

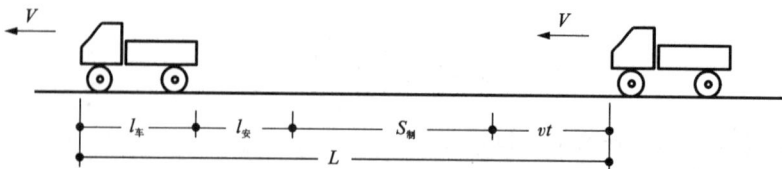

图 2－5　基本通行能力计算示意图

车头时距是指前车车头通过某一点的时间与尾随车车头通过该点的时间之差。

$$t_i = \frac{l}{v}$$

$$通行能力 = \frac{3600}{t_i} \ (\mathrm{veh/h})$$

2）设计通行能力

设计通行能力指要求道路承担的通行能力，它不仅与道路条件和交通条件有关，而且与设计要求的服务水平有关。即使类似的道路与交通条件，由于要求的交通服务水平不同，其设计通行能力也不一样。

计算设计通行能力时，应先计算出基本通行能力，然后根据设计的交通服务水平等级确定修正系数，将基本通行能力与修正系数相乘即可得出设计通行能力。

如高速公路单车道的设计通行能力 C_D 为：

$$C_D = C_B \times (Q/C) \quad (\text{veh/h})$$

式中：C_B 为理想条件下一个车道的基本通行能力；Q/C 为与 i 级服务水平对应的交通量与通行能力之比的最大值。

3）各级公路的通行能力

（1）高速公路的通行能力

$$C = \frac{C_D n}{K_e D} (\text{veh/d})$$

式中：C_D 为单车道通行能力，veh/h；n 为单向车道数；K_e 为设计小时交通量系数，为小时交通量/年平均日交通量，若无计算资料，在一般情况下，城市道路用 11%，公路平原区用 13%，山区用 15%；D 为交通量方向分布系数，为主要方向交通量与断面双向交通量的比值。

（2）一级公路的通行能力

$$C = (0.6 \sim 0.76) C_D \sum K_i / (K_e D) (\text{veh/d})$$

式中：K_i 为各车道的折减系数，第一车道为 1.0，第二车道为 0.9，第三车道为 0.75 ~ 0.8，第四车道为 0.6 ~ 0.7。

3）双车道公路的通行能力

$$C = C_a / K_e (\text{veh/d})$$

式中：C_a 为双车道公路的通行能力，单位为 veh/h；K_e 为设计小时交通量系数。

2.4　道路运输设施

2.4.1　公路的分类与分级

公路是指连接城市、乡村，主要供汽车行驶的具备一定技术条件和设施的道路。

根据公路的作用及使用性质，可划分为：国道、省道、县道及乡村道路。

根据所适应的交通量水平则分为五个等级：高速、一级、二级、三级和四级公路。

1）公路的分类

（1）国家干线公路

在国家公路网中，具有全国性的政治、经济、国防意义，并经确定为国家干线的公路。

（2）省干线公路

在省公路网中，具有全省性的政治、经济、国防意义，并经确定为省级干线的公路。

（3）县公路

具有全县性的政治、经济意义，并经确定为县级干线的公路。

（4）乡公路

主要为乡村生产、生活服务并经确定为乡级干线的公路。

2）公路的分级

据使用任务、功能和适应的交通量将公路分为高速公路、一级公路、二级公路、三级公路、四级公路五个等级。

（1）高速公路

高速公路为专供汽车分方向、分车道行驶、并全部控制出入的多车道公路。

高速公路的年平均日设计交通量宜在 15000 辆小客车以上。

（2）一级公路

一级公路为供汽车分向、分车道行驶，并可根据需要控制出入的多车道公路。

一级公路的年平均日设计交通量宜在 15000 辆小客车以上。

（3）二级公路

二级公路为供汽车行驶的双车道公路。

二级公路的年平均日设计交通量宜为 5000～15000 辆小客车。

（4）三级公路

三级公路为供汽车、非汽车交通混合行驶的双车道公路。

三级公路的年平均日设计交通量宜为 2000～6000 辆小客车。

（5）四级公路

四级公路为供汽车、非汽车交通混合行驶的双车道公路或单车道公路。

双车道四级公路年平均日设计交通量宜在 2000 辆小客车以下。

单车道四级公路年平均日设计交通量宜在 400 辆小客车以下。

2.4.2 城市道路的分级

城市道路按其在城市道路系统中的地位、交通功能分为四级。

①快速路，又称城市快速路，完全为交通功能服务，是解决城市大容量、长距离、快速交通的主要道路。快速路应中央分隔、全部控制出入、控制出入口间距及形式，应实现连续通行，单向设置不应少于两条车道，并应设有配套的交通安全与管理设施。快速路两侧不应设置吸引大量车流、人流的公共建筑物入口。

②主干路，以交通功能为主，为连接城市各主要分区的干路，是城市道路网的主要骨架。主干路两侧不应设置吸引大量车流、人流的公共建筑物入口。

③次干路，是城市区域性的交通干道，为区域交通集散服务，兼有服务功能，结合主干路组成干路网。

④支路，为次干路与居住小区、工业区、交通设施等内部道路的连接线路，解决局部地区交通，以服务功能为主。

2.4.3 道路的构成

道路是一种线形构造物，主要包括路基、路面、桥梁、隧道和其他辅助建筑物。

1. 路基

路基是路面的基础，是道路的主体结构，它贯穿于道路全线，与桥涵、隧道相连，它与路面共同承受汽车荷载的重复作用和水等自然因素的长期作用。路基应有足够的整体稳定性、强度、刚度和水温稳定性。

2. 桥梁

道路桥是道路跨越河流、山谷、通道等障碍物而架设的结构物。

铁路桥荷载大，动力效应明显；道路桥以承担恒载为主，动力效应不明显，对桥梁的刚度要求相对较低，桥式多种多样。

道路桥的宽度较大，铁路桥的宽度较小。

由于荷载及桥面宽度的差异，导致下部结构差异较大，铁路桥下部结构一般较粗壮，道路桥下部结构纤细轻巧。

3. 隧道

道路隧道指修筑在地下供汽车行驶的通道。

当道路需穿越山岭时，过去的普遍做法是盘山绕行或切坡深挖。据统计资料，汽车翻越山岭平均时速不足 30 km，不到经济时速的一半，汽车的机械损坏和轮胎磨损极为严重，低等级道路的汽油耗量比高等级公路多 20% ～50%；而且，劈山筑路会造成许多高边坡，它严重破坏自然景观，在雨量充沛地区，造成塌方、滑坡和水土流失。因此，为了根除道路病害保护自然环境，在山区高等级公路建设中必须重视隧道方案，并努力提高公路隧道工程科学技术水平。

由于道路隧道的建筑限界基本上是一个宽度大于高度的截角矩形断面，在设计开挖断面、衬砌结构时，总是在保证施工安全和结构长期稳定条件下，尽量围绕建筑限界设计开挖断面和净断面，隧道断面为适应围岩压力的要求，采用马蹄形、直墙拱形、圆形、矩形和带仰拱的断面等。

4. 路面

路面是用各种坚硬材料铺设在路基顶面上的层状结构物，供车辆在其上以一定的速度安全舒适地行驶。良好的路面必须具备足够的强度，以支承行车荷载，防止路面产生过大的变形；路面应有较高的稳定性，使路面强度在使用期内不致因水文、温度等自然因素的影响而产生过大的变化；路面应有一定的平整度，以减少车轮对路面的冲击力，保证车辆安全舒适地行驶；路面还应具备适当的抗滑能力，避免车辆在路面上行驶和制动时发生溜滑。

（1）路面的结构组成

由于公路路面暴露在大自然中，还要承受各种车辆的作用，在自然因素和车辆的作用下，路面经历着成长、衰退和破坏的过程。

处于不同深度的路面结构层，所受的影响是不同的。一般说来，越是靠近表面的部分，所受的影响也越大，对路面材料的要求也越高。

因此，在进行路面结构设计时，就应按照不同深度采用不同的材料，使各层的路面材料都能发挥它们潜在的强度。否则，不是某一层路面材料的强度未得到充分发挥，就是因强度不足而导致路面过早破坏。

路面按所处的层位和作用不同，可将其分为面层、基层和垫层，如图 2-6 所示。

（1）面层

面层是直接同车轮和大气相接触的结构层。

面层直接承受行车荷载的作用，因此，面层应具有较高的结构强度，此外，由于面层直

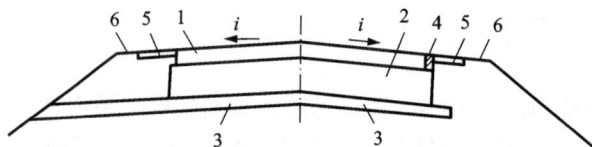

图 2-6　路面结构层次划分示意图
1—面层；2—基层；3—垫层；4—路缘石；5—硬路肩；6—土路肩

接同车轮接触，需具有较好的耐磨性；为防止打滑，减少冲击力，提高行车速度和舒适性，所以面层还应具有良好的平整度和粗糙度。

面层还受到降水的侵蚀和气温变化的不利影响，为了尽量减少这些不利影响，要求路面具有较好的水、温稳定性及防渗性。

（2）基层

基层主要承受面层传来的车轮垂直压力，并将其扩散到垫层和土基。

由于面层传来的车轮垂直压力仍然比较大，所以基层应具有足够的强度和刚度，但可不考虑耐磨性能。

基层位于面层之下，垫层之上，所以基层仍有可能受到地下水和路表水的渗入，因此基层应有足够的水稳定性。

为了保证面层的厚度均匀，要求基层应有良好的平整度。

（3）垫层

垫层设在基层与土基之间。

垫层主要起排水、防冻、隔离和扩散应力的作用。因此垫层应具有较好的水稳定性、隔热性和吸水性。

2）路面分类

路面是用各种材料按不同配制方法和施工方法修筑而成，这使不同路面在力学性质上互有异同。根据不同的实用目的，可将路面做不同的分类。

（1）按材料和施工方法分类

①碎（砾）石类。用碎（砾）石按嵌挤原理或最佳级配原理配料铺压而成的路面。

②结合料稳定类。掺加各种结合料，使各种土、碎（砾）石混合料或工业废渣的工程性质改善，成为具有较高强度和稳定性的材料，经铺压而成的路面。

③沥青路面。在矿质材料中，以各种方式掺入沥青材料修筑而成的路面。

④水泥混凝土路面。以水泥与水合成水泥浆为结合料，碎（砾）石为骨料，砂为填充料，经拌和、摊铺、振捣和养护而成的路面。

⑤块料路面。用整齐、半整齐块石或预制水泥混凝土块铺砌而成的路面。

（2）按路面力学特性分类

按路面的力学特性可将路面分为刚性路面和柔性路面两类。

柔性路面就是指具有一定的塑性，弯沉变形较大而抗弯拉强度较小的路面。如沥青路面。

刚性路面的抗弯拉强度及弹性模量较大，呈现出较大的刚性。如水泥路面。

3）路面等级的划分

路面按其使用品质、材料和结构强度分为如下四个等级。

（1）高级路面

高级路面具有结构强度高，使用寿命长；能适应较大的交通量，平整无尘；行车速度高；养护费用少，运输成本低；基建投资大的特点。

高级路面一般用于高速公路，一、二级公路及城市快速路、主干路等级别的道路。如用水泥混凝土，沥青混凝土、厂拌沥青碎石、整齐石块或条石铺筑的路面都是高级路面。

（2）次高级路面

介于高级路面和中级路面之间的一种路面，一般用于二、三级公路。

包括用沥青灌入式，路拌沥青碎（砾）石、沥青表面处治、半整齐石块等铺筑的路面属于次高级路面。次高级路面的强度和使用寿命较高级路面差，造价较高级路面低。

（3）中级路面

中级路面具有路面强度低，使用期限短；仅能适应较少的交通量，平整度差，易扬尘；行车速度低；养护工作量大，运输成本高及基建投资少的特点。

一般用于三、四级公路，包括用碎、砾石（泥结或级配）、不整齐石块等铺筑的路面属于中级路面。

4）低级路面

低级路面强度低，水稳性差，雨季常不能通车；仅能适应很小的交通量，平整度差，易扬尘；行车速度低；养护工作量大，运输成本高，造价极低。

一般用于四级公路。如炉渣土、砂砾石土路面。

2.5　道路平面

道路中线是空间中的一条三维曲线，道路中线在水平面上的投影称为路线的平面线形，由直线、圆曲线和缓和曲线组成。公路的平面表示线路的走向，用线路平面图表示，如图 2 -7 所示。

2.5.1　技术标准

各种道路应满足不同的使用要求，为此对于各种道路的设计必须规定一些基本的技术准则。

1. 出入口控制

出入口控制就是规定车辆必须在指定出入地点出入，出入口控制方式和数量，对于车辆行驶的质量和安全有很大的影响。

高速公路和收费公路应采用出入口完全控制，高速公路与其他公路相交时应采用立体交叉。

一级公路采用出入口部分控制。在交通量大、车速高的路口，应修建立体交叉，在对通行能力影响不大的地方可采用平面交叉。

2. 设计速度

设计速度对道路曲线半径、超高、视距及建筑费用有重大影响。设计速度一般根据道路

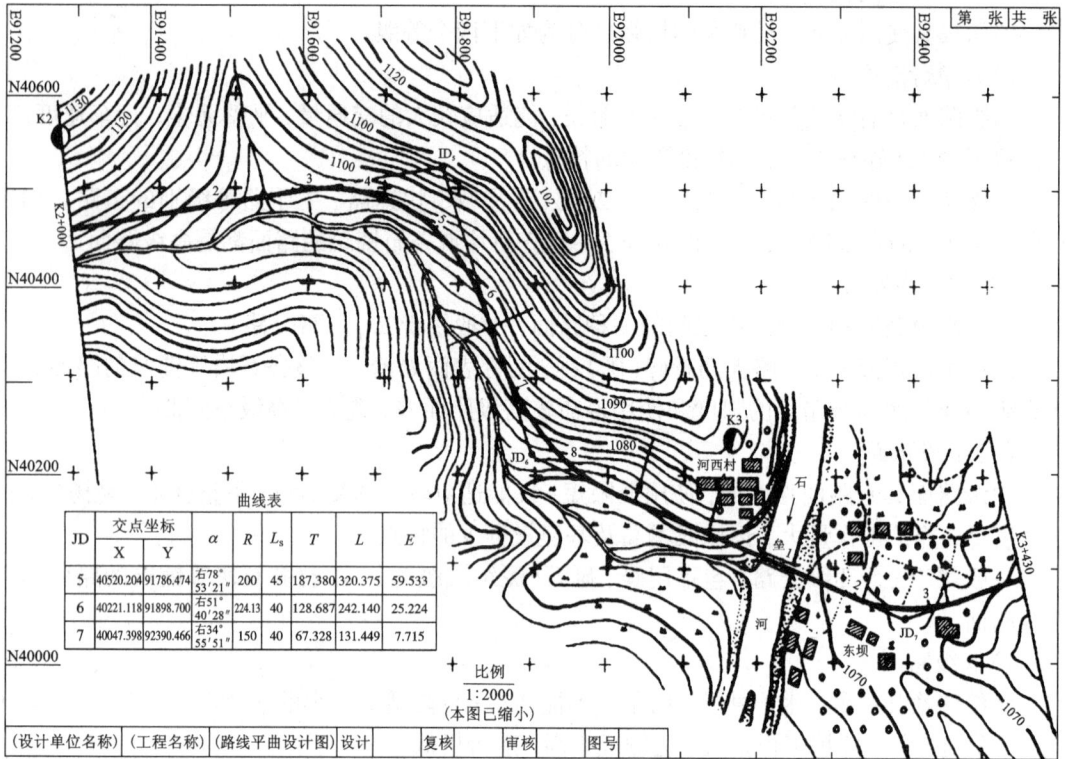

图 2 – 7　公路平面图

等级及地形条件决定。

　　高速公路的设计速度有 120 km/h、100 km/h 及 80 km/h 三种。

　　一级公路的设计速度有 100 km/h、80 km/h 及 60 km/h 三种。

　　二级公路的设计速度有 80 km/h、60 km/h 两种。

　　三级公路的设计速度有 40 km/h、30 km/h 两种。

　　四级公路的设计速度有 30 km/h、20 km/h 两种。

3. 设计车辆

　　路上行驶着不同类型的车辆，各有不同的几何尺寸和性能，设计人员在设计过程中不可能对每种车辆都进行检算，设计车辆就是从实际车辆中抽取出来的、供设计采用的一种实际或虚拟车辆。

　　目前我国将机动车设计车辆分为小客车、大型客车、铰接客车、载重汽车及铰接列车五种。设计车辆外廓尺寸包括总长、总宽、总高、前悬、轴距及后悬。

　　设计小客车及载重汽车的外廓如图 2 – 8 所示。设计车辆外廓尺寸如表 2 – 1 所示。

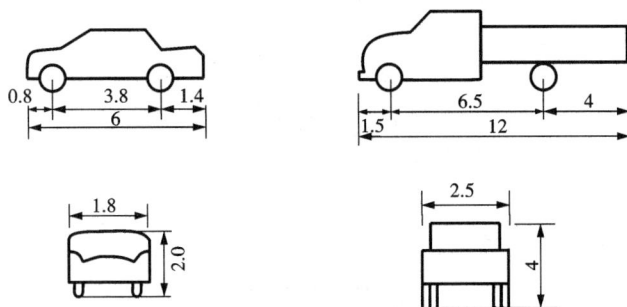

图 2 - 8　设计车辆

表 2 - 1　公路设计车辆外轮廓尺寸

类型	总长	总宽	总高	前悬	轴距	后悬
小客车	6	1.8	2	0.8	3.8	1.4
大型客车	13.7	2.55	4	2.6	6.5 + 1.5	3.1
铰接客车	18	2.5	4	1.7	5.8 + 6.7	3.8
载重汽车	12	2.5	4	1.5	6.5	4
铰接列车	18.1	2.55	4	1.5	3.3 + 11	2.3

4. 交通量换算

交通量为一昼夜双方向通过的车辆数,公路设计交通量的单位为小客车。其他车辆按规定折换算系数折算成标准车交通量。

表 2 - 2　各汽车代表车型及车辆折算系数

汽车代表车型	车辆折算系数	说明
小客车	1.0	座位≤19 座的客车和载质量≤2 t 的货车
中型车	1.5	座位 >19 座的客车和 2 t < 载质量≤7 t 的货车
大型车	2.5	7 t < 载质量≤20 t 的货车
汽车列车	4.0	载质量 >20 t 的货车

2.5.2　道路平面线形

道路的平面线形由直线、圆曲线、缓和曲线组成,其组合形式有以下几种。

1. 简单型曲线

直线和圆曲线组合而成的曲线称为简单型曲线,如图 2 - 9 所示。简单型组合曲线在直圆点和圆直点处曲率突变,对行车不利,当半径较小时,该处线形也不顺畅。

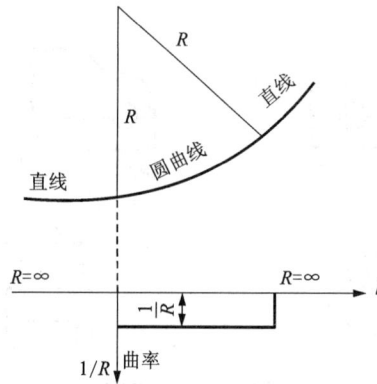

图 2 – 9   简单型曲线

2. 基本型

按直线—回旋线—圆曲线—回旋线—直线的顺序组合而成的曲线称为基本型曲线,如图 2 – 10 所示。当 $A_1 = A_2$ 时为对称基本型,这是经常用的组合形式;非对称型是根据线形、地形变化的需要在圆曲线两侧采用 $A_1 \neq A_2$ 的回旋线,可在一定程度上节省工程数量,降低投资。

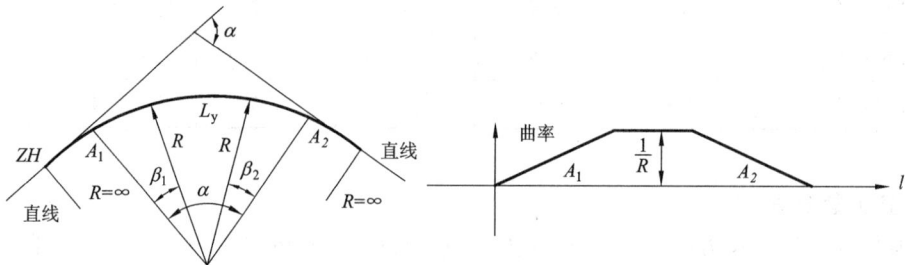

图 2 – 10   基本型曲线

3. S 型曲线

两个反向圆曲线用两段反向回旋线连接的组合形式称为 S 型曲线,如图 2 – 11 所示。S 型曲线自由度较大、运用灵活,容易适应复杂的地形、地物条件,从而减少工程量,同时所形成的立体线形具有连续流畅、景观优美、行车安全舒适等优点,尤其在地形十分复杂的山区和用地紧张的互通立交中,其优点显得更为突出,因此 S 型曲线在各级道路和互通立交中得到了广泛的应用。

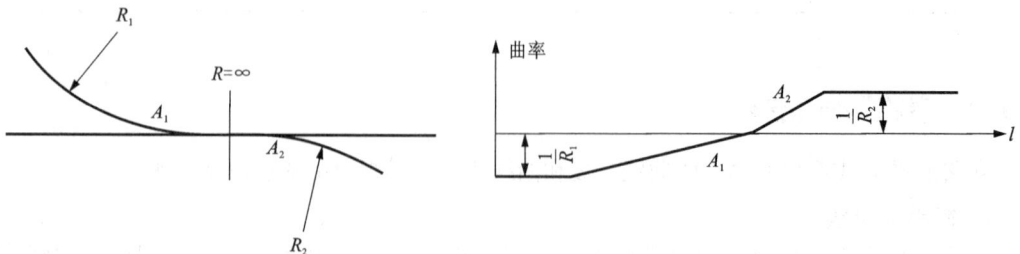

图 2 – 11   S 型曲线

4. 卵型曲线

用一个回旋线连接两个同向圆曲线的组合形式称为卵型曲线(图 2 – 12)。卵型曲线大圆应能完全包住小圆；卵型曲线的回旋线曲率不是从 0 开始的完整回旋线。卵型曲线保证了曲率变化的连续性，满足高速行车的轨迹需要，也能很好地配合地形。

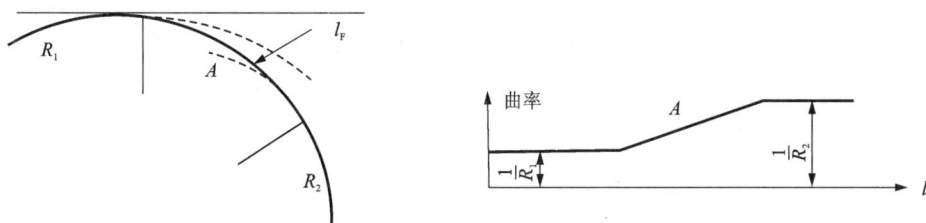

图 2 – 12　卵型曲线

5. 凸型曲线

两个同向回旋线间不插入圆曲线而径相衔接的组合形式称为凸型曲线(图 2 – 13)。凸型曲线尽管在连接点处曲率是连续的，但因中间圆曲线长度为 0，故对驾驶操作不利，所以只在路线严格受地形、地物限制处方可采用。

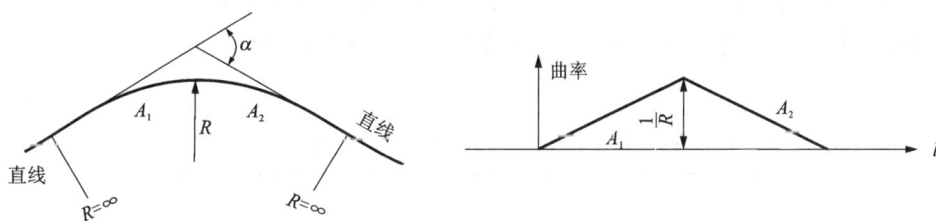

图 2 – 13　凸型曲线

6. 复合型曲线

将两个以上的同向回旋线在曲率相等处相互连接的组合形式称为复合型曲线(图 2 – 14)。复合型曲线的回旋线参数是变化的，驾驶员需变更速度和方向，以适应变化的回旋线，对驾驶操作不利。除互通式立体交叉的匝道外，复合型曲线仅在受地形或其他特殊原因限制时使用。

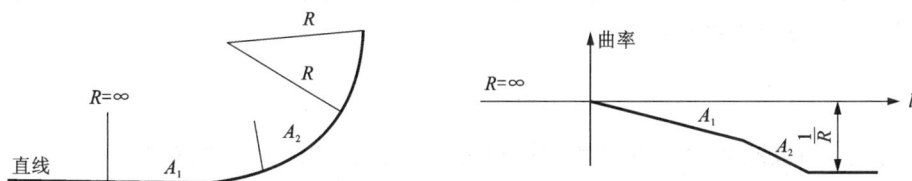

图 2 – 14　复合型曲线

7. C 型曲线

两同向回旋线在曲率为零处径相连接的组合形式称为 C 型曲线，如图 2 – 15 所示。C 型曲线相当于两基本型的同向曲线间的直线长度为 0，对行车和视觉均不利，所以 C 型曲线仅限于地形条件特殊困难，线路严格受限时方可采用。

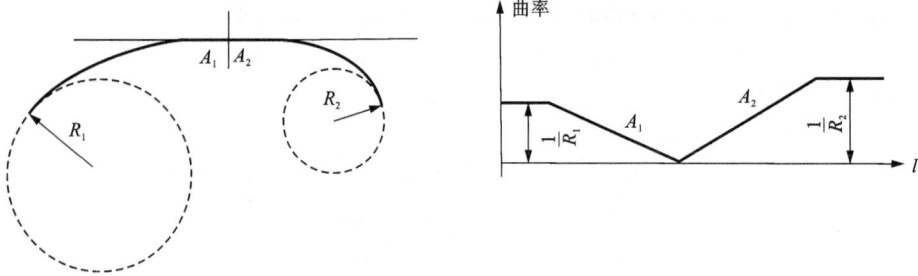

图 2-15　C 型曲线

2.5.3　行车视距

司机看到一定距离处的障碍物或迎面来车后，刹车或绕避所需的最短安全距离，称为行车视距。

1. 停车视距

汽车行驶时，司机看到前方障碍物后，刹车所需的最短安全距离。

根据停车视距的定义，停车视距包括反应距离、制动距离和安全距离三部分（图 2-16）。

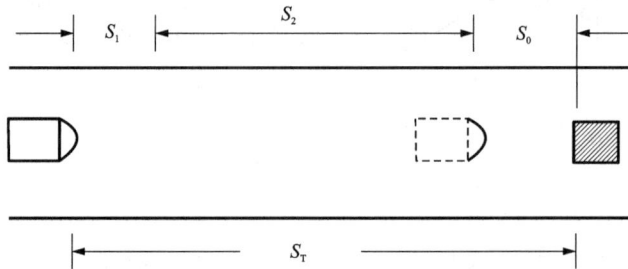

图 2-16　停车视距

（1）反应距离 S_1

驾驶员发现前方的障碍物，经过判断决定采取制动措施的那一瞬间到制动器真正开始起作用的瞬间汽车所行驶的距离 S_1。

$$S_1 = \frac{Vt}{3.6} \ (\text{m})$$

式中：V 为汽车行驶速度，km/h；t 为感觉和制动反应的总时间，一般取 2.5 s。

（2）制动距离 S_2

制动距离是指汽车从制动生效到汽车完全停住，这段时间所行驶的距离 S_2

$$S_2 = \frac{KV^2}{254(\varphi + i)} \ (\text{m})$$

式中：φ 为路面纵向摩阻系数，与路面种类和状况有关；i 为道路纵坡，上坡为"＋"下坡为

"－"；V 为汽车行驶速度，km/h；K 为制动系数，一般在 $1.2 \sim 1.4$ 之间。

（3）安全距离 S_0

安全距离是指汽车停住至障碍物前的距离，一般取 $5 \sim 10$ m。

停车视距为

$$S_T = \frac{Vt}{3.6} + \frac{V^2}{254(\varphi + i)} + S_0 \ (\text{m})$$

2. 会车视距

两辆对向行驶的汽车能在同一车道上及时制动所需的最短距离称为会车视距（图 2-17）。该距离约为停车视距的两倍。

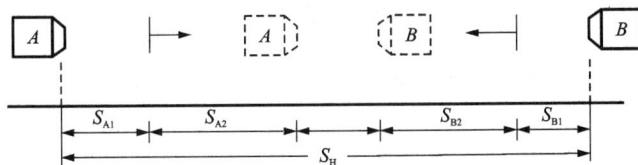

图 2-17 会车视距

3. 超车视距

在双车道公路上，后车超越前车时，从开始驶离原车道之处起，至可见逆行来车并能超车后驶回原车道所需的最短距离称为超车视距（图 2-18）。

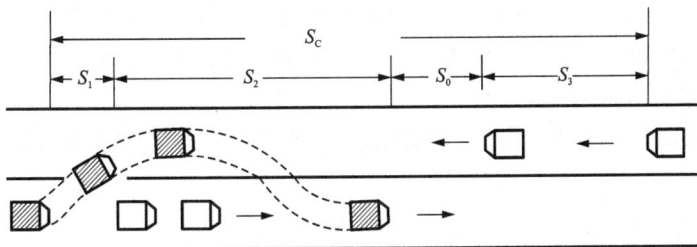

图 2-18 超车视距

超车视距包含加速行驶距离 S_1、超车汽车在对向车道上行驶的距离 S_2、超车完成时，超车汽车与对向汽车之间的安全距离 S_0 及超车汽车从开始加速到超车完成时对向汽车的行驶距离 S_3。

（1）加速行驶距离 S_1

当超车汽车驾驶员经判断认为有超车的可能，于是加速驶入对向车道，在驶入对向车道之前的加速行驶距离为 S_1。

$$S_1 = \frac{V_0 t_1}{3.6} + \frac{a t_1^2}{2} \ (\text{m})$$

式中：V_0 为超车汽车的初速度，km/h；t_1 为超车汽车加速时间，s；a 为超车汽车平均加速度，m/s^2。

（2）超车在对向车道行驶的距离 S_2

$$S_2 = \frac{Vt_2}{3.6}$$

式中：V 为超车汽车在对向车道上行驶的速度，km/h；t_2 为超车汽车在对向车道上行驶的时间，s。

（3）超车完成时，超车与对向汽车之间的安全距离 S_0

这个距离视超车汽车和对向汽车的行驶速度的不同，采用不同的数值，一般取 $S_0 = 15 - 100(\text{m})$。

（4）超车汽车开始加速到超车完成时对向汽车的行驶距离 S_3

$$S_3 = \frac{V'(t_1 + t_2)}{3.6}$$

式中：V' 为对向汽车行驶速度，km/h。

理想全超车视距为

$$S_C = S_1 + S_2 + S_3 + S_0$$

超车视距在地形条件困难时可采用下式计算。

$$S_C = \frac{2}{3}S_2 + S_0 + S_3'$$

式中：S_3' 为对向车行驶的距离，行驶时间按 t_2 的 2/3 确定。

4. 道路设计中对视距的要求

在一条道路的车流中，经常会出现停车、错车、会车和超车，特别是以混合交通为主的双车道道路上更是如此。在各种视距中，以超车视距为最长，如果所有的弯道和变坡点处都能保证超车视距的要求当然最好，但事实上是很难做到的，也是不经济的，故对于不同的道路按其实际需要作了不同的规定。

停车视距是最起码的要求，无论是单车道、双车道，有分隔带或无分隔带，各种道路都应保证。

对于快慢车分道行驶的多车道公路可不要求超车视距。

有中央分隔带的道路不存在错车和会车，故不要求错车视距与会车视距。

在路中央画线，严格实行分车道行驶的双车道道路有停车视距也就够了。

对于路中央不画线的双车道公路而言，汽车多在路中间行驶，当发现对面有汽车驶来时，方回到自己的车道上。若避让不及有时还得双双停下，对于这种道路而言，其行车视距不应小于会车视距。

5. 视距的保证

汽车在弯道上行驶时，弯道内侧行车视线可能被树木、建筑物、路堑边坡等障碍物所阻挡而使行车视距受到影响。因此，在路线设计时必须检查平曲线上的视距是否能得到保证，则必须清除阻碍驾驶员视线的障碍物。

只有当弯道内侧某一范围内不存在阻碍驾驶员视线的障碍物时，才能保证行车安全，该范围一般采用图解法（图 2 - 19）确定，其步骤如下：

①按一定比例绘制弯道平面图，并示出行车轨迹线位置；

②在轨迹线上从弯道两端相连直线上距曲线起点（或终点）距离为视距长度 S 的地方开

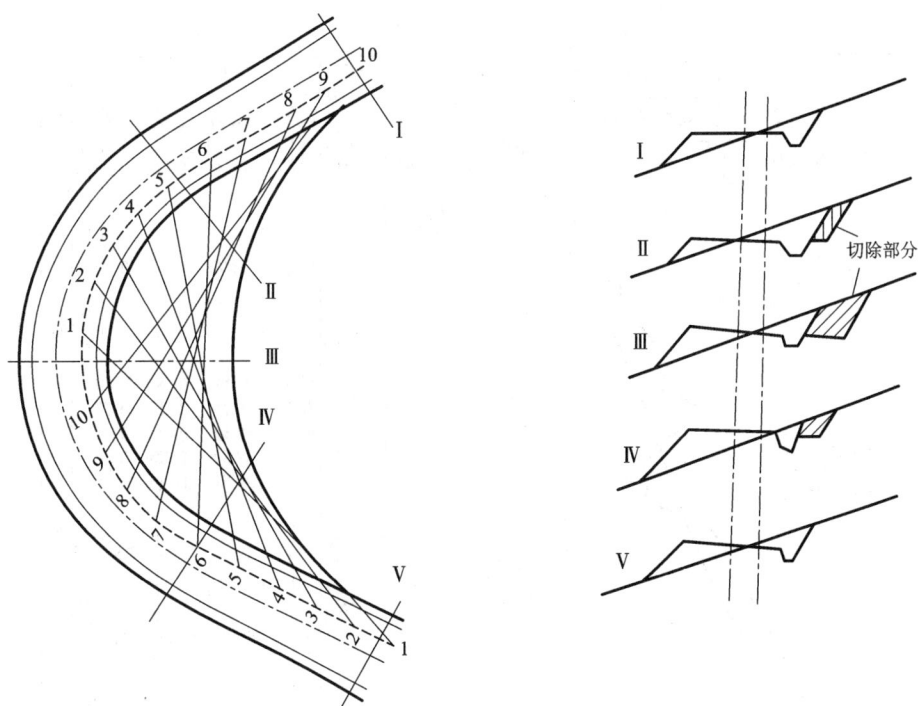

图 2 - 19　视距的保证

始，按 S 距离定出多组视线。

③绘出这些视线的包络线(内切曲线)，包络线与道路边线所围成的区域中不应存在阻碍驾驶员视线的障碍物。

2.6　道路纵断面

沿着道路中线竖直剖切然后展开即为道路纵断面，如图 2 - 20 所示。为了适应地面的起伏，线路上除了平道以外，还修成上坡道与下坡道，每段坡道在纵断面上为一段直线，坡道与坡道的交点为变坡点，为保证列车运行的平顺与安全，变坡点处应以竖曲线连接。因此纵断面由直线和竖曲线组成，竖曲线采用抛物线或圆弧。

1. 技术标准

纵断面技术标准包括纵坡、纵坡长度、平均纵坡、合成坡度等。

(1)最大纵坡

公路路线最大纵坡是纵断面线形设计的一项重要指标，它直接影响道路路线的长度、使用质量、行车安全、工程造价和运输成本。

当汽车在过陡的坡段上行驶时，汽车耗油量大、轮胎的磨损快、路面容易损坏。过陡的路面还应具有较强的抗滑能力以保证汽车的行驶安全，如城市道路坡度过大则地面标高难与人行道纵坡相协调也不利于地下管道的铺设。基于以上原因，必须对道路的最大纵坡值进行限制。

(2)最小纵坡

在道路挖方及低填方路段，应采用不少于 0.3% 的纵坡。城市道路为保证排水和防止管

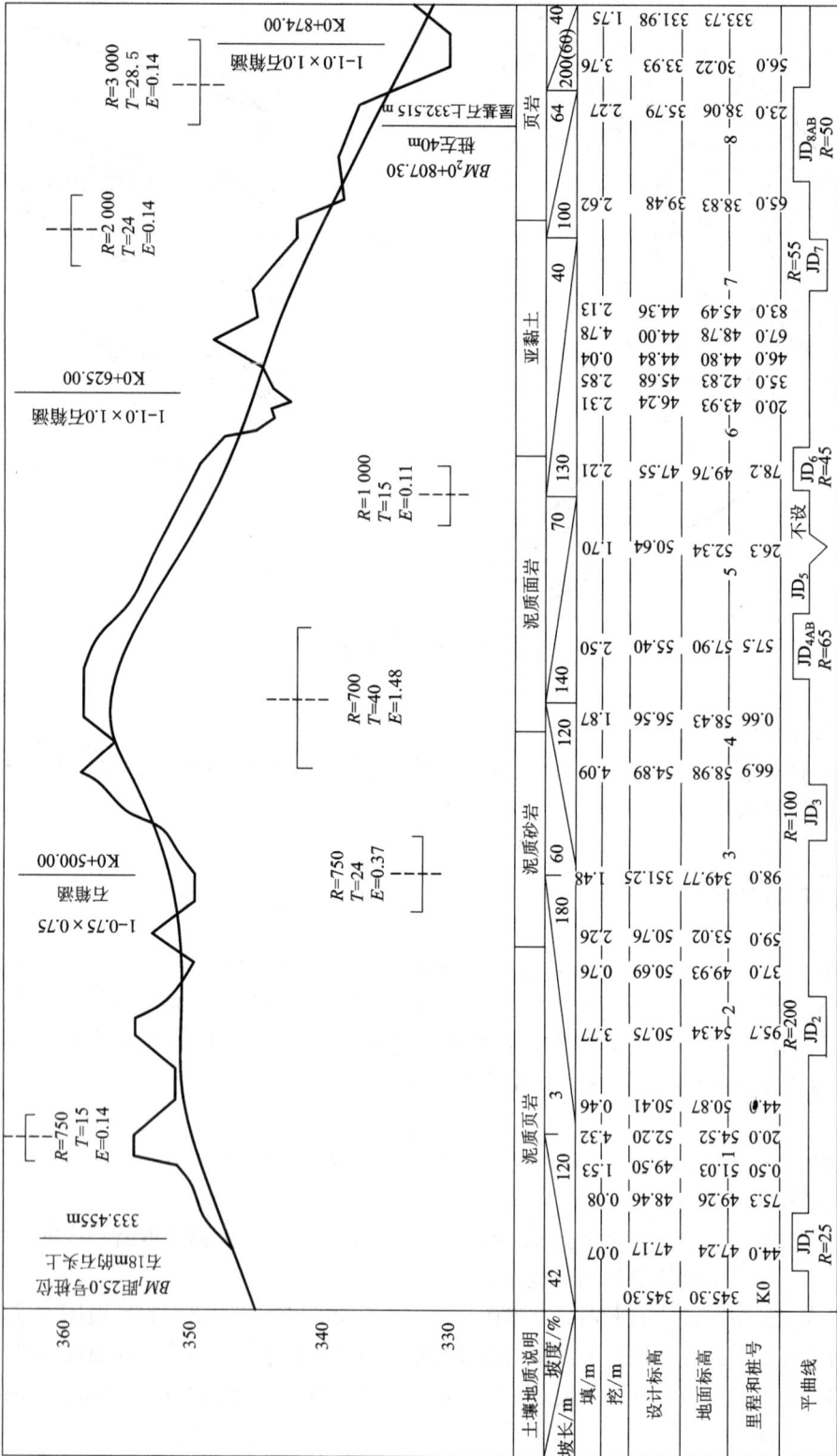

图 2 – 20　公路纵断面图

道淤塞，也应采用不少于 0.3% 的纵坡。如不能满足这一要求，应采取其他办法保证雨水的正常排出。

（3）陡坡地段最大坡长

当汽车在陡坡上上坡行驶时，若陡坡过长，汽车在行驶过程中长时间处于满负荷状态，从而引起水箱开锅（水沸腾），失去冷却作用，严重时，还可能使发动机熄火，影响行车安全。当汽车在陡坡上下坡行驶时，若陡坡过长，又需要频繁制动，制动器容易发热失灵，引起车祸。

陡坡地段最大坡长限制是指控制汽车在坡道上行驶，当车速下降到最低容许速度时所行驶的距离。

（4）最短坡长限制

相邻两坡段的交点称为变坡点，如变坡点过多，车辆行驶时司机变换排挡会过于频繁而影响安全，另外还有碍视觉及不利于竖曲线布置，基于上述原因，必须限制坡段的最小长度。

（5）地形困难地段最大平均纵坡

平均纵坡是指一定长度的路段纵向所克服的高差与路线长度之比。

根据对山区道路行车的实际调查发现，有时虽然道路纵坡设计完全符合最大纵坡、坡长限制及缓和坡长的规定，但也不一定能保证行车安全。如在地形困难、高差较大地段，设计者可能交替使用极限长度的最大纵坡及缓和坡长，形成台阶式纵断面线形，这是一种合法但不合理的做法。在这种坡道上汽车会较长时间频繁地使用低档行驶，对机件和安全都不利。

为合理运用最大纵坡、坡长和缓和坡段，保证车辆的安全行驶，需对线路的平均纵坡进行限制。

（6）最大合成坡度

指在有超高的平曲线上，路线纵向坡度与超高横坡所组成的矢量和。

当合成坡度过大时，汽车有可能沿合成坡度方向滑移，为保证安全，应限制合成坡度的最大值。

2. 竖曲线

在变坡点处，圆顺地连接两坡段的曲线称为竖曲线。当变坡点在曲线上方时，称为凸形竖曲线，变坡点在曲线下方时，称为凹形竖曲线。

设置凸形竖曲线时应做到使线路平顺并保证行车视距。设置凹形竖曲线应使车辆振动及产生的离心加速度尽量小，此外，还应保证夜间车辆灯光所能照亮的距离应大于等于行车视距。

竖曲线的形式可采用抛物线或圆曲线，在使用范围二者几乎没有差别，但在设计计算上，抛物线比圆曲线更为方便。这里介绍二次抛物线型竖曲线。

如图 2-21 所示，设变坡点相邻两纵坡坡度分别为 i_1 和 i_2，它们的代数差用 ω 表示，即 $\omega = i_2 - i_1$，当 ω 为正时，表示凹形竖曲线；ω 为负时，表示凸形竖曲线。

二次抛物线竖曲线基本方程为

$$y = \frac{1}{2R}x^2 + i_1 x$$

竖曲线总长度

$$L = R\omega$$

竖曲线切线长

$$T = \frac{R\omega}{2}$$

竖曲线上任意一点竖距

$$h = \frac{x^2}{2R}$$

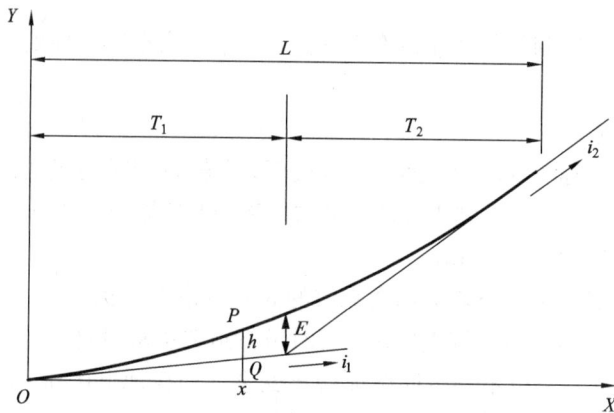

图 2 – 21 竖曲线要素示意图

2.7 道路横断面

道路是具有一定宽度的带状构筑物。在垂直道路中心线方向所作的剖面称为道路横断面,它是由横断面设计线和地面线所构成。

2.7.1 公路横断面类型

1. 无中间带

所有车辆都在同一个车行道平面上混合行驶;用地较省,但对向行驶车辆的干扰多,多用于交通量不大公路,适于二、三、四级公路,如图 2 – 22 所示。

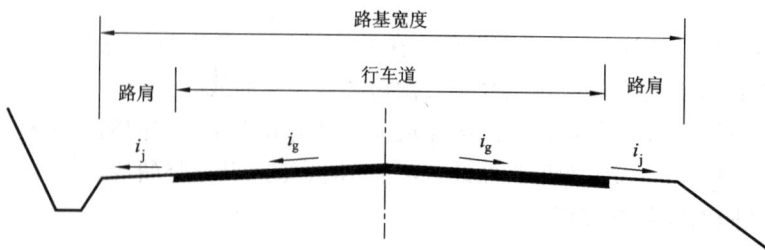

图 2 – 22 无中间带公路横断面

2. 有中间带

由中间一条分隔带将车行道分为单向行驶的两条车行道,可避免对向行驶车辆的干扰,适于高速及一级公路,如图 2-23 所示。

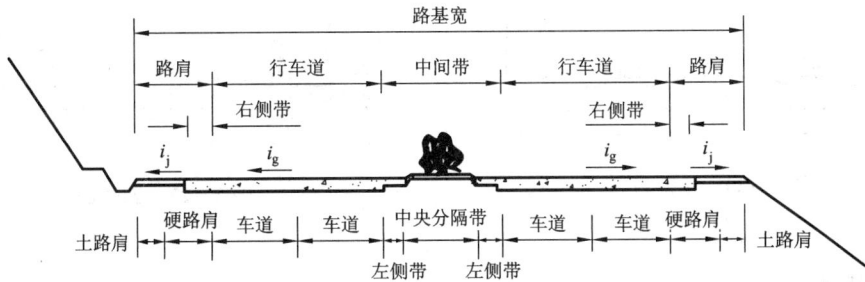

图 2-23　有中间带公路横断面

2.7.2　城市道路横断面

1. 单幅路

单幅路占地少,投资省,但各种车辆在车道上混合行驶,对交通安全不利,适用于机动车交通量不大且非机动车较少的次干道、支路及用地困难的改建道路,如图 2-24 所示。

2. 双幅路

如图 2-25 所示,在车道中心用分隔带或分隔墩将车行道分为两半,车辆分向行驶,减少了对向行车干扰,提高了车速,分隔带可用作绿化带、布置照明和铺设管线,但各种车辆单向混合行驶干扰大。双幅路主要用于车速较快、非机动车较少的道路。

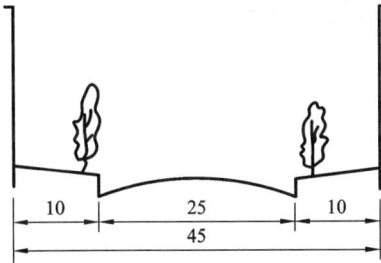

图 2-24　单幅路

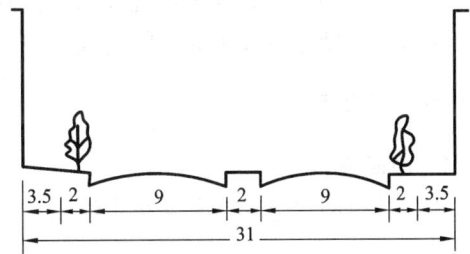

图 2-25　双幅路

3. 三幅路

三幅路(图 2-26)中间部分为双向行驶的机动车道,两侧为非机动车道,机动车与非机动车之间进行了隔离,适用于机动车交通量大,非机动车多的道路。

4. 四幅路

四幅路(图 2-27)用三条分车带使机动车对向分流,机非分隔,交通安全性最好。但其占地多,造价高,适用于机动车车速较高,各向两条机动车道以上,非机动车多的快速路与主干路。

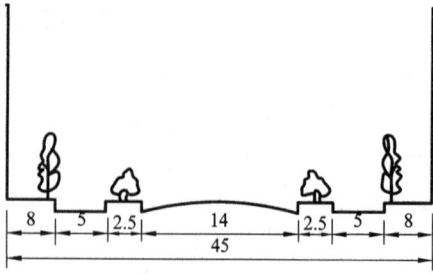

图 2-26 三幅路

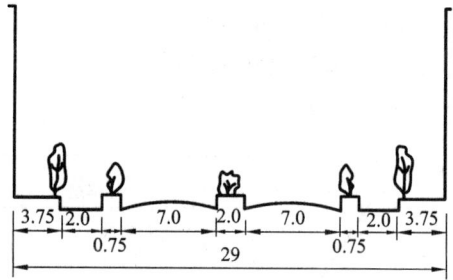

图 2-27 四幅路

2.7.3 路肩

位于道路外侧,从行车道外缘到路基边缘的带状部分称为路肩。

1. 路肩类型

路肩分硬路肩和土路肩。

硬路肩与车行道相邻并铺以路面结构。

土路肩是指不加铺装的土质路肩。

2. 路肩的作用

临时停放车辆、横向支撑路面、安装交通护栏、埋设管线设施,在挖方地段还可以增加弯道视距。

2.7.4 路缘带

路缘带指的是位于车行道两侧与车道相衔接的带状部分。

其主要作用是诱导驾驶员视线和分担侧向余宽,以利于行车安全。

路缘带是硬路肩或中间带的组成部分。

2.7.5 分车带

1. 中间带

中间带由中央分隔带和路缘带组成。

其作用是:

①分隔往返车流。

②可作为设置公路标志牌及其他交通管理设施的场所,也可作为安全岛使用。

③中间带上种植花草灌木或设置防眩网,可防止对向车辆灯光眩目。

④中间带两侧的路缘带有诱导驾驶员视线和分担侧向余宽功能。

2. 两侧带

布置在横断面两侧的分车带叫两侧带,其作用与中间带相同,只是设置的位置不同而已。

两侧带常用于城市道路横断面,它可分隔快车道与慢车道、机动车道与非机动车道等。

2.7.6　路侧带

位于城市道路行车道两侧的人行道、绿化带、设施带等统称为路侧带。用地困难时设施带可与绿化带结合设置,但应避免各种设施与树木间的干扰。

2.7.7　路缘石

路缘石是设在路面与其他构造物之间的标石,在分隔带与路面之间,人行道与路面之间一般都需要设置路缘石。

2.7.8　机动车车行道

1. 车道宽度

在道路上供一纵向车列安全行驶的道路宽度,称为车道宽。

多车道公路每条机动车道宽度为 3.5 ~ 3.75 m。

2. 影响车道宽度的因素

车道宽度决定于设计车辆外轮廓宽度,横向安全距离,车辆运行时的摆动幅度。

3. 机动车车行道宽度

机动车车行道由数条机动车道组成,其宽度为车道宽度的倍数。如高速公路一般情况下双向四车道采用 2 × 7.5 m,双向六车道采用 2 × 11.25 m,双向八车道采用 2 × 15 m。

2.7.9　路拱

为了利于路面横向排水,将路面做成由中央向两侧倾斜的拱形,称为路拱。

1. 直线型路拱

简单的直线型路拱由两条倾斜的直线组成,对施工要求高,路面中心坡度变化大,对行车不利,仅适用于路面横坡坡度及路面宽度较小的情形,如图 2 - 28 所示。

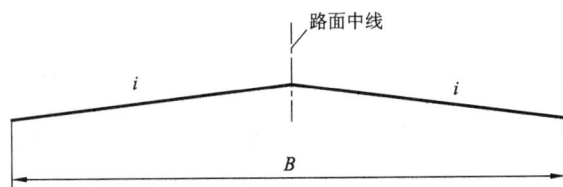

图 2 - 28　直线型路拱

2. 折线型路拱

折线型路拱的形状如图 2 - 29 所示。折线形路拱的直线段较短,自中心至路缘石横向坡度由小到大,对排水有利;路面横坡变化缓,适用于多车道路面,施工容易,但存在多个转折点,对行车仍有不利影响。

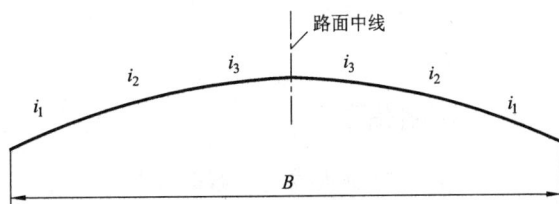

图 2 - 29　折线型路拱

3. 抛物线型路拱

抛物线形路拱的形状如图 2 – 30 所示。抛物线形路拱的特点是车行道中间部分坡度小，靠近路缘石部分坡度大，横坡坡度变化连续，无变坡点存在，对行车和排水均有利，但施工难度大，中间路面因车辆过于集中而易于损坏，随着路面宽度增加，路面两边部分的坡度迅速变大，适用于路面宽度小的情形。

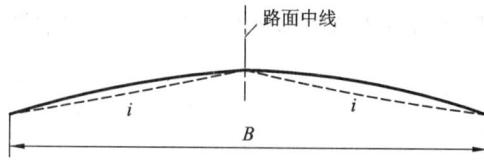

图 2 – 30　抛物线型路拱

4. 直线接曲线型路拱

直线接曲线型路拱一般采用直线接不同方次的抛物线或圆弧的构造形式，两端为直线中间为曲线，如图 2 – 31 所示。自中心向路面边缘曲线段坡度由小变大，坡度变化较缓，直线段坡度不变，与抛物线形路拱相比路面两边部分的坡度较平缓，可用于路面宽度大的情形，施工难度较大。

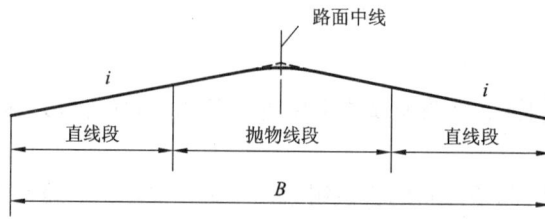

图 2 – 31　直线接曲线型路拱

2.7.10　道路加宽

车辆在曲线路段上行驶时，前后轮的轨迹不同，靠近曲线内侧后轮行驶的曲线半径最小，靠曲线外侧的前轮行驶的曲线半径最大，如图 2 – 32 所示。为适应汽车在平曲线上行驶时，后轮轨迹偏向内侧的需要，在平曲线内侧相应增加路面、路基宽度称为曲线加宽。规范规定平曲线半径等于或小于 250 m 时，道路应加宽。

2.7.11　道路超高

当弯道采用的圆曲线的半径较小时，为抵消车辆在曲线路段上行驶时所产生的离心力，将曲线段的路面横坡做成外侧高于内侧的单向横坡，称为超高，如图 2 – 33 所示。

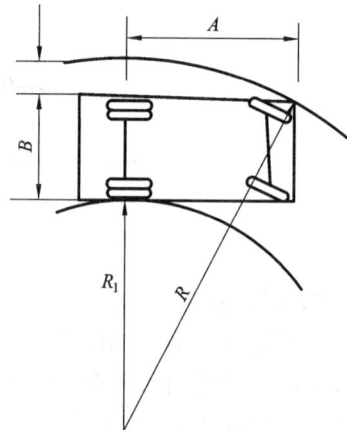

图 2 – 32　车道加宽

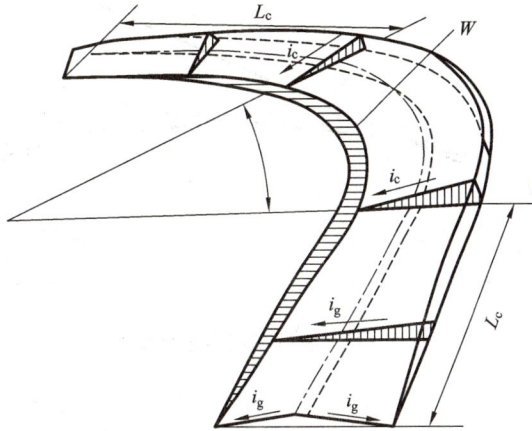

图 2-33　路面超高

　　汽车在圆曲线上行驶，离心力是常数；在回旋线上行驶，其离心力是变化的。因此，超高横坡的超高值在圆曲线上应是与圆曲线半径相适应的全超高，在缓和曲线上是逐渐变化的超高。

　　这段从直线上的双向横坡渐变到圆曲线上的单向横坡的路段，称作超高缓和段或超高过渡段。

1. 无中间带道路超高方式

（1）超高横坡坡度等于路拱坡度

这时只要将外侧车道绕路中线旋转直至超高横坡值即可，如图 2-34 所示。

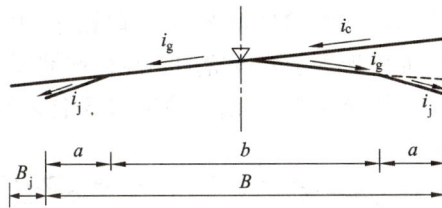

图 2-34　超高横坡坡度等于路拱坡度时超高设置

（2）超高横坡坡度大于路拱坡度

①绕行车道内边缘旋转

　　在缓和段起点之前将路肩逐渐旋转，直到其坡度等于路拱横坡坡度；再以路中线为旋转轴，逐渐旋转外侧路面与路肩，使之达到与路拱坡度一致的单向横坡后，整个断面再绕未加宽时的内侧车道边缘旋转，直到达到要设置的超高横坡坡度为止，如图 2-35 所示。一般新建公路多采用此种方式。

②绕道路中线旋转

　　在缓和段起点之前将路肩逐渐旋转，直到其坡度等于路拱横坡坡度；再以道路中线为旋转轴，使外侧车道和内侧车道变为单向的横坡后，整个断面一同绕中线旋转，使单坡横断面达到要设置的超高横坡坡度为止，如图 2-36 所示。改建公路常采用此种形式。

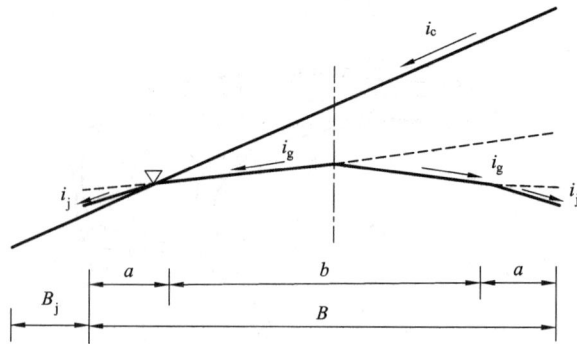

图 2 – 35　绕行车道内边缘旋转

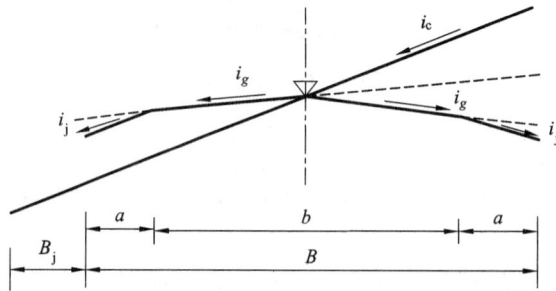

图 2 – 36　绕道路中线旋转

③绕道路外侧边缘旋转

在缓和段起点之前将路肩逐渐旋转，直到其坡度等于路拱横坡坡度；再将外侧车道绕外边缘旋转，与此同时，内侧车道随中线的降低而相应降坡，待达到单向横坡后，整个断面仍绕外侧车道边缘旋转，直到路面横坡等于要设置的超高横坡坡度为止，如图 2 – 37 所示。此种方式仅在特殊设计时采用，如强调路容美观，外侧因受条件限制不能抬高等。

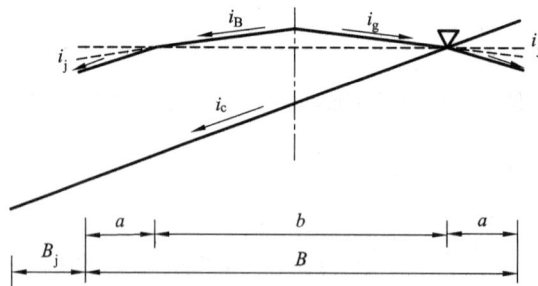

图 2 – 37　绕道路外侧边缘旋转

2. 有中间带道路超高方式

（1）绕中间带的中心线旋转

先将外侧行车道绕中间带的中心旋转，待达到与内侧行车道构成单向横坡后，整个断面一同绕中心线旋转，直至超高横坡值，如图 2 – 38 所示。此时，中央分隔带呈倾斜状。采用窄中间带的公路可选用此方式。

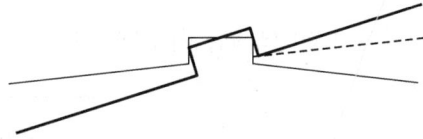

图 2 - 38 绕中间带的中心线旋转

（2）绕中央分隔带边缘旋转

将两侧行车道分别绕中央分隔带边缘旋转，使之各自成为独立的单向超高断面，此时中央分隔带维持原水平状态，如图 2 - 39 所示。各种有中间带道路均可选用此种方式。

（3）绕各自行车道中线旋转

将两侧行车道分别绕各自的中线旋转，使之各自成为独立的单向超高断面。此时中央分隔带边缘分别升高与降低而成为倾斜断面，如图 2 - 40 所示。单向车道数大于 4 的道路可采用此种方式。

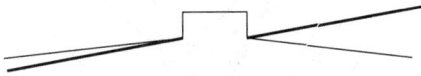

图 2 - 39 绕中央分隔带边缘旋转

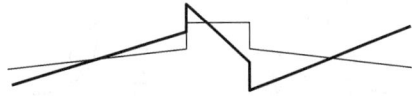

图 2 - 40 绕各自行车道中线旋转

2.8 平面交叉

平面交叉是指道路与道路在同一平面相交的路口，道路借助交叉口相互连接形成道路系统，以实现各个方向的联系。

在平面交叉口上，不同方向的车流和行人互相影响干扰，不但会降低车速、阻滞交通、降低通行能力，而且容易发生交通事故。平面交叉口是道路的重要组成部分，是道路交通的咽喉部位，它直接影响到道路的使用质量，所以必须予以足够的重视。

1. 平面交叉口分类

平面交叉口按形状分类，常见的形式有十字形、"X"形、"T"形，"Y"形、错位交叉和复合交叉。

平面交叉口按渠化交通设施分类，可分为简单交叉口、拓宽路口式交叉口、分道转弯式交叉口及环形交叉口。所谓渠化交通就是通过设置交通标线、标志和交通岛等，使各种不同性质和不同速度的车辆，能像渠道内的水流那样，沿着规定的方向互不干扰地行驶。

按交通控制方式分类则可分为无信号控制交叉口和有信号控制交叉口。

2. 交通分析和交通组织

1）交叉口的交通特征

各车流驶入交叉口，由于行驶方向的不同，车辆间的交错方式就有所不同，产生交错点的性质也不同，车辆间的交错点有三种。

①冲突点。当两车行车方向互相交叉时（此时一般行车路线的最小交角大于 45°），两车可能发生碰撞的地点。

②合流点。当来向不同的两车汇驶同一方向时（此时一般行车路线的最小交角小于

45°)，两车可能发生挤撞的地点。

③分流点。分流点是同一行驶方向的车辆，向不同方向分开行驶的地点。

冲突点和合流点统称为危险点，是危及行车安全和发生交通事故的地点。

三路交叉，四路交叉及五路交叉时各方向车辆行驶轨迹所形成的交错点如图2-41、图2-42及图2-43所示。

上述三种不同类型交错点的存在，是直接影响交叉口的行车速度、通行能力，也是发生交通事故的主要原因。其中以左转车与直行车，直行车与直行车所产生的冲突点对交通的影响和危险性最大，因此应尽量消除、减少冲突点，或采用渠化交通等方法，把冲突点限制在较小的范围内。

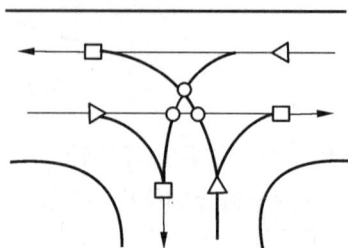

图2-41　三路交叉

（图中：○为冲突点，□为合流点，△为分流点）

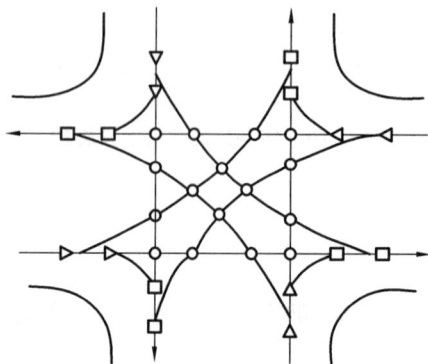

图2-42　四路交叉

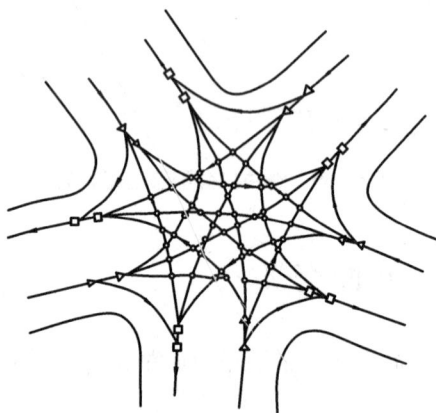

图2-43　五路交叉

假设每条道路仅有双车道、上下行各有一股车流到交叉口转向，相交道路条数为 n，则平面交叉口上产生的分流点个数 P_f、合流点个数 P_h 和冲突点个数 P_c 的计算公式如下。

$$P_f = P_h = n(n-2)$$

$$P_c = \frac{n^2(n-1)(n-2)}{6}$$

由上面的公式可知三路相交的交叉口存在3个冲突点，3个分、合流点；四路十字形交叉口存在16个冲突点，8个分、合流点；五路交叉口存在50个冲突点，15个分、合流点。

从上面的分析可知交叉口危险点的多少随相交路线数量的增加而显著增加，因此在规划设计交叉口时，除特殊情况外，交会的岔路不得多于4条，并采用合理的交叉口布置型式，以简化交通，减少危险点。

产生冲突点最多的是左转弯车辆，正确处理和组织左转弯车辆运行，是保证交叉口交通安全和畅通的关键之一。

2)减少或消灭冲突点的措施

(1)设置平行道路

设置平行道路可以在交通量多的路段开辟单行道，变双向交通为单向交通，使交叉口冲突点明显减少。设有平行道路,个别交叉口必要时,可禁止左转弯,使左转车辆绕街坊行驶变左转为右转。

(2)以信号灯控制交叉口

在交叉口设置信号灯后可用时间分隔车流,使在同一时间内只允许某一方向的车流通行。这种按顺序开放各路交通的方法使冲突点明显减少,保证了安全,但增加了交叉口的延误时间,交叉口周期性刹车和起动,使燃料和汽车零部件的消耗增大。

(3)限制部分交通

①限制大型载货汽车进入中心街道。

②定时限制非机动交通,即除上下班高峰可通行外,非上下班时间在某些主要交通干道上禁止通行非机动车。

③在交通量特别多的路口,由于左转车辆常阻挡直行交通,引起与对方车流的冲突,可以采用禁止左转的办法来改善某一交叉口交通的矛盾。

(4)封闭道路

封闭多路交叉口的某条支路或次要道路的交通,可以减少冲突。

(5)组织单向交通

使对向车流分道通行,可以消除左转车和对向直行车流之间的冲突。实施单向交通后,车辆只能按规定的路线行驶,交通流得到较均匀的分布,由于没有左转弯和对向行驶车辆的干扰,使路口的延误减少,不易阻塞,车速提高。

(6)采用环形交叉

进入交叉口的车辆按逆时针方向环绕中心岛作单向行驶,至所要去的路口驶出,车辆均以同一方向循序前进,可消灭交叉口的冲突点。

(7)修建立体交叉

将相互冲突的车流分别设在不同标高的车道上行驶,互不干扰,能彻底解决交叉口交通问题。

3. 加铺转角式

交叉口用适当半径的圆曲线平顺连接相交道路的路基和路面,如图 2-44 所示。这种交叉口形式简单,占地小,造价低,设计方便,但行车速度低,通行能力小。适用于交通量小、车速低、转弯车辆少的三、四级公路或地方道路;也可用于转弯交通量较小的主要道路与次要道路交叉。

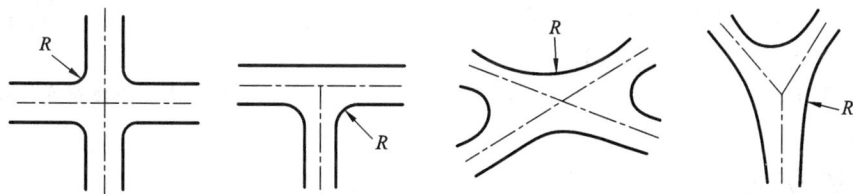

图 2-44　加铺转角式交叉口

4. 拓宽路口式

为使转弯车辆不影响其他车辆的正常行驶,在交叉口连接部增设变速车道和转弯车道,如图 2-45 所示。这种交叉可以单独增设右转或左转车道,也可以同时增设左、右转弯车道,此类交叉口可减少转弯交通对直行交通的干扰，车速较高，事故率低，通行能力大，但占地多、投资较大。适用于交通量较大、转弯车辆较多的二级公路和城市主干路。

5. 分道转弯式

通过设置导流岛、划分车道等措施，使单向右转或双向左、右转车流以较大半径分道行驶，如图 2 - 46 所示。这种交叉口转弯车辆，尤其是右转弯车辆行驶速度和通行能力都较高，适用于车速较高，转弯车辆较多的一般道路。

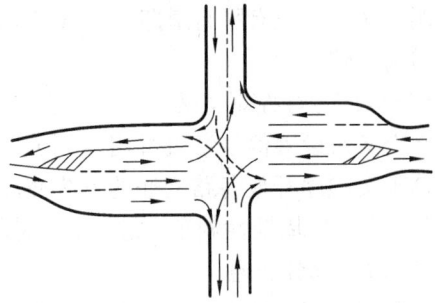

图 2 - 45　拓宽路口式

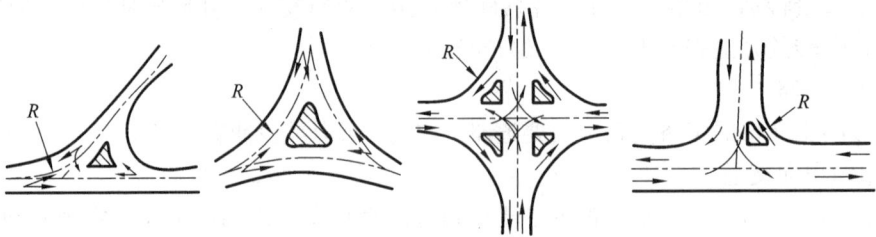

图 2 - 46　分道转弯式

6. 环形交叉

环形交叉是指多条道路交汇处设有中心岛的平面交叉，如图 2 - 47 所示。在交叉口中央设置中心岛，用环道组织渠化交通，驶入交叉口的所有车辆，一律绕岛作逆时针单向行驶，至所要去的路口离岛驶出。

驶入环形交叉的各种车辆可连续不断地单向运行，没有停滞，减少了车辆在交叉口的延误时间；环道上行车只有分流与合流，消灭了冲突点，提高了行车安全性。环形交叉交通组织简便，不需要信号灯管制；对多路交叉和畸形交叉，用环道组织渠化交通更为有效；中心岛绿化可美化环境。环形交叉的缺点是占地面积大，城区改建困难；增加了车辆绕行距离，特别是左转弯车辆；造价高于其他平面交叉。

环形交叉适用于多条道路相交，转弯车辆较多，且地形较平坦的情况。

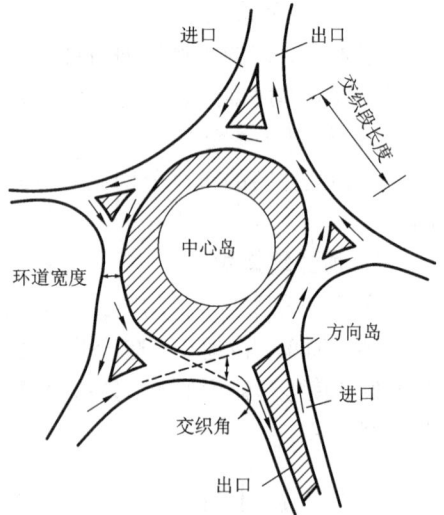

图 2 - 47　环形平面交叉

2.9　立体交叉

立体交叉简称立交，是利用跨线构造物使道路与道路或道路与其他线形工程，在不同高程相互交叉的连接方式。立体交叉是高速道路(高速公路和城市快速路的统称)必不可少的组成部分。

立体交叉使相交道路的各方向车流在不同高程的平面上行驶，可消除或减少冲突点，提高车速和通行能力；立体交叉可控制相交道路的车辆出入，使车辆各行其道，互不干扰，保证行车安全和畅通。立体交叉占地面积大，构造物多，施工复杂，造价高、不易改建。因此，采用立体交叉应根据道路、交通、环境及自然条件，经过技术、经济及环境效益的比较和分析慎重确定。

2.9.1 立体交叉的组成

立体交叉主要组成部分包括跨线构造物、正线、匝道、出入口、变速车道及集散车道，如图 2-48 所示。

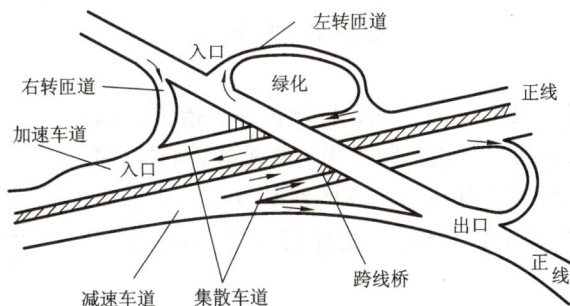

图 2-48 立体交叉组成部分

①跨线构造物是实现车流空间分离的主体构造物，通常有跨线桥及地道两种方式。
②正线指交叉范围内的相交道路的车行道。
③匝道指供上、下相交道路转弯车辆行驶的连接道。
④出入口。由正线驶出进入匝道的道口为出口，由匝道驶入正线的道口为入口。
⑤变速车道。为满足车辆变速行驶的需要，在正线右侧的出入口附近设置的附加车道称为变速车道，出口端为减速车道，入口端为加速车道。
⑥集散车道。为消除车辆交织对正线的影响，专供驶入和驶出车辆使用的车道。

2.9.2 匝道的基本形式

1. 右转匝道

如图 2-49 所示，右转匝道分为定向右转匝道；半定向右转匝道及环形右转匝道。定向右转匝道直接实施右转，形式简单，匝道长度最短，车辆运行方便，直捷顺当，行车安全。半定向右转匝道为减少用地，沿环形左转匝道迂回右转，行车安全，但线路变长，线形变差。环形右转匝道采用并入左转匝道的方式实施右转，匝道线形指标低，适应车速低，通行能力较小，右转车辆绕行距离长，由于需设置跨线构造物故驶出道路与对向行车道之间须有足够间距。

2. 左转匝道

左转匝道车辆须转 90°~270°穿越对向车道及被交道路，除环形匝道外至少需要一座跨线构造物。按匝道与相交道路的关系，左转匝道可分为直接式、半直接式、间接式三种类型。

（1）直接式

直接式又称定向式或左出左进式。左转车辆直接从行车道左侧分流驶出，左转约 90°，到被交道路行车道的左侧合流驶入，如图 2-50 所示。其优点是线形简洁，转向明确，匝道

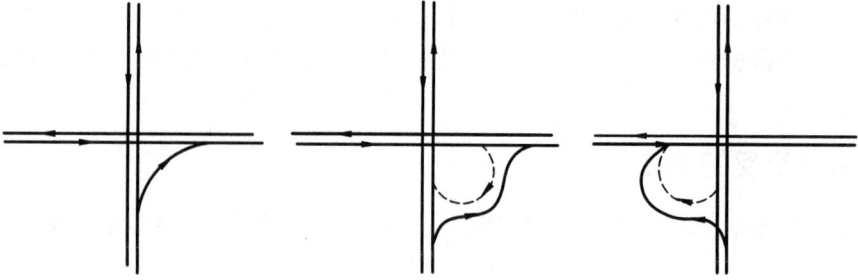

图 2 – 49　右转匝道

长度最短，营运费用低；没有反向迂回，自然流畅，指标较高；适应车速高，通行能力较大。缺点是跨线构造物较多；正线对向行车道之间须有足够间距或设计成不等高的路基以上跨或下穿；重型车和慢速车左侧驶出困难，到被交道路行车道左侧高速驶入困难且不安全。

　　因直接式左转匝道存在左出、左进的问题，且与我国右侧行驶规则不适应，除左转交通量很大或设计条件适宜外，一般不宜采用。

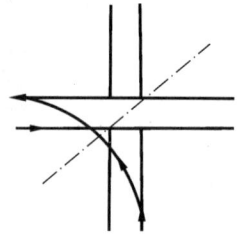

图 2 – 50　左出左进式

　　（2）半直接式

　　半直接式又称半定向式，按车辆由相交道路的进出方式可分为左出右进式、右出左进式、右出右进式三种基本形式。

　　①左出右进式。左转车辆从行车道左侧直接分流驶出后左转弯，到被交道路时由右侧合流驶入，如图 2 – 51 所示。与左出左进式匝道相比，车辆驶入安全，但仍存在左出问题；匝道上车辆略有绕行；驶出道路对向行车道之间须有足够间距；跨线构造物多。

　　②右出左进式。左转车辆从行车道右侧分流右转驶出，在匝道上左转弯，到被交道路后直接由行车道左侧合流驶入，如图 2 – 52 所示。车辆驶出安全，但仍存在左进问题；驶入道路对向行车道之间须有足够间距；跨线构造物多。

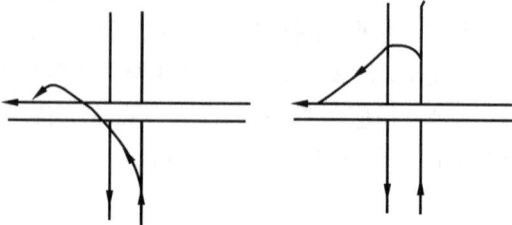

图 2 – 51　左出右进式

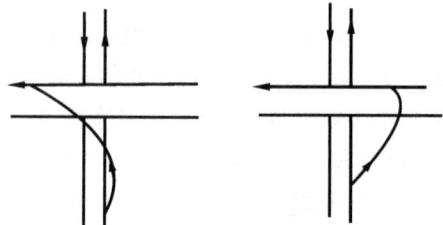

图 2 – 52　右出左进式

　　③右出右进式。左转车辆从行车道右侧分流右转驶出，在匝道上左转弯，到被交道路时由行车道右侧合流驶入，如图 2 – 53 所示。这是常用左转匝道形式，消除了左出、左进的缺

点，行车安全方便，但匝道绕行长，跨线构造物最多。

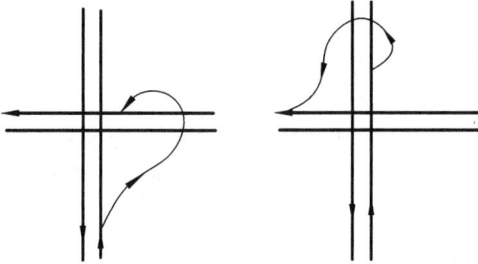

图 2 - 53　右出右进式　　　　　　　　　　　　图 2 - 54　间接式

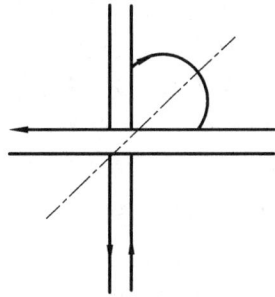

（3）间接式

间接式又称环形或环圈式，左转车辆驶过正线跨线构造物后，从行车道右侧向右回转约 270°达到左转的目的，在被交道路的右侧驶入，如图 2 - 54 所示。特点是右出右进，分合自然，行车安全；匝道上不需设置跨线构造物，造价最低；但匝道线形指标低，适应车速低，通行能力较小，占地较多，左转车辆绕行距离长。环形匝道为苜蓿叶形和喇叭形立体交叉的标准组成部分。

2.9.3　立体交叉分类

1. 按跨越方式分类

立体交义按跨越方式可分为上跨式立体交叉和下穿式立体交叉。

上跨式立交是用跨线桥从被交道路或其他线形工程上方跨过的交叉方式。上跨式立交占地面积大，引道较长，影响市容和视线；施工方便，造价低，易排水。适用于市区外或周围有高大建筑物处。

下穿式立交是用地道（或隧道）从被交道路或其他线形工程下方穿过的立体交叉。下穿式立交占地面积较少，立面易于处理，对视线和市容影响较少。施工期长，造价较高，排水困难。

2. 按交通功能分类

立体交叉按交通功能分为分离式和互通式。

1）分离式

分离式立交又称简单立交，其上、下层道路互不联通，仅需建造供直行车流通行的立交桥，如图 2 - 55 所示。这种立交构造简单，占地少、造价低，但转弯车辆在此处不能转弯，需绕行。适用于城市路网密度大，交叉口间距短的区域或公路与铁路立交处。

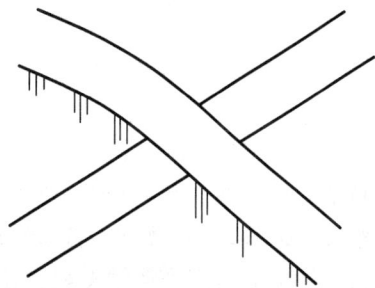

图 2 - 55　分离式立交

2）互通式立体交叉

上下层道路用匝道连通的立体交叉称为互通式立体交叉。互通式立交结构复杂，占地多，造价高，全部或部分消灭了冲突点，故交通条件好。

（1）部分互通式

部分互通式立交系用部分匝道联通上下道路，或因受地物限制，或因某方向交通量极少而不设匝道，仍保留次要道路上的平面交叉。

常用形式有菱形立交和部分苜蓿叶形立体交叉。

（2）完全互通式立体交叉

相交道路的车流轨迹线全部在空间分离的交叉，是一种比较完善的高级立交形式，匝道数与转弯方向数相等，各转弯方向均有专用匝道，无冲突点，行车安全、迅速，通行能力大；但占地面积大、造价高。

其代表形式有喇叭形、苜蓿叶形、子叶形、Y 形、X 形、涡轮形、组合形等。

2.9.4 立体交叉形式

（1）菱形立体交叉

由 4 条匝道呈菱形连接相交道路的立体交叉，如图 2－56 所示。主线上的左右转弯只有单一的进出口，便于司机识别，主干线的直行交通不受干扰可快速通过，次要道路与匝道连接处存在两处平面交叉，每处有 3 个冲突点，需设置信号灯管制。菱形立体交叉占地少，结构简单，造价低，适于主次道路相交，且次路上交通量不大的交叉口。

（2）部分苜蓿叶形立体交叉

部分苜蓿叶形立体交叉可保证主线直行车流快速畅通；次要道路由于少设一条或几条环形匝道而保留平面交叉或限制部分左转车辆通行，如图 2－57 所示。适用于主、次道路相交的交叉口，或城市用地拆迁困难的立交路口。部分苜蓿叶形立体交叉的通行能力比菱形立交大，但占地也较大。

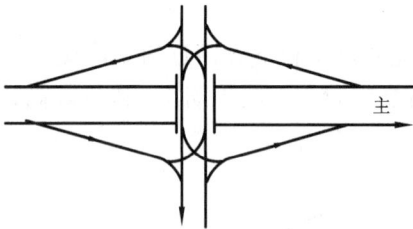

图 2－56 菱形立体交叉

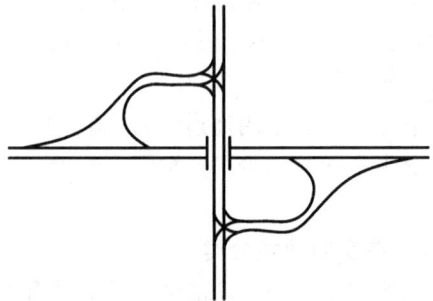

图 2－57 部分苜蓿叶形立体交叉

（3）苜蓿叶形立体交叉

苜蓿叶形立体交叉右转弯用专用定向右转匝道实现，左转弯用环形匝道实现，平面图形似苜蓿叶，如图 2－58 所示。苜蓿叶形立体交叉也可由部分苜蓿叶形立交分期修建而成。

苜蓿叶形立体交叉造型美观、造价较低，交通运行连续自然，无冲突点；但是占地面积大，左转车辆绕行距离较长，环圈式匝道适应车速较低，上下行左转匝道出入口之间存在交织，左转出口在跨线构造物之后。苜蓿叶形立体交叉多用于高速公路之间的立交，在城市内因受用地限制很难采用，如果在城市外围的环路上使用，加之适当地绿化，是不错的选择。

图 2-58　苜蓿叶形立体交叉

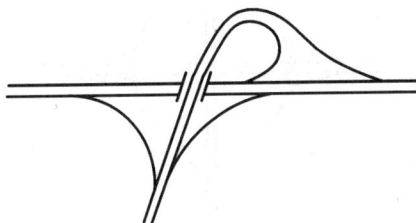

图 2-59　喇叭形立体交叉

（4）喇叭形立体交叉

喇叭形立体交叉是用一个环形左转匝道和一个半定向左转匝道组成的完全互通式立体交叉，是三路立体交叉的代表形式，如图 2-59 所示。喇叭形立体交叉用在"T"形或"Y"形交叉口，结构简单，只需一座跨线构造物，投资较省；无冲突点和交织，行车安全方便；造型美观，行车方向容易辨别。但占地较大，环形匝道线形指标差故行车速度低，喇叭口应设在左转弯车辆较多的道路一侧，以利主流方向行车。

（5）"X"形立体交叉

"X"形立体交叉又称为半定向式立体交叉，是由 4 条半定向左转匝道组成的高级全互通式立体交叉，如图 2-60 所示。这种立体交叉各转弯方向都有专用匝道，自由流畅，转向明确；单一的出口或入口，便于车辆运行和简化标志；道路上无交织，无冲突点，所以行车安全；车速高，通行能力大。但"X"形立体交叉层多桥长，造价高；占地面积大，在城区很难实现。

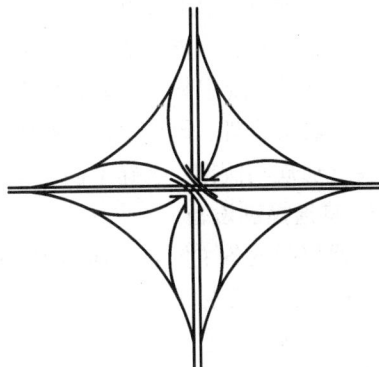

图 2-60　"X"形立体交叉

（6）环形互通式立交

主干道上跨或下穿环道直接通过路口，其余方向车辆按逆时针方向绕环道进出路口的立体交叉为环形互通式立交，如图 2-61 所示。环形互通式立交能保证主线直通；环道上虽无冲突点，交通组织方便，但车辆以交织方式运行，车速较低，车辆绕岛行驶距离长，故通行能力不大。环形互通式立交适于多路交汇、相交道路中心线之间的夹角大致相等及转弯交通量大的情形。布设时，中心岛可采用圆形、椭圆形或其他形状。

（7）混合式互通立交

这种立体交叉正线双向行车道在立体交叉范围不拉开距离的情况下，左转匝道多为环形匝道和半定向式匝道，组合形式多样，常见形式如图 2-62 所示；其优点是可以根据交通流灵活选用左转弯匝道型式，在满足通行的前提下，用地较省；同时跨线构造物较少，一般两层就够了，造价相对较低。缺点是左转车辆绕行距离较长，一条道路上的左转出口在跨线构造物之后。

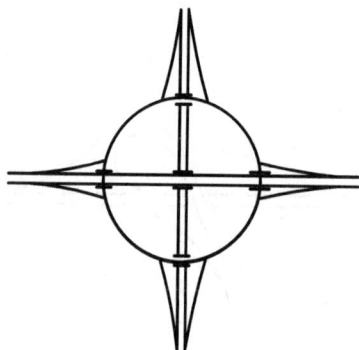

图 2-61 环形互通式立交

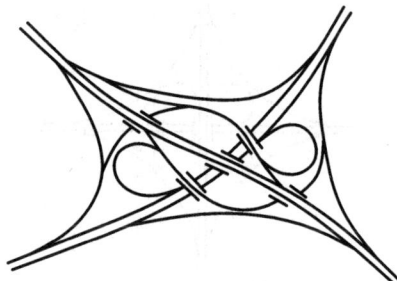

图 2-62 混合式互通立交

2.10 道路交通控制与管理

1. 交通管理

为了保证道路运输的顺利进行，首先必须要保证道路和车辆具有良好的使用性能，除此之外，还必须在道路沿线某些易产生交通混乱、阻塞的地点设置必要的管理站和各种指挥、显示设施；建立各种交通管理规章制度，以维护交通秩序，确保行车和行人的安全。

道路交通管理就是要规定车辆、驾驶员和行人的行动准则；科学地组织、指挥交通。

①车辆管理：检查车辆牌照是否真实有效；车辆尺寸是否符合规定；车辆的性能是否完好；货物是否按规定装载；车辆是否超载；车辆是否按规定停放。

②驾驶员管理：包括培训、考核、驾驶证的发放；交通违章和事故处理。

③交通规则制定：明确车辆、驾驶员和行人的行为准则。

2. 交通控制设备

交通控制设备主要有交通标志、路面标线和交通信号三种。目的是保护道路设施；提高行车效率；维护交通安全。

1)交通标志

交通标志就是用一定的标记，绘以符号、图案、简单文字、号码等，安装在适当的地方，预示前方公路的状况或事物发生的状态。按其作用可分为四种：

①指示标志，指示车辆、行人行进或停止的标志。如直行、调头标志等。

②警告标志，警告驾驶员注意道路急弯、陡坡、交叉道口及影响行车安全的地点。

③禁令标志，禁止车辆或限制车辆、行人通行的标志。

④指路标志，指出省、市、县等行政区划的分界；指出前方地名和城镇的位置、距离；指示高速公路和一级公路的中途出入口、沿途服务设施及其他的必要指向。指路标志有地名牌、立交行车示意牌、高速公路和一级公路的中途出入口指示牌等。

2)路面标线和路标

路面标线就是在路面上作出的管制交通的符号。路面标线可在路面上用油漆喷刷；也可在路面上嵌入混凝土预制块、瓷瓦等方式实现。

我国公路路面标线有行车道中线(行车道的中央)、车道分界线(两相邻车道间)、路缘线(道路边缘)、人行横道线等。

　　路面标线的颜色采用白色或黄色。白色一般用于准许车辆越过的标线,黄色一般用于车辆不准超越的标线。

　　路标是一种反光标志物,一般埋设在道路中心、车道边线或防撞墙上,其作用是车辆夜间行驶时,在车灯的照射下,通过路标反射车灯发出的光来勾画出行车道或车道的轮廓,为驾驶员提供行驶导向。

　　3)交通信号

　　交通信号主要是指信号机发出的信号。信号机用红、绿、黄三种色灯来发出信号。

　　绿灯亮,准许车辆通行;红灯亮,禁止车辆通行;黄灯亮,禁止车辆同行,但已越过停车线的车辆可继续通行。

　　交通信号可分为定时式和感应式两种。

　　(1)定时式信号

　　先设置好红、绿、黄灯的时间,之后,信号机重复变换红、绿、黄灯。这种方式既经济又准确,目前我国绝大多数交叉口均采用这种方式。

　　定时式信号不能随交通流的变化而改变红、绿、黄灯的时间,在交通量变化大的交叉口不宜采用。为此,感应式信号机应运而生了。

　　(2)感应式信号机

　　感应式信号机就是利用车辆检测器来确定到达交叉口的车辆数,根据相交道路车流大小随时改变红、绿、黄灯的时间,因此它能充分利用绿灯时间。但感应式信号机的造价较高,这在一定程度上限制了它的使用。

2.11　汽车

2.11.1　汽车的分类及主要技术性能

1. 汽车的组成

汽车是一种自带动力装置驱动,无架线的运载工具,其结构基本上可分成四大部分。

　　(1)动力装置

　　动力装置是汽车行驶的动力源泉,包括发动机、燃料供给系统和冷却系统。

　　(2)底盘

　　底盘的作用是支承、安装汽车发动机及其各部件、总成,形成汽车的整体造型,并接受发动机的动力,使汽车产生运动,保证正常行驶。汽车底盘由传动系、行驶系、转向系和制动系四部分组成。

　　①传动系。汽车发动机与驱动轮之间的动力传递装置称为汽车的传动系,由离合器、变速器、万向传动装置、驱动桥组成。

　　②行驶系。由车架、轮胎及车轮、悬架、从动桥组成。

　　③转向系。由带转向盘的转向器及转向传动机构组成。

　　④制动系。由制动器和制动传动机构组成。

　　(3)车身

　　客车车身一般采用整体结构,货车车身一般包括驾驶室和各种形式的车厢。

（4）电器及仪表

电器及仪表包括电源、发动机的起动系和点火系，以及汽车照明、信号、仪表等电气设备。

2. 汽车的分类与型号

（1）汽车的分类

汽车分为载客汽车和载货汽车两大类。

载客汽车包括轿车、微型客车、轻型客车、中型客车、大型客车及特大型客车（如铰接客车、双层客车）等。

载货汽车包括厢式汽车、罐式汽车、仓栅式汽车及由多节车辆组成的汽车列车等。

（2）汽车型号的表示方法

汽车型号最多由六部分组成，如图 2 – 63 所示。

图 2 – 63　汽车型号

第①部分为两个汉语拼音字母，表示企业名称，由企业名称头两个汉字的第一个拼音字母表示。

第②部分为一个阿拉伯数字，表示车辆类别。1—货车；2—越野汽车；3—自卸汽车；4—牵引汽车；5—专用汽车；6—客车；7—轿车；8—（暂空）；9—半挂车及专用半挂车

第③部分是两个阿拉伯数字，为汽车主参数代号。

货车、越野汽车、自卸汽车、牵引汽车及半挂车用车辆总质量（t）表示；

客车为车辆长度，小于 10 m 时，精确到小数点后一位，并以其值的十倍数表示；

轿车为发动机排量，精确到小数点后一位，并以其值的十倍数表示；

第④部分为一个阿拉伯数字，为产品序号，0 表示第一代，1 表示第二代。

第⑤部分为三个汉语拼音字母，为专用汽车分类代号。第一个字母表示专用汽车种类（X—厢式汽车；G—罐式汽车；C—仓栅式汽车；T—特种结构汽车）。第二、三个字母为表示其用途的两个汉字的第一个拼音字母。

第⑥部分为两个阿拉伯数字或汉语拼音字母，为企业自定代号。

（3）车辆识别代号

车辆识别代号又称 VIN 代码，它包括 17 位字码。

1 ~ 3 位（WMI）：世界制造商识别代码，表明车辆是由谁生产的。

4 ~ 8 位（VDS）：车辆特征。

轿车：种类、系列、车身类型、发动机类型及约束系统类型；

MPV（是集轿车、旅行车和商务车于一身的车型）：种类、系列、车身类型、发动机类型及车辆额定总重；

载货车：型号或种类、车身类型、发动机类型、制动系统及车辆额定总重；

客车：型号或种类、系列、车身类型、发动机类型及制动系统。

第 9 位：校验位，通过一定的算法防止输入错误。

第10位：车型年份，即厂家规定的型年（Model Year），不一定是实际生产的年份，但一般与实际生产的年份之差不超过1年。

第11位：装配厂代码。

第12~17位：顺序号，一般情况下，汽车召回都是针对某一顺序号范围内的车辆，即某一批次的车辆。

我国轿车的VIN码大多可以在仪表板左侧挡风玻璃下面找到。

3．汽车的使用性能

为了有效地组织道路运输，必须预先评价汽车的使用性能。汽车的使用性能表明汽车在具体的使用条件下所能适应的程度。

（1）容载量

容载量表示汽车能同时载运货物或旅客的数量，可以用额定载质量（吨）或乘（旅）客的"座位数"或"人数"表示。由于汽车载运货物的容量取决于汽车的载质量、汽车车箱的内部尺寸和货物本身的相对密度，因此还可以用单位载质量（吨/立方米）表示。单位汽车载质量是汽车额定载质量与其车箱容积之比，它可以指明额定载质量能被充分利用的程度。

（2）外形尺寸和重量的利用程度

汽车外形尺寸的利用程度可以用汽车的有效载货面积与汽车所占总面积的比值表示。

汽车的重量利用程度可以用汽车的有效载重量与汽车自重的比值表示，其比值愈高，说明汽车每吨货物载重量（或每个乘客）所耗用的金属用量及其他材料愈少，其燃料、轮胎等的消耗也愈少。

在计算上述两项比值时，涉及的技术参数有汽车的全长、全宽、全高和汽车的空车重量、载重量、满载总量。其中汽车的全高由于荷载时与空车时的高度不同（空车时较高），因此汽车的全高一般是按空车时的全高计算的。

汽车的空车重量也称自重，是指汽车满注规定数量的燃料、水、润滑油后，并包括随车的工具、备用轮胎等在内的标准装备的汽车重量（不包括有效荷载、驾驶员及其助手的重量）。汽车的载重量即额定载重量，它是汽车制造厂根据汽车的型式和一定的道路条件规定的有效载重量。满载总重是指汽车自重和有效载重量合计的重量。

汽车外形尺寸和重量的利用程度，取决于汽车的总体布置、材料质量以及零件的强度和形状。由于道路的技术条件对汽车的结构和布置有一定的限制，因此汽车的外形尺寸和重量的利用程度也受到制约。

（3）速度性能

汽车速度性能的技术参数有汽车的最大速度、不同条件下可能的加速度以及最大爬坡度等。最大车速是指汽车在良好路面的平直道上可以达到的最高行驶速度（一般坡度不超过0.2%）。汽车在不同的道路条件下和不同排档时的可能加速度，表明汽车的加速能力，它可以通过汽车的动力特性近似计算得出。最大爬坡度是指汽车在额定载重量下，以最大驱动力在路面条件良好的坡道上行驶时所能爬越的最大坡度（以%表示）。

（4）通过性能

汽车的通过性能是指汽车在路面条件不利（不平的路面、松软的土壤等）的道路上行驶时，顺利通过的能力。但汽车的通过性能的概念也在发展，其含义也可指汽车通过各种道路、地形（包括在没有道路的情况下行驶）的能力。它有时也称作汽车的"越野性能"。

表明汽车通过性能的常见技术参数有最小离地间隙、接近角和离去角，最小转弯半径、纵向通过半径、最大涉水深度等。

汽车的最小离地间隙 h，也称最小离地高度。它是指汽车除车轮外，底盘的最低点与路面之间的距离，如图 2-64 所示。这个技术参数表明汽车在道路不平处可以无碰撞地越过的程度。

纵向通过角 β 为汽车满载、静止时，在前、后两轮间作与前、后车轮外缘相切的切平面，当两切平面交于车体下部较低部位时所夹的最小锐角，如图 2-65 所示。它表示汽车能够无碰撞地通过小丘、拱桥等障碍物的轮廓尺寸。β 越大，顶起失效的可能性越小，汽车的通过性越好。

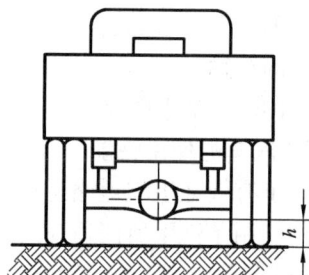

图 2-64　汽车的最小离地间隙

由汽车前面最低部位突出点引一直线与前轮外缘相切，该切线与道路平面构成的夹角称为接近角 γ_1，由汽车后面最低部位的突出点引一直线与后轮外缘相切，该切线与道路平面构成的夹角称为离去角 γ_2。汽车在行驶时，如遇到道路上有隆起的小丘或较大的坑洼，若接近角过小，则汽车的前端（一般为保险杆）将与道路上隆起的小丘或坑洼的边缘碰撞，若离去角过小，则汽车的后端就会发生搁碰。

最小转弯半径一般是指汽车在转弯时，转向盘转到最大极限位置，外侧前轮所滚过的轨迹半径，它可以表明汽车在行驶中的灵活程度。

在汽车的侧视图上作与前后轮及汽车中部最低点相切的圆弧，其半径即称为汽车的纵向通过半径，如图 2-66 所示。它表明汽车可以顺利通过很陡的小桥或圆柱形土堆的程度。在汽车轴距一定的条件下，汽车中部最低点愈低，则汽车的纵向通过性愈差。

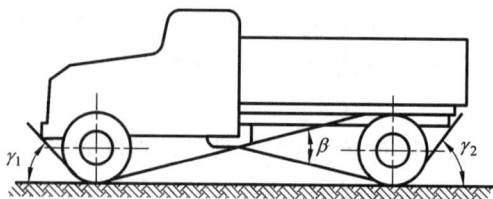

图 2-65　汽车的纵向通过角、接近角及离去角

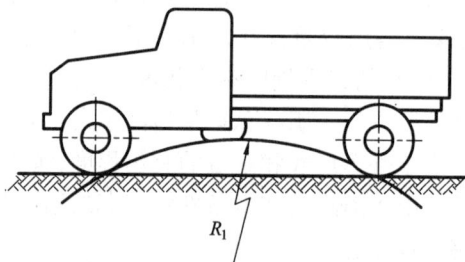

图 2-66　汽车纵向通过半径

最大涉水深度是指汽车在额定的载重量下，在有水的道路上或河流中行驶时，不熄火所能通过的最大深度。

（5）安全性能

汽车的安全性能包括汽车的稳定性（即汽车在道路上行驶时，不致产生翻倒或侧滑的程度）、制动性能以及操纵机构（包括汽车的信号装置）的可靠性等。

（6）经济性

汽车的经济性通常只能间接地根据运输成本评价。但运输成本并不仅仅取决于汽车的结构，也取决于汽车运输的组织工作和使用条件。由于燃料费用在运输成本中占很大的比重，因此通常多以汽车在一定条件下行驶所耗的燃料评价汽车的经济性。一般以每百吨·千米的最低燃料消耗量(升/百吨·千米)或每百千米的平均燃料消耗量(升/百千米)表示。

(7)乘坐的舒适性

乘坐的舒适性也可称为汽车的环境性能,主要是指汽车行驶中的振动、噪声和车内的通风、温度、湿度,座位的软硬舒适和宽敞程度等。

(8)运行储备性能

汽车的运行储备性能是指汽车在贮满燃料后持续行驶,途中无需加油的能力,以储备(或后备)行程(千米)表示。

$$储备行程(千米) = 油箱容量(升)/每百千米燃料消耗量(升) \times 100$$

除上述各项外,还需考虑汽车的使用寿命(即在正常条件下汽车能使用的期限)、汽车的坚固性和可靠性(保证汽车能顺利行驶,不产生故障的能力)以及汽车保养和修理的方便性。

不同的运输环境和运输条件对汽车使用性能的要求是各不相同的,而汽车的使用性能又表现在很多方面。因此必须根据具体情况,确定少数最重要的使用性能,而又兼顾其他方面,综合地评价其使用性能。

2.11.2　汽车技术的发展

1. 安全技术方面

安全性有被动安全性和主动安全性之分,有助于减轻事故后果的功能称为被动安全性,有助于防止事故发生的功能称为主动安全性。

(1)提高被动安全性措施

为保证乘员必要的生存空间,要求车头是可变形而且能够吸收能量的,而乘坐室则尽可能刚劲、稳定。同时,要在撞车时尽量避免乘员与车内其他部件,如风窗玻璃、转向盘等相撞,所以要有完善的乘员约束系统,目前已广泛采用了安全带和安全气囊。现在的研究工作集中在如何保证安全带在撞车瞬间处于紧张状态。另外也研制了关闭车门时能自动压在乘员身上的安全带,以免乘员漏带。

(2)提高主动安全性措施

在主动安全性方面,改正制动性能是第一位的。其中制动时防止车轮抱死至关重要,防抱死制动系统正成为标准装备。它由传感器、控制装置和执行机构组成。传感器装在车轮上,把车轮角速度、角减速度等运动参数传送到控制装置。控制装置进行计算并与规定数值比较,给执行机构发出指令,适时调节制动力矩,防止车轮抱死。

为保持汽车的操纵性能,汽车驱动力控制系统正在普及,以防止车轮出现滑转。

轮胎的应急行驶性能也是一个努力方向,研制了具有应急行驶性能的轮胎,这种轮胎即使胎中空气漏光,还可行驶数十千米。

驾驶员在驾驶过程中,经常要查看仪表板上的信息,这时既需要改变眼睛仰角,又要在远近距离间调节。为提高安全性,研制了直视显示屏,仪表板上的信息通过光学系统和设在风窗玻璃中的全息半镜,直接出现在驾驶员的视野里,就像是汽车前面几米远的实际图像。

2. 节能技术

高速车辆的空气阻力消耗的功率所占比例很大。以中档轿车为例,如果空气阻力减少30%,油耗将降低10%。因此,降低车辆高速运行时所受的空气阻力能有效地减少能源消耗,在大型货车方面广泛采用了各种导流装置。

　　减轻车辆自重可以有效地降低油耗。在大型车辆上主要通过结构优化来减轻车辆自重。虽然,选用轻质材料(如铝材)可以大幅降低自重,但是燃油费用的节省往往还抵偿不了车辆售价的增加。采用塑料则需考虑车辆报废后的回收和处理问题,所以汽车厂家一直对扩大塑料应用持慎重态度。

　　近年来,已经推广的电控直接喷射汽油发动机由于能按照发动机的不同工况和复杂的使用条件,精确地改变混合气成分,一般可节油 5% ~20% 。

3. 多种燃料技术

　　鉴于世界石油资源有限,各国除了对汽车节能不断关注外,还积极探讨多种燃料的应用。太阳能电池汽车的主要缺点是成本高,功率不大。电动汽车的主要缺点是电池太重,昂贵,行驶距离不长。液化石油气汽车及压缩天然气汽车的主要问题是气体不易储存。而使用甲醇为燃料的汽车,油箱比通常油箱大一倍。

4. 环保技术

　　汽车排出的主要污染物有三种:一氧化碳、氮氧化物和碳氢化合物。其中一氧化碳和氮氧化物几乎全部来自排气管。碳氢化合物部分来自排气管,部分因曲轴箱漏气所致。

　　一氧化碳似乎对植物和微生物并没有什么作用,但对人体却有害,对人的危害主要是因为一氧化碳容易和血中的血红蛋白生成一氧化碳血红蛋白,使得一部分血红蛋白不是在肺中吸氧而是吸收了一氧化碳,结果降低了血液中氧气的浓度。血液中氧气的减少常常引起头疼、眩晕、甚至死亡。

　　氮氧化物主要是指一氧化氮和二氧化氮,它们对物体有腐蚀作用。一氧化氮可以转变为二氧化氮。二氧化氮能降低可见度,对植物有损害作用,此外,它还能增加急性呼吸道疾病的发病率。

　　碳氢化合物主要指的是甲烷、乙烷和乙烯。碳氢化合物是它是形成危害人体健康的光化学烟雾的主要成分。

　　控制汽车排放污染物技术措施包括对发动机作部分改正;在排气系统中安装附加控制装置;改变汽车燃料成分;研制新型发动机。在噪音污染方面,主要采用了低噪音轮胎。

2.12　道路旅客运输组织

　　道路旅客运输是指运输企业利用运输工具(客车)实现旅客"位移"的过程。客运站通常是道路旅客运输的起终点,因此客运站的作业组织是道路旅客运输的核心。

1. 道路旅客运输程序

(1)发售客票

车票是旅客和客运经营者发生供求关系的依据,也是旅客支付票价和乘车的凭证。

客票发售方式通常有固定窗口售票,车上售票,网上售票等方式。

(2)行包托运

确保行包安全无损和准确及时地运至目的地,是行包运输工作组织的基本要求。

(3)候车服务

旅客候车服务工作是汽车客运站务作业中的重要环节,良好的候车服务将有助于客运工作的有序进行。

（4）组织乘车与发车

首先由站务和行车人员对待运客车进行车厢清理；之后由站务人员按售出车票组织旅客排队、顺序检票、排队上车、对号入座；旅客上车入座后，由站务人员或乘务人员通报本次班车的终点站、中途停靠站、途中用餐与住宿点以及预计到达时间等，检查是否有误乘旅客；然后正确填写行车路单中有关事项，交客车驾驶员。准备就绪后，由车站发出发车指令。

（5）客车到达

站务人员与行车人员办理接车手续，指引车辆停放、向旅客通报站名，检验车票，引导、照顾旅客下车，清点并向旅客交付行包，处理其他临时遇到的问题。

若到站为中途站，则组织本站旅客上车继续运行；若是终点站，则车辆经清扫或检查后入库停放，或继续执行下一次的客运任务。

2. 道路旅客运输营运方式

道路旅客运输营运方式有长途直达客运、城乡短途客运、普通客运、旅游客运、旅客联运、包（租）车客运等。

长途直达客运指在较长客运线路上，在起点站与终点站之间不停靠，或仅在大站停靠的班车运输方式，主要用于跨省区长途干线的旅客运输。当直达客流量大于客车定员 60% 时，可考虑开行直达客车。

城乡短途旅客运输指在城乡线路上，沿途各站频繁停靠的班车运输方式。短途客运客车上通常配乘务员。其客车除有一定数量的座椅外，还应保留一定站位和放置物品的空间。

普通旅客运输指在较长客运线路沿线的主要站点都停靠的班车运输方式。当直达客流不多，区间客流占班线客流的 80% 以上时，一般采用这种运输方式。普通客运班车可以配乘务员。

旅游客运是在游客较多的旅游线路上运行的旅客运输方式。旅游客车应配有导游人员，在风景点停靠，可以采用定线、定班或根据游客要求安排诸如包车等。

旅客联运指组织多种运输方式联合完成旅客运输。参与旅客联运的有关企业，应开展客票联售业务，并代办联运行包托运、保管、接送、旅行咨询等服务项目。

包（租）车客运指为有关单位或个人、集体提供的旅客出行服务，根据具体情况可分为计时和计程两种。

3. 道路旅客运输车辆的选择

在选用道路旅客运输车辆时，应考虑用途、客流量、道路条件、舒适性需求及运输成本。在此基础上确定所选车型，以满足不同旅客的出行需求，更好地吸引客流，提高运输效益。

4. 道路旅客运输班次

客运班次安排是车站提供客运服务的依据，主要包括行车路线、发车时间、起讫站点名称、途经站及停靠站点等。

安排客运班次，必须进行客流调查，在掌握各线、各区段、区间旅客流量、流向、流时及其变化规律的基础上研究确定。

凡有条件开行直达班次的就不要中途截断分成几个区间班次，以减少旅客不必要的中转换乘。

安排班次的多少，取决于客流量大小。节假日要及时增加班车或组织专车、提供包车，以疏导客流，解燃眉之急。

根据旅客流时规律来安排班次时刻。例如农村公共汽车要适应农民早进城晚归乡的习惯。很多旅客要经由其他线路、其他班次或火车、轮船中转换乘，因此各线班次安排要尽量考虑到相互衔接及与其他交通工具的中转换乘方便。

安排班次时刻，还应考虑车辆的运行时间，旅客中途膳宿地点，驾驶员作息时间以及有关站务工作安排。

以上各项要求，当然不能面面俱到，只能从具体情况出发，分清主次，统筹兼顾。

5. 编排循环代号

客运班次确定后，就要安排车辆如何运行。对属于本企业本单位经营分工范围内的全部班次，通过合理编排，确定需要多少辆客车运行，即编出多少个循环号。所谓一个代号，就是一辆客车在一天内的具体任务，运行指定的一个或几个班次。全部循环代号即包括全部班次，它是编制单车运行作业计划和进行车辆调度的关键。

编排循环代号要合理分配运输任务，各个代号的本日行程要大体相等，代号与代号要首尾相连，便于循环，使各单车均衡地完成生产任务。根据不同班次和不同车型，也可分为小组定线循环，在特定条件下，也可定线定车行驶。

6. 单车运行作业计划和调度

客运调度室根据循环代号，考虑本企业的车辆状况及运用情况(车辆型号、技术性能、额定座位，完好率，平均车日行程，实载率等)，预计保留一定数量的机动车辆以备加班、包车及其他临时用车等，加以统筹安排、综合平衡后，编制各单车运行作业计划并组织实施。

单车运行作业计划一般按月编制。

2.13 道路货物运输组织

充分挖掘运输潜能，以既有的车辆设备完成更多运输量，是提高运输生产效率的重要途径。为此，必须合理组织汽车货物运输，包括采用先进的货运组织形式、选择最优行驶路线及合理选用运载车辆等。

2.13.1 汽车货运作业程序

1. 货物托运

货物托运是货主(单位)委托运输企业为其运送货物，并办理相关手续的统称。

该过程先由货主填写托运单，它是货主(托运方)与运输单位(承运方)之间就货物运输所签订的契约；根据托运单，货主负责将货物按期按时提交给运输单位，并支付运费；运输单位则负责将货物安全运送到卸货地点，交给收货人。

2. 派车装货

运输单位编制车辆的运行作业计划；填发"行车路单"，派车到装货地点装货。车辆装货后，业务人员应根据货物托运单及发货单位的发货清单填制运输货票。货票的主要内容包括收、发货人名称、货物品名、件数、运距、包装标准、实际质量、计费质量、运费金额、杂费金额以及有关运送证件等。

3．货物运送

运输单位应做好运输线路上车辆运行的管理工作，掌握各运输车辆的工作进度，及时处理车辆运输过程中临时出现的各类问题；同时，驾驶人员应做好货运途中的行车检查，既要保持货物完好无损、无漏失、又要保持车辆技术装况完好。

4．货物交付

货物运达时，收货人应及时组织卸车；驾驶员应对所卸货物计点清楚。交接完毕后，收货人应在运输货票上签收，驾驶员带回交调度室或业务室。

5．运输统计与结算

运输统计指对已完成的运输任务进行有关指标的统计。

对运输单位内部，运输结算指对驾驶员完成运输任务所得的工资收入进行定期结算；对运输单位外部，运输结算指对货主(托运人)进行运杂费结算。

6．货运事故处理

查明原因、落实责任，事故责任方应按有关规定计价赔偿。

承运、托运双方应积极采取补救措施，力争减少损失，并防止损失继续扩大，做好货运事故记录。

若对事故处理有争议，应及时提请交通运输主管部门或运输经济合同管理机关调解处理。

2.13.2　货运车辆运行组织方式

1．多班运输

多班运输，是指一天(24 h)内车辆工作一个班次以上的货运形式。组织多班运输的基本方法是每辆汽车配备两名以上驾驶员，分日、夜两班轮或三班轮流行驶。

为了开展多班运输，应特别注意组织好货源，并与收发单位搞好协作关系，创造良好的装卸条件，以保证顺利地开展多班运输。

2．甩挂运输

在各装卸作业点甩下已到达目的地的挂车，而后挂上另一挂车继续运行。甩挂运输使载货汽车的停歇时间缩短到最低限度。

(1)一线两点甩挂运输

这是短途往复式运输线路上通常采用的甩挂形式。汽车列车往返于两装卸作业点之间，在线路两端根据具体条件做甩挂作业。根据货流情况或装卸能力不同，可组织"一线两点，一端甩挂"，或"一线两点，两端甩挂"，如图 2 - 67 所示。

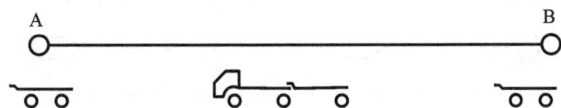

图 2 - 67　一线两点甩挂

（2）循环甩挂运输

指在闭合循环回路的各个装卸点上，配备一定数量的周转挂车，当牵引车到达一个装卸点后甩下所牵引的挂车，工作人员为牵引车挂上事先准备好的挂车前往下一个目的地，在另外一个目的地也重复这样的动作。

（3）驮背运输作业

在多式联运各运输工具的连接点，由牵引车将挂车直接开上铁路平板车或船舶，而后摘挂离去。挂车由铁路或船舶运至前方换装点，再由该点的牵引车挂上挂车直接运往目的地。

3. 拖挂运输

载货汽车与全挂车或牵引车与半挂车组成汽车列车从事运输的方式称为拖挂运输。拖挂运输是提高车辆生产率和降低单位运输成本的一项有效措施，有显著的经济效果。

汽车列车与单车相比，显然增加了货物装载量或体积，如不相应地提高装卸效率，会使汽车列车的装卸作业停歇时间大大延长，从而影响车辆生产率的提高。组织拖挂运输时，应加强装卸组织工作，尽可能采用机械化装卸，以压缩汽车列车的停歇时间。

汽车列车易受道路条件的限制，坡度、曲线半径、路面质量等因素均会影响汽车列车的运行速度、行车安全和通过的可能性，在确定汽车列车行驶线路时应注意。

4. 区段牵引制

区段牵引制运输是在长途运输中将汽车（汽车列车）行驶的路线划成几个牵引段，汽车（或汽车列车）越段时，更换驾驶员，然后继续行驶的运输方式。

车辆的交接可只交接半挂车，驾驶员仍驾驶原来的牵引车，挂上另一辆由相反方向到达的半挂车后驶回；也可交换整辆（列）车，驾驶员换驶由相反方向到达的汽车（或汽车列车）驶回。

采用区段牵引制时，要注意中途交接班位置选择的合理性；对车辆必须加强技术管理，保持一定的完好率。

2.13.3　车辆行驶路线形式

货运任务的性质和特点不同，所用车辆的类型也有区别。在若干个相同的发收货点之间，车辆进行运输生产活动时其运行线路也可能不同。特别在城市地区，由于货运点众多，道路网发达，这种情况就更容易出现。车辆的里程利用率对于运输效率和单位运输成本有很大关系，而里程利用率的高低又主要取决于不同的行驶线路。因此，在满足货运任务要求的前提下，选择经济效益好的行驶线路，是组织车辆运行的一项十分重要的工作。

1. 往复式行驶路线

车辆在2个装卸作业点之间的线路上，作一次或多次重复运行的行驶路线。主要有单程有载往复式，回程部分有载往复式及双程有载往复式三种，如图2-68所示。

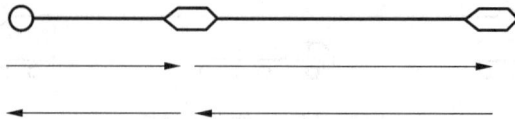

图2-68　往复式行驶路线

2. 环形式行驶路线

环形式行驶路线是指车辆在由若干个装卸作业点组成的一条封闭回路上，作连续单向运行的行驶路线。由于各货运点在运输方向上的相互位置不同，这种形式的路线又可分为三种，即简单环式、交叉或三角环式以及复合环式，如图 2-69 所示。

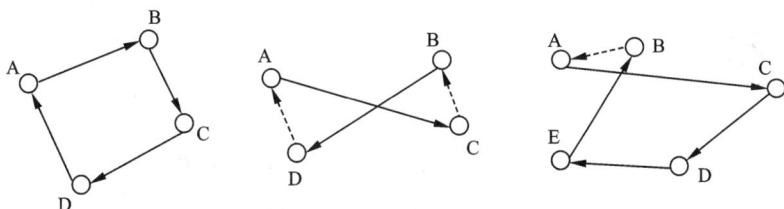

图 2-69 环形行驶线路

组织货车在环形式路线上行驶时，应使空车流向里程之和小于重车流向里程之和，不然就会失去意义。

上述行驶路线都是一些基本的形式，实际生产情况将更为复杂。车流的组织不能离开货流，车辆行驶路线的选择也必须充分考虑这一点，应在一定货流条件下，选择具有较高里程利用率的行驶路线。

重点与难点

---

1. 视距及视距保证。
2. 道路超高及超高过渡。

思考与练习

---

1. "凡是陡坡都要限制其坡长"这句话对吗？为什么？
2. 道路横断面有哪几种形式？各有什么特点？
3. 如何减少或消灭平面交叉口冲突点？
4. 标出图 2-70 所示的苜蓿叶形立体交叉的交织路段，采用什么方法可以消除交织？

图 2-70 苜蓿叶形立体交叉

第3章

水路运输

3.1　水路运输概述

3.1.1　水路运输简介

水运的历史源远流长，几乎和人类的文明史一样悠久。从石器时代的独木舟到现代的运输船舶，大体经历了四个时代：舟筏时代、帆船时代、蒸汽船时代和柴油船时代。

1. 舟筏时代

在几千年前，人们就发现过河困难的问题。若河浅和水流慢，人们可以涉水渡河。但遇到河深和水流急的河流，人们就无法过河。一些人发现抱着树枝或粗的树干，可以浮渡过河。于是人们开始有意识地把树干、竹竿、芦苇等捆扎成筏；或用兽皮做成皮筏；或将巨大树干用火烧或用石斧加工成中空的独木舟；这样就可以浮渡过河并可运送一些物品，这是最古老的水上运输工具。随着时间的推移，人们发现木筏及独木舟不好控制，容易发生事故。于是人们又将原木加工成木板来造船，木板船可以造得比独木舟大，性能比筏好，而且能装更多的货物，这是一种伟大的进步。

舟筏时代的船舶靠人力来推进和操纵，所用的工具为桨、篙和橹。

2. 帆船时代

利用风力作为基本动力在水上行驶的船称为帆船。其原理是利用风帆把风力汇集起来，再作用到桅杆上，从而带动船只在水上运行。帆船是以自然力代替人力的典范。

据记载，远在公元前四千年，古埃及就有了帆船。中国使用帆船的历史也可以追溯到公元以前。从15世纪到19世纪中叶是帆船发展的鼎盛时期。早期帆船最大的不足是不能逆风行驶，公元866年，出现了可以逆风行驶的三角帆船。帆呈三角形，装在一根长桁上，长桁斜悬在一根短桅上面。它可以在船的横位上做幅度很大的转向，直到它和船本身的长轴形成一线为止。有人把它称作纵帆船。纵帆的革命性创新在于它有较大的可调整性以适应风向的变化，这样的装置可使船逆风行驶，像一条公路沿着山坡蜿蜒上升那样"之"字形逆风而行。

帆船的出现使得船舶在航行速度和载运量方面大幅度提高，从帆船出现到19世纪初的漫长时期内，它一直是主要的水上运输工具。

3. 蒸汽船时代

进入 18 世纪，世界各大洋上繁忙的贸易往来迫切需要解决船舶动力问题，船舶推进动力方式已到了需彻底变革的时期。

英国著名的发明家詹姆斯·瓦特在 1765 年发明了双缸蒸汽机。1768 年他与英国伯明翰轮机厂的老板马修·博尔顿合作，专门研制了一台用于船舶推进的蒸汽机，这就是世界上早期蒸汽机船上普遍使用的博尔顿—瓦特发动机，从而完成了船舶动力的第三次革命。船舶的推动力从人力、自然力转变为机械力。

第一艘完全使用蒸汽机动力推进的船是"皮罗斯卡皮"号，它是法国人马奎斯建造的。船上有一台单缸蒸汽发动机，用来带动船两侧的两个明轮。海上运行的第一艘蒸汽机船是美国人罗伯特·富尔顿发明建造的"凤凰"号轮船，它在纽约与费城之间航行。

早期的蒸汽机船，是靠安装在两舷的巨大明轮推进的，因此机动船在中国通常称为轮船。19 世纪中叶以后，螺旋桨逐渐代替了明轮，造船材料也从用铁发展到用钢，船舶的吨位不断增大。19 世纪的各大洋是蒸汽机船的天下，由于蒸汽机船的出现，最终使帆船驶进了船舶博物馆。

4. 柴油机船时代

19 世纪末，德国发明家鲁道夫·狄塞尔发明了柴油机，又为船舶提供了新的动力。柴油机船问世后，发展很快，逐渐取代了蒸汽机船。第二次世界大战结束后，工业化国家经济的迅速恢复和发展，国际贸易的空前兴旺，中东等地石油的大量开发，促使运输船舶迅速发展。船舶普遍采用柴油机推进。为了提高船舶运输的经济效益，船舶出现了大型化、专业化、高速化、自动化和内燃机化的多种趋势。

(1) 船舶大型化

首先是油船的大型化。20 世纪 50 年代，$(3 \sim 4) \times 10^4$ t 的油船已被认为是"超级油船"。20 世纪 60 年代中期，就出现了 2×10^5 t 以上的超大油船和 3×10^5 t 以上的特大油船。20 世纪 70 年代又出现了 5×10^5 t 以上的大油船。在油船大型化的同时，也出现了装运煤炭、矿砂、谷物等的干散货船的大型化。

(2) 船舶专业化

第二次世界大战以后，各种专用船发展很快。杂货船用途广泛，适应性强，在艘数上至今仍占首位。典型的杂货船都以低速柴油机为动力，载重量不超过 2×10^4 t，航速每小时 15 海里左右。

水路集装箱运输于 20 世纪 50 年代中期兴起，1957 年出现第一艘集装箱船，这是件杂货运输方式的重大变革。这种运输方式在货物包装、装卸工艺、码头管理和水陆联运等方面都有所突破。采用集装箱运输，可以大大缩短船舶停港时间，节约人力，保证货运质量和实现"门到门"运输。集装箱船船型瘦削，航速高，货舱内有导轨，甲板上有缚固设备，一般不设装卸设备，而是依靠港口专用设备进行装卸。

第二次世界大战后得到发展的重要专用船还有装运液化天然气和液化石油气的液化气船；船上设有跳板，能使牵引车、叉车载货自驶上下的滚装船(又称开上开下船)；以驳船作为运输单元，不需要停靠码头进行装卸而能实现江海直达运输的载驳船等。

（3）船舶高速化

自 20 世纪 50 年代起，航运界为了加快船舶周转，一度掀起船舶高速化的热潮。普通杂货船航速提高到每小时 18 海里，集装箱船航速在每小时 20 海里以上，美国建造的"SL－7"型高速集装箱船，以两台 6 万马力汽轮机为主机，最高航速达每小时 33 海里。但从石油危机以来，燃料费在运输成本中的比重直线上升，迫使营运中的高速船纷纷减速行驶，新造船舶的航速也出现下降趋势。但是非排水型的高速客船，如水翼船和气垫船已应用于短途客运航线上，并日益发展。

（4）船舶自动化

20 世纪 60 年代初期以来，各国航运企业为了减少船员人数、改善船员劳动条件和提高船舶营运的经济效益，逐步实现了轮机、导航和货物装卸三个方面的自动化。如 20 世纪 60 年代中期出现的机舱定期无人值班船舶，已得到各国船级社的承认。

（5）船舶内燃机化

船舶内燃机化是指船舶普遍采用柴油机为主机。柴油机同蒸汽机比较，具有热效率高、油耗低、占地小等优点。自从 1911 年造出第一艘柴油机海船以来，采用柴油机为主机的货船和客船日益增多。但到第二次世界大战结束时止，世界商船队中蒸汽机船仍占多数。战后，低速大功率柴油机由于增压技术的进步，单机功率不断提高，最大已达 5 万马力。过去必须安装汽轮机的大型高速船也能应用柴油机。另一方面柴油机对燃用劣质油的适应性也不断改善，这样在经济上便具有优越性。对于机舱空间受限制的滚装船、集装箱船、汽车渡船等，则可以选用体积小、重量轻的中速柴油机，通过减速箱来驱动螺旋桨。油耗低、能燃用劣质油的不同功率的柴油机现在几乎占领了船用发动机的全部市场。因此，第二次世界大战后的运输船舶发展阶段被称为柴油机船时代。

3.1.2　水路运输的分类

水路运输可分为内河运输和海洋运输两大类。

1. 内河运输

内河运输是指利用船舶、排筏和其他浮运工具，在江、河、湖泊、水库及人工水道上从事的运输。航行于内河的船舶除客轮、货轮、推（拖）轮、驳船外，还有一定数量的木帆船、水泥船、机帆船。内河运输通常利用天然河流，因此建设投资少，运输成本低，它还能深入到支流、水点，成为密切联系工业与农业、城市与农村的纽带。

在内河航运方面，我国有大小湖泊 900 多个，天然河流 5000 多条，总长约 4.3×10^5 km，并且大多数河流常年不冻，适宜航行。主要的通航河流有长江、珠江、黑龙江及大运河等。

我国的天然河流大多是自西向东的长流巨川，流经全国总面积的 70% 以上，把广大内地和海区直接联系起来，许多重要都会和城镇如上海、天津、重庆、武汉、南京、广州等，都是在河海沿岸发展起来的，可见水上运输对经济建设所具有的巨大影响。

2. 海洋运输

海洋运输又可分为沿海运输和远（近）洋运输两大类。

1）沿海运输

沿海运输是指海运企业的船舶在近海上航行，往来于国内各沿海港口之间，负责运送旅客和货物的运输业务。对我国而言，沿海运输是指在我国沿海区域各港之间的运输。其范围包括：自辽宁的鸭绿江口起，至广西的北仑河口止的大陆沿海，以及我国所属的诸岛屿沿海及其与大陆间的全部水域内的运输。

2）远（近）洋运输

海洋运输又称国际海洋货物运输，是国际物流中最主要的运输方式。它是指使用船舶通过海上航道在不同国家和地区的港口之间运送货物的一种方式，在国际货物运输中使用最广泛。

海洋运输具有以下特点：

（1）天然航道

海洋运输借助天然航道进行，不受道路、轨道的限制，通过能力更强。如果政治、经贸环境以及自然条件发生变化，可随时调整和改变航线以完成运输任务。

（2）载运量大

随着国际航运业的发展，现代化的造船技术日益精湛，船舶日趋大型化。超巨型油轮载运量已达数十万吨，第五代集装箱船的载箱能力已超过5000TEU。

（3）运费低廉

海上运输航道为天然形成，港口设施一般为政府所建，经营海运业务的公司可以大量节省用于基础设施的投资。船舶运载量大、使用时间长、运输里程远，单位运输成本较低，为低值大宗货物的运输提供了有利条件。

海洋运输也有明显的不足之处：如海洋运输易受自然条件和气候的影响，航期不易准确，遇险的可能性也大。

使用船舶跨越大洋的运输为远洋运输；近洋运输为不出大洋的海洋运输。

3.1.3 水路运输的特点

水路运输有如下特点：

①利用天然的航道运送货物和旅客，节省土地资源，用于水上航道建设的投资比其他运输方式要少得多。

②运量大、劳动生产率高、能耗少，故运输成本低，非常适合于大宗货物的运输。

③水路运输的速度较慢。

④船舶航行受气候条件影响较大。

⑤水路运输的可达性较差。

3.2 水运资源概述

1. 世界主要海运资源分布

世界海洋面积占地球表面积的71%，海水约占总水量的97%。

太平洋。全球面积最大、水深最深、边缘水域和岛屿最多的大洋，约占世界海洋总面积的一半,接近大西洋面积的两倍,平均水深在 4 km 以上。太平洋沿岸有 40 多个国家和地区,是当今世界经济贸易活动最活跃的地区。

大西洋。面积约为太平洋的一半,大西洋沿岸国家最多,经济最繁荣,航运业最为发达。

印度洋。面积比大西洋小,印度洋沿岸有 30 多个国家,资源丰富,但加工业欠发达,海运业不是十分发达。

北冰洋。在全球四大洋中最小,是太平洋的 1/14,平均水深最浅,平均水深只有 1200 m,气候寒冷,但它是欧、亚和北美三洲的顶点,是联系三大洲的捷径,因此北冰洋航线将会有更大的发展。

2. 世界主要内河水资源分布

全球内河航运较为发达的国家有:美国、俄罗斯。

美国水运系统分为沿海岸,内陆和大湖区三部分,航道总共约 4×10^4 km,海湾航道 3700 km,内河航道约 3×10^4 km,其中密西西比河水系近 2×10^4 km;大湖区水道约 1800 km。

俄罗斯内河通航里程约为 1.0×10^5 km,但因受气候影响,全年平均通航时间仅 220 天左右。

3. 我国水运资源分布

(1)沿海运输

临近我国大陆的海洋有渤海、黄海、东海和南海四个海域,他们都是北太平洋西部的陆缘海,四海相连,呈一北东至西南的弧形,环绕着亚洲大陆的东南部,整个中国近海纵跨温带、亚热带和热带,面积达 470 多万平方千米,有 1.8×10^4 km 的海岸线;岛屿总数 5000 多个,有 1.4×10^4 km 的岛屿岸线。为海上交通运输的发展提供了方便。

我国沿海运输航线分为北方航区和南方航区,每个航区均开辟了多条航线。北方航区的航线以上海、大连为中心,南方航区的航线以广州为中心。

(2)远洋运输

我国港口与世界各国主要港口之间已开辟了许多定期或不定期的海上航线,形成了一个发达的环球运输网络。我国远洋航线以沿海港口为起点,可分为东、南、西、北四个主要方向。东线方向从我国沿海各港出发,经日本横渡太平洋抵达北美、南美和拉丁美洲诸国。西线方向从我国沿海各港先南行至新加坡,再西行穿越马六甲海峡进入印度洋后,可达西亚诸国,如欲至欧洲及非洲各港港口,可有两条航路进入大西洋,一条经非洲南端好望角,另一条经苏伊士运河、地中海、直布罗陀海峡。南线方向由我国沿海各港南行,可通达东南亚、澳洲等国港口。北线方向从我国沿海各港北行,可至日本、朝鲜、俄罗斯东部港口。

我国大陆沿海已初步形成了华南以深圳为中心、华东以上海组合港为中心、华北以青岛、天津和大连港为中心的国际集装箱中转型枢纽港口群。

(3)内河运输

我国通航里程为 1×10^5 km 左右,其中 1 m 以上水深的航道为 5×10^4 km 左右。航运发达的有"三江两河",即长江、珠江、黑龙江、京杭运河及淮河。

3.3　船舶与水运基础设施

3.3.1　船舶的主要尺度

船舶的主尺度是表示船体外形大小的基本度量,通常包括船长、型宽、型深和吃水,如图 3-1 所示。船舶主尺度是计算船舶各种性能参数、衡量船舶大小、核收各种费用以及检查船舶能否通过船闸、运河等限制航道的依据。

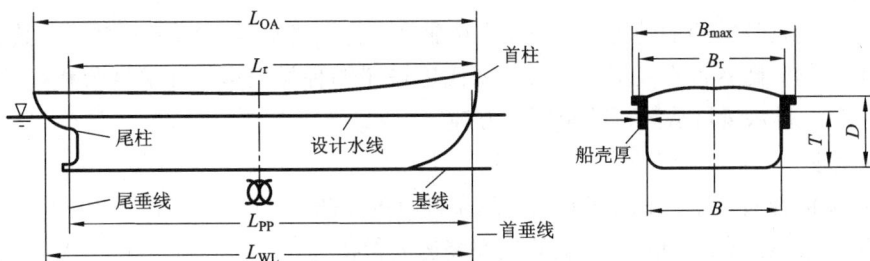

图 3-1　船舶主尺度

1. 船舶主尺度分类

船舶主尺度有型尺度、实际尺度、最大尺度和登记尺度等。它们的测量方法各不相同。

(1)型尺度

型尺度为量到船体型表面的尺度,船的型表面是外壳的内表面,型尺度不计船壳板和甲板厚度,主要用于船体设计计算。

(2)实际尺度

是船舶建造和运行时的尺度,量到船体外壳板的外表面。

(3)最大尺度

为包括各种附属结构在内的,从一端点到另一端点的总尺度,主要用于检查船舶在营运中能否满足桥孔、航道、船台等外界条件的限制。

(4)登记尺度

专门作为计算吨位、丈量登记和交纳费用依据的尺度。

2. 船舶长度

(1)总长 L_{OA}

船首最前端至船尾最后端的水平距离;

(2)垂线间长 L_{PP}

其值等于船首垂线和船尾垂线之间的水平距离。

船首垂线是通过设计水线和首柱前缘交点的垂线;

尾垂线是通过设计水线与舵柱后缘交点的垂线,如无舵柱,则取在舵杆的中心线上。

(3)设计水线长 L_{WL}

设计水线平面与船体型表面首尾端交点之间的水平距离。

（4）登记长度 L_r

上甲板顶面从首柱前缘至尾柱后缘（如无尾柱，则至舵杆中心线）的水平距离。

3. 型深 D

指在船长中点处，沿舷侧自龙骨上缘至上甲板下缘的垂直距离。

4. 吃水 T

指在船长中点处，从龙骨上缘量至设计水线的垂直距离。

3.3.2 船舶的种类与特点

1. 货船

货船是运送货物的船舶的统称，一般不载旅客，若附载旅客，不超过 12 人，其大部分舱位用于堆贮货物。随着世界经济的发展，现代运输船舶种类繁多、技术复杂和高度专业化，货船大小悬殊，排水量可从数百吨至数十万吨。

（1）杂货船

杂货船又称普通货船，是用来专门装运杂件货的船舶。

件杂货通常是指有包装或无包装的成件装运的货物。

杂货船具有如下特点：

①吨位小、吃水浅、机动灵活。杂货船吨位较小，对航道的要求低，且操纵性好，可以轻松地通过狭窄水道、桥梁、船闸。又因其所需的转弯半径小，故对港口的水域面积要求低，因此可以方便地进出各中小港口。

②可自带起货设备。因为杂货船要装载各种各样的货物去条件不同的港口，自给自足是杂货船的特点，它们都自备吊杆，有的还有重吊。杂货船自带起货设备对码头的要求就大大降低，哪怕是光杆码头，甚至是普通的由岩石组成的海岸，只要前沿的水深足够、海况允许，杂货船就可以靠上去装卸，所以杂货船的活动范围可延伸到各个小型码头。因为小型码头的造价低，那么船舶所支付的港口使用费就低，进而拉低了货物的运费。

③舱口大，舱内空间大。杂货船倾向于大舱、宽口，以便于装载大型货物。同时，杂货船的底舱都被设计成大舱，且底舱的甲板强度大，系固配件多，这就为装运重大件货提供了方便。

④建造及营运成本低。杂货船的建造成本低于集装箱船。杂货船被设计成几个船舱，而大多数全集装箱船却是单一船舱，这样一来集装箱船由于没有横舱壁，其船体的横向强度要低于同吨位的杂货船，所以杂货船可以选用在硬度、刚度、屈服极限等参数上比集装箱船要求低的船体材料。此外，杂货船航行速度慢，因此可以选用低功率，价格便宜的主机。在船舶导航、通信设备和船员配备等方面，国家标准和国际公约对杂货船的要求也比集装箱船要低。

杂货船的营运成本也要低于集装箱船。杂货船的装卸机械（如：门机、平板车、轮胎吊等）的价格相对较低，库场占地面积较少，所以港口使用费较集装箱船来得少。相比之下，集装箱船需要专门的集装箱码头来进行装卸，而这些专业化码头的装卸机械数量多，且大都价格昂贵，码头堆场占地面积大，管理成本高，故在港内的停泊成本高于同吨位的杂货船。对集装箱船来说保证班期是商业信誉的体现，对其至关重要，所以集装箱船的航速都保持在

20 节以上,而远洋杂货船一般为 14~18 节;近洋杂货船的船速一般为 13~15 节;沿海杂货船的航速一般为 11~13 节。由流体力学知识可知:在其他参数不变的情况下,航速与耗油量的立方成正比。也就是说,集装箱船船速的提高带来耗油量的大幅增加,其航行成本要远大于同吨位的杂货船。

因为"总成本 = 固定成本 + 航行成本 + 停泊成本",所以杂货船的总成本要低于同吨位的集装箱船,这使得杂货船能报出对货主更有吸引力的运价。

(2)散装货船

散装货船是专门运输谷物、矿砂、煤炭及散装水泥等大宗散装货物的船舶。

散装货船具有如下特点:

①由于所运货种单一,批量大,对隔舱要求不高,所以只设单甲板。

②各种散货比重相差很大,因而积载因数(一吨重货物所占的容积)不同。为了能够满载轻货,货舱容积较大,装重货时则采用隔舱装载的办法。

③为提高装卸效率,货舱口很大,宽度可达船宽的 70%。

④货舱两侧甲板下部以 40°~60°角、上部以 35°角封闭,货舱的横截面呈八角形。这种结构在航行中可以限制货物表面移动,提高船舶稳性,在装卸中则可消灭死角,且可利用货物的自然流动,加快装卸进度。封闭的部分可作边压载水舱,尤其是甲板下的翼舱,对调节船舶重心高度有很大作用。

⑤船中部的一个货舱有时作为压载水舱用,以弥补双层底两边压载水舱的不足,以保证船舶回程放空航行中的耐波性和稳定性,并防止压载航行时发生中拱。

⑥机舱通常设在船尾,使货舱有宽敞方整的空间以利装卸,空航时使螺旋桨能没入水中以提高推进效率。

⑦有大吨位散货船航行的航线上的港口都有装卸设备,所以 4×10^4 t 以上的散货船一般没有起货设备。

(3)集装箱船

集装箱船就是载运规格统一的标准货箱(集装箱)的货船。

集装箱船没有内部甲板,机舱设在船尾,船体其实就是一座庞大的仓库,可达 300 m 长,再用垂直导轨分为小舱。当集装箱下舱时,这些集装箱装置起着定位作用,船在海上遇到恶劣天气时,它们又可以牢牢地固定住集装箱。因为集装箱都是金属制成,而且是密封的,里面的货物不会受雨水或海水的侵蚀。集装箱船一般停靠专用的货运码头,用码头上专门的大型吊车装卸,效率高。因此为现代船运业所普遍采用。

集装箱一般使用 20 ft(8 ft × 8 ft × 20 ft)和 40 ft(8 ft × 8 ft × 40 ft)两种,20 ft 集装箱被定为统一标准箱。

现代化的集装箱船一次可装运 5000 TEU 以上。

集装箱船具有如下特点:

①可以节约装卸劳动力,减少运输费用。一般货船采用单件或小型组合件形式装运,费力又费时。集装箱船采用国际统一规格的集装箱运输货物,打破了一捆、一包单件装卸的传统形式,可大大减轻装卸工人劳动强度,加快装卸速度,减少人工装卸费用。

②利用集装箱船运输,可以减少货物的损耗和损失,保证运输质量。这是因为货物在生产工厂里就被装进集装箱中,中途经公路、铁路、水上运输,均不开箱,可把货物直接运到用

户手中。这样，可减少货物在运输途中损耗和遗失，还可节约包装费用。

③集装箱船装卸效率高。一艘集装箱船的货物装卸速度大约是相同吨位的普通货船三倍左右，而大型高速集装箱船的装卸速度差不多是同吨位普通货船的 4～5 倍。这样，可减少船舶停靠码头时间，加快船舶周转，提高船舶、车辆及其他交通工具的利用率。

由于集装箱船进行集装箱运输具有上述优点，所以，集装箱船和集装箱运输得到迅速发展。同时，集装箱船的出现，对港口、码头又提出了新的要求。于是，出现了各种形式的集装箱装卸专用机械，还出现了专门停靠集装箱船的码头。集装箱船码头又长又宽，可停靠各种类型的集装箱船，码头上还有相当宽大的堆放集装箱的场地。

（4）液货船

运送散装液体的船统称为液货船，通常有油轮、液体化学品船及液化气船。

液货船运载液态货物运输效率高，运输费用低。例如，美国西海岸一家大型木材和造纸公司以前需将纸浆加工成干板才能付运，到达目的地后再还原成纸浆，供造纸用。现在用特别设计的液货船装载半流质纸浆，从制造商仓库将其运往它的沿海或河边造纸厂，只需几小时的工夫将纸浆用导管注入船舶后即可运输。运抵造纸厂后，把纸浆直接灌进岸上的纸浆槽里。这样，不但更快，费用更低，而且效率更高。

自然，液货船作为专门运载液态货物的船舶构造特殊，有的还需要专门设备。一些液态货物经过数千千米的载运，需要有特制衬里的容器中，才不会变质。一些液态货物海运时必须保持绝对的低温；有些液态货物海运时又必须保持某一压力下；还有的液态货物海运时需要高温。这就要求液货船要有相应的专业设备。

（5）滚装船

滚装船类似于汽车与火车轮渡，它将载货的车辆连货带车一起装运，到港后车辆开出即可。这种船适用于装卸繁忙的短程航线，也有向远洋运输发展的趋势。

滚装船与集装箱船一样，装卸效率高，能节省大量装卸劳动力，减少船舶停靠时间，提高船舶利用率。船舶周转快，水陆直达联运方便。而且实现了从发货单位到收货单位的"门到门"直接运输，减少了运输过程中的货损和差错。

滚装船运输，船与码头都不需要起重设备，即使港口设备条件很差，滚装船也能高效率装卸。

滚装船对货物适应性强。它除了能装载集装箱外，还能运载特种货物和各种大件货物，有专门装运钢管、钢板的钢铁滚装船，专门装运铁路车辆的机车车辆滚装船，专门装运钻探设备、农业机械的专用滚装船，还可以混装多种物资及用于军事运输。由此可见，滚装船具有广阔的应用前景。

滚装船的缺点是重心高，稳定性较差。滚装船船体结构的特点是甲板层数多，一般有2～6 层。为使车辆在舱内通行无阻，货舱内不设横舱壁，舱内支柱也很少，因此，滚装船的结构强度和抗沉性较差。而且，横隔舱壁少，会影响抗沉性，甲板的强度也受到影响。

（6）驳船

驳船常指没有动力装置的单甲板的平底船，船形肥宽、吃水浅，驳船可以单只使用，也可编列成队由拖船拖带或由推船顶推航行。有动力装置的驳船称为自航驳，具有一定的自航能力。

驳船具有结构简单，造价低廉，管理维护费用低，可用于浅狭水道，编组灵活的特点。

基于上述特点，驳船常用于转运大型货船的货物以及组成驳船队运输货物，在内河运输中占有重要地位。

最初的轮驳船队就是用缆绳将一艘或多艘驳船系在拖轮后边，由拖轮牵引前进。

拖带运输方式把水上运输工具的动力部分与载货部分分开，其优点是驳船上不设动力装置，因此造价及维修费用低，船用动力装置可得到充分的利用，其主要缺点在于拖轮走在驳船前面，螺旋桨推向后方的水流正好打在紧随其后的驳船首部，使整个船队受到的水阻力增加，船队速度降低，如果在拖轮与驳船之间采用长的拖绳，又会降低船队的操纵性能。为了解决这个问题，就产生了顶推运输方式。

顶推运输方式与拖带运输方式相比具有如下优点：

①船队阻力小，节省燃料或航速高。由于推轮运行在驳船的后面，处于驳船尾部伴流之中，使推轮船体上的阻力降低，螺旋桨的推进效率提高。

②有较好的操纵性能。推轮与驳船联成整体后，通过推轮的操舵和正倒车，可以直接控制驳船的转向和前进、后退。有利于避免或减少发生碰撞事故。

③减少了驳船船员数，改善了驳船船员的工作和生活条件。这是因为每艘驳船上不再需要专人操舵，水手可以利用推轮上的机械设备对驳船进行各项作业，船员也可以在推轮上休息和生活。

顶推运输方式与拖带运输方式相比，也有弱点。如顶推运输对驳船的船体强度要求较高；船队的系结、编队不如拖带运输简单方便；在水流湍急的狭窄、弯曲、浅滩航段上，以及风浪较大的海面上的适航性不如拖带运输方式。海上顶推运输对推船与驳船的联结技术要求更高，通常采用一轮一驳的联结方式，在这种情况下，适航性和快速性往往较同吨位的机动货船差，尽管如此，顶推船队在沿海和江海直达运输中仍有着广泛的应用。

(7)载驳船

载驳船也叫子母船，由一大型机动船运载一批驳船，驳船内装货或集装箱，到港后驳船从母船卸到水中，由拖船或推船将其分送至目的港装卸货物并待另一次运输。

载驳船的优点是不需码头和堆场，不需要装卸机械，装卸效率高，停泊时间短；由于货驳直接从发货港运到收货港，在中转港口不需要换装倒载，因而加速了货物周转，便于河海联运。其缺点是造价高，需配备多套驳船以便周转，需要泊稳条件好的宽敞水域作业，且适宜于货源比较稳定的河海联运航线。因此，虽然早在 1963 年美国就建造了第一艘载驳船，但至今未得到很大发展。

(8)冷藏船

冷藏船是运送冷冻货物的船，它的吨位较小，航速较高，对制冷、隔热有特殊要求。

冷藏船的货舱为冷藏舱，常隔成若干个舱室。每个舱室是一个独立的封闭装货空间。舱壁、舱门均为气密，并覆盖有泡沫塑料、铝板聚合物等隔热材料，使相邻舱室互不导热，以满足不同货种对温度的不同要求。冷藏舱的上、下层甲板之间或甲板和舱底之间的高度较其他货船的小，以防货物堆积过高而压坏下层货物。

冷藏船上有制冷装置，包括制冷机组和各种有关管系。制冷机组一般由制冷压缩机、驱动电动机和冷凝器组成。制冷机组安装在专门的舱室内，要求在船舶发生纵倾、横倾、摇摆、振动时和在高温高湿条件下仍能正常工作。

2. 客船与客货船

客船是用来专门载运旅客及其携带的行李和邮件的船舶。客货船是指在运送旅客的同时，还载运相当数量的货物，并以载客为主，载货为辅。凡载客 12 人以上的船舶均须按客船规范要求来建造及配置设备人员。客船一般应有完善的上层建筑，用以布置各种类别的客舱及一些服务舱室；有足够数量的救生、防火、抗沉等安全设施；有较高的舒适性，具有良好的隔声、避震性能；有较高的航速和功率储备；船舶的安全性及操纵性好。

客船上层建筑庞大，甲板层数较多，有的多达 8~9 层，最多的达十几层；为了安全，船体结构必须设双层底；客船通常多采用双推进器，以防其中一个推进器发生故障时，另一个推进器仍能保证船舶继续航行。

客货船除了与客船同样需要具有专为旅客生活服务和安全运输的各种设备外，还设有货舱及起重设备。

3.3.3　船舶设备与装置

1. 船体舾装设备

（1）舵设备

舵设备是用于控制船舶方向或灵活地改变航向的装置，另外，纠正船舶偏离既定航向以及避让其他来往船只，也要用舵装置来控制。如图 3-2 所示，舵设备主要由舵、舵机、传动装置及操纵装置等部分组成，驾驶人员操纵舵轮或手柄，或由自动舵发出信号，通过传动装置带动舵机，由舵机带动舵的转动来控制船首方向。

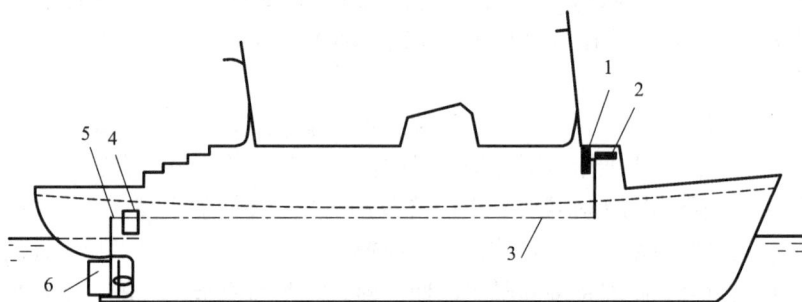

图 3-2　舵设备的组成

1—操舵器；2—舵角指示器；3—传动装置；4—舵机；5—转舵机构；6—舵

舵的工作原理是产生一个转船力矩使船舶围绕船舶转动中心转动，以达到转向的目的。

一条船可以有多个舵，数量根据对船舶操纵性能的要求而定，回转性要求高的船舶（如专门在港口作业的船舶），可设置多舵，以舵向稳定性为主的船舶，则采用单舵（如远洋船舶）。

（2）锚设备

船舶因人员上下，装卸货物、避风，等候泊位，接受检疫以及避碰避让等需要，在营运过程中须使船只停泊。

船只在营运过程中停泊一般采用抛锚方式，将锚抛入水中沉至水底，通过锚绳的传递，克服作用在船上的外力（如风力、潮流、涌浪等促使船只产生摇摆的惯性力），使船舶牢靠地停泊在需要的水域内。

　　锚设备就是为这一要求而设置的。

　　锚设备由锚、锚链和锚机三部分组成，如图 3 - 3 所示。

　　锚还可用于协助制动、操纵船舶。

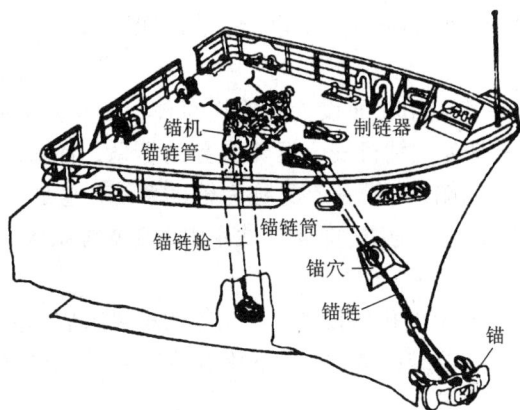

图 3 - 3　锚设备的组成

　　（3）系泊设备

　　船泊的主要停泊方式是系泊。

　　系泊就是用分布在舷侧的缆绳将船舶固定在码头边。缆绳有尼龙缆、钢丝绳与棕绳，目前用得最多的是尼龙缆。

　　系泊设备主要有缆绳、带缆桩，导缆装置、绞缆机与卷缆车。

　　（4）起货设备

　　起货设备就是用于装卸货物的机械。起货设备的种类很多，以适应不同货物的装卸要求。

　　液货用输送泵与管道进行装卸。

　　散货用传送带或抓斗。

　　件货用吊杠或吊车。

　　（5）救生设备

　　为了保证人身安全，当船舶发生海难事故需要弃船时，要为船上人员准备足够的救生工具。救生设备包括救生艇、救生筏、救生圈及救生衣等。

　　2. 船舶动力装置

　　船舶动力装置由推进装置、辅助装置、管路系统、甲板机械与自动化设备组成。

　　（1）推进装置

　　推进装置也称主动力装置，它是为保证船舶航行速度而设置的所有设备的总称，是船舶动力装置中最主要的部分，包括主机、传动设备、轴系和推进器。主机发出动力，通过传动设备及轴系驱动推进器产生推力，使船舶克服阻力航行。

　　根据主机类型不同，船舶动力装置可分为蒸汽动力装置、燃气动力装置和核动力装置。燃气动力装置的主机采用直接加热式（内燃式），燃烧产生物即是工质。根据运动方式的不同，分为柴油机与燃气轮机（回转式）动力装置。

　　目前民用船舶使用内燃机最为普遍。柴油机具有热效率高、起动迅速、安全可靠、重量轻、功率范围大等优点。在大、中型民用船舶上使用的柴油机有大型低速和大功率中速两大类，一般来说，中速机的耗油率高于低速机。船舶动力装置由于工作条件的特殊性，要求可靠、经济、机动性好、续航力长等

（2）辅助装置

辅助装置是产生除推进装置所需能量以外的其他各种能量的设备，它包括船舶电站、辅助锅炉装置和压缩空气系统。它们分别产生电能、蒸汽和压缩空气供全船使用。

（3）船舶管系

船舶管系是指为了某一专门用途而设置的输送流体（液体或气体）的成套设备。按用途可分为：①动力系统管系，是为主辅机安全运转服务的管系，有燃油、润滑油、海水、淡水、蒸汽、压缩空气等系统。②船舶系统管系，又称为辅助系统，它是为船舶航行安全与人员生活服务的系统，如压载、舱底水、消防、通风、饮用水、空调等系统。

（4）甲板机械

甲板机械是装在船舶甲板上的机械设备，是船舶的重要组成部分。甲板机械是为了保证船舶正常航行及船舶停靠码头、装卸货物、上下旅客所需要的机械设备和装置，主要包括舵机、起锚机、起货机等。

（5）自动化设备

自动化设备用以实现动力装置的远距离操纵与集中控制，以改善船员工作条件，提高工作效率及减少维修工作。主要由对主、辅机及其他机械设备进行遥控、自动调节、监测、报警的设备组成。

3.3.4　港口

港口是一个国家或地区的门户，是交通运输枢纽，是对外贸易的重要通路，其主要功能如下：

①为水上客运服务，是乘客上、下船的场所。

②组织货源，集并出港物资，疏散进港物资。

③进行换装作业，将货物从一种运输方式转至另一种运输方式。

④妥善保管来港物资，确保数量与质量。

⑤对货物进行必要而简单的加工，如散装货物的过秤、灌包，集装箱的拆装箱等。

⑥向船舶提供燃料、物资、淡水及船员生活用品。

⑦供船舶在恶劣的气象条件下停泊，如避风。

1. 港口的分类

港口因其地理位置和服务对象的不同可分为如下几类。

1）按用途划分

（1）商港

商港是主要供旅客上下及货物装卸转运用的港口。如果某一港口专门进行某一种货物的装卸，或以此种货物为主，就称这种港为"专业港"，如我国的秦皇岛港主要是以煤炭装卸为主；宁波的北仑港则以中转铁矿石为其主要业务。澳大利亚的丹皮尔则以出口铁矿石为主；伊朗的阿巴丹则以出口石油为主。

（2）渔港

　　渔港是专为渔船服务的港口。渔船在这里停靠，并卸下捕获物，同时进行淡水、冰块、燃料及其他物资的补给。

　　有些渔港还有水产品的储藏和加工业务。我国舟山群岛的定海港就是渔港。

　　（3）工业港

　　固定为某一工业企业服务的港口称为工业港，它专门负责该企业原料、产品和所需物资的装卸转运工作，一般都设于企业附近，业务上属于本企业领导经营。

　　（4）军港

　　军港是专供海军舰船使用的港口。

　　（5）避风港

　　避风港供大风情况下船舶临时来避风的港口，亦可由此取得补给、进行小修等。

　　2）按地理位置划分

　　（1）海港

　　在自然地理条件和水文气象方面具有海洋性质，而且为海船服务的港口称为海港。海港又分为海湾港、海峡港及河口港。

　　①海湾港。位于海湾内，海湾是港口的天然屏障，不需或只需较少的人工防护即可防御风浪的侵袭。如大连港位于大连湾内，湾岸长 40 km，湾内港阔水清；青岛港位于胶州湾东岸；日本的横滨港位于东京湾西岸，神户港则在大阪湾北岸。

　　②海峡港。港口设在海峡地段上，由于海峡一般都是重要的海运通道，因此，港口的建立对海运及当地经济的繁荣均有很大的促进作用。

　　③河口港。位于入海河流河口段，这里具有良好的水运条件，可同时为海运和河运服务，这为港口发展提供了方便。世界上的一些大港均属于河口港，例如上海港、广州港、荷兰的鹿特丹港、美国纽约港、英国伦敦港等。

　　（2）河港

　　位于沿河两岸，具有河流水文特性的港口称为河港。河港是内河运输船舶停泊、编队、补给燃料的基地，也是江河沿岸旅客和货物的集散地。如重庆港、武汉港、南京港。

　　（3）湖港与水库港

　　湖港与水库港指位于湖泊和水库岸边的港口，其功能与河港相同。

　　3）按港口所在地自然条件划分

　　（1）人工港

　　港口建设需要花费大量的人力、物力，在布置时应尽可能地利用自然条件，特别是天然的港湾与河口的地形，当没有自然港湾可资利用而又需要建港时，所投入的人力、物力显然更大，这种港口称为人工港。

　　图 3 - 4（a）、图 3 - 4（e）为填筑式布置，必须进行填海；图 3 - 4（b）、图 3 - 4（c）、图 3 - 4（d）则硬是在平直的海岸上挖出航道和港池，挖掘工程量大。因此，修建这种人工港必须详加论证，当确有把握，投资能得到回收，经济效益很大时才能进行兴建。

　　（2）天然港

　　港口布置时依据岸形，稍加整治，即可得到天然良港，这种港口称为天然港。如图 3 - 4（f）、图 3 - 4（g）及图 3 - 4（h）所示。

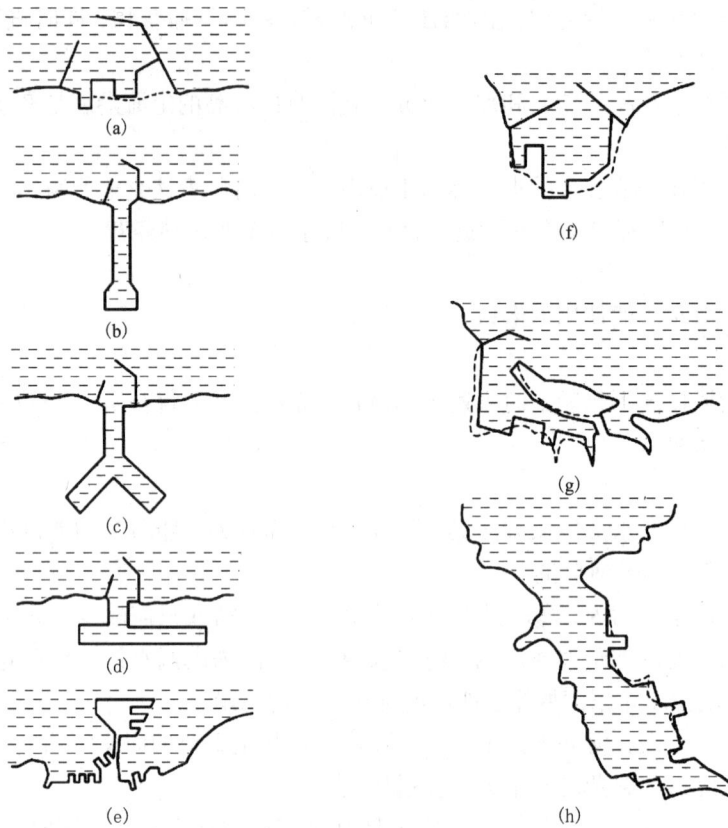

图 3-4 港口的布置形式

2. 港口的组成

港口由水域和陆域两大部分组成。水域是供船舶进出港，以及在港内运转、锚泊和装卸作业使用的，因此要求具有足够的水深和面积，水面基本平静，流速和缓，以便船舶的安全操作；陆域是供旅客上下船，以及货物的装卸、堆存和转运使用的，因此陆域必须有适当的高程、岸线长度和纵深。

河港及海港的组成分别如图 3-5 及图 3-6 所示。

1）港口水域

港口水域是指港界内的水域，可分为港外水域和港内水域，一般将港内水域称为港池。

（1）港外水域

港外水域主要是指进出港航道和港外锚地。

进出港航道是海、河主航道和港池间供船舶进出港口的水道。

对进出港航道有两个基本要求：保证船舶安全方便地进出港口；疏浚费用少。

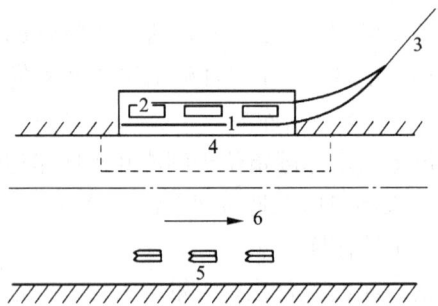

图 3-5 河港示意图

1—码头；2—仓库；3—铁路；
4—港池；5—锚地；6—航道

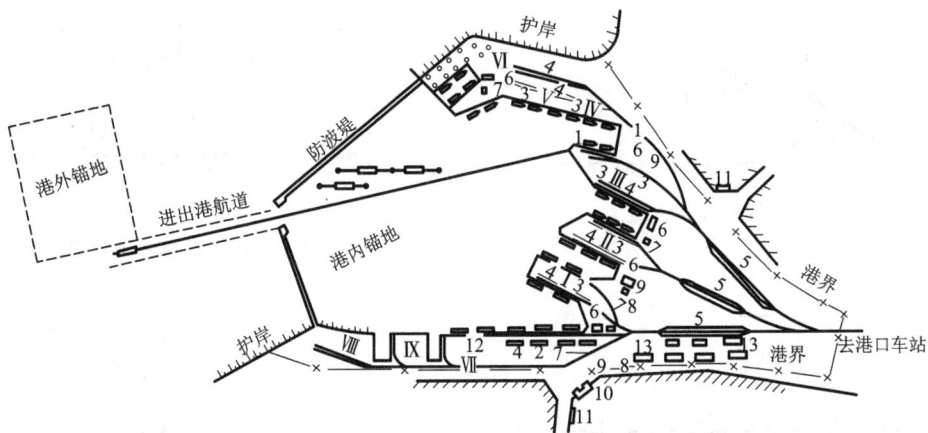

图 3－6　海港平面布置图

Ⅰ—件杂货码头；Ⅱ—木材码头；Ⅲ—矿石码头；Ⅳ—煤炭码头；Ⅴ—矿物建筑材料码头；Ⅵ—石油码头；
Ⅶ—客运码头；Ⅷ—工作船码头及航修站；Ⅸ—工程维修基地；1—导航标志；2—港口仓库；3—露天货场；
4—铁路装卸线；5—铁路分区调车场；6—作业区办公室；7—作业区工人休息室；8—工具库房；9—车库；
10—港口管理局；11—警卫室；12—客运站；13—储存仓库

因此，进港航道要保证有足够的水深、宽度、适当的位置、方向和弯道半径，避免强烈的横风、横流和严重淤积，同时，尽量降低航道的开辟和维护费用。

港外锚地是供进出港船舶抛锚停泊使用的，在这里船舶接受边防检查、卫生检疫等；内河港口在这里进行大型船队的编队、解队之用。进出港航道与港外锚地均需用航标加以标示。

（2）港内水域

港内水域包括港内航道、港内锚地。

海港的港内锚地主要供船舶等待泊位，或进行水上装卸作业，在气象条件恶劣的情况下，也可供船舶避风停泊。

河港锚地主要用于编解队和进行水上装卸作业。

2）防波堤

用于围护港池、防御波浪，保持水面平稳以便船舶停泊和作业的水工建筑物称为防波堤。防波堤还可起到防止港池淤积和波浪冲蚀岸线的作用。防波堤常建在水域外围的深海中，要经受巨大的波浪振动和冲击，因此要做得既稳重又坚固，规模往往很大，以便能阻抗深水波浪的作用。

在港口工程中常见的防波堤按构造形式分为 7 种。

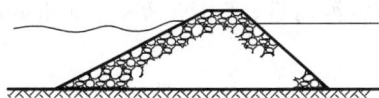

图 3－7　斜坡式防波堤

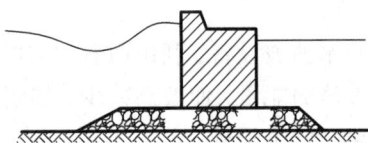

图 3－8　直立式防波堤

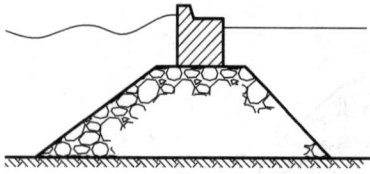

图 3-9 混合式防波堤

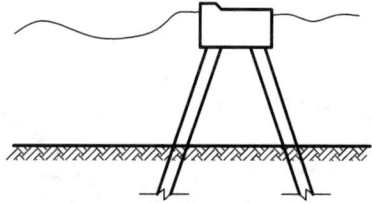

图 3-10 透空式防波堤

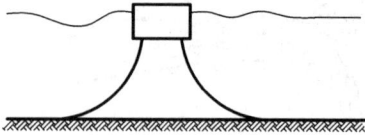

图 3-11 浮式防波堤

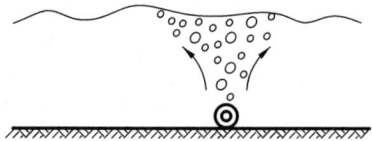

图 3-12 压气式消波设备

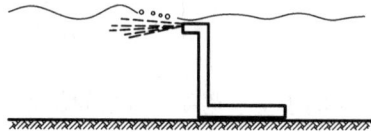

图 3-13 喷水式消波设备

①斜坡式防波堤，用天然石块堆成有两个侧坡的堤，由于石块有空隙而使海上传来的波浪被吸收，起到消波的作用，使港内不受或少受波浪的影响，如图 3-7 所示。

②直立式防波堤，用混凝土制成的大块叠砌于碎石基床上而形成的一道直立墙，使海上传来的波浪被抵抗而反射，因此港内不受波浪的影响，如图 3-8 所示。

③混合式防波堤，由直立与斜坡棱体共同组成，一般上部是直立墙、下部是斜坡棱体，如图 3-9 所示。

④透空式防波堤，由桩基制成的类似桥墩一样的独立支墩，墩上支承着以钢筋混凝土制成的空箱桥，如图 3-10 所示。

⑤浮式防波堤，是用一列或几列由金属或钢筋混凝土制的浮箱，用锚固定，将表层水的波浪反射，如图 3-11 所示。

⑥压气式消波设备，在港口入口处海底敷设一条带有小孔眼的管子，当有巨浪侵入港口时即灌入高压气体，使这些气体从小孔眼中喷出，形成一道气泡幕，用以抵消波浪，如图 3-12 所示。

⑦喷水消波设备，利用逆着波向的喷射水流，阻碍波浪前进，使波长缩短，波浪破碎，从而消耗波浪的能量，使波高减少，如图 3-13 所示。

3)港口陆上设施

(1)码头与泊位

供船舶停靠以便旅客上下、货物装卸的水工建筑物称为码头。码头前沿线通常即为港口的生产线，它也是港口水域和陆域的交接线。

码头线的布置有多种形式，有的与岸线平行，称为顺岸码头，如图 3-14 所示；有的与岸线正交或斜交，称为突堤码头，如图 3-15 所示。前者多用于河港，后者多出现在海港，以便在有掩护的范围内形成较多的曲折岸线，可以布置更多的码头泊位。

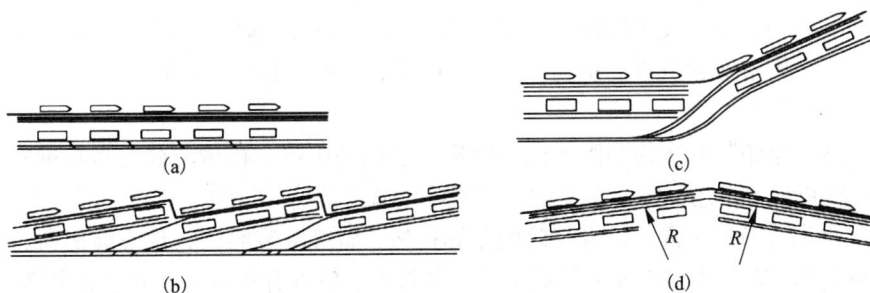

图 3-14 顺岸码头

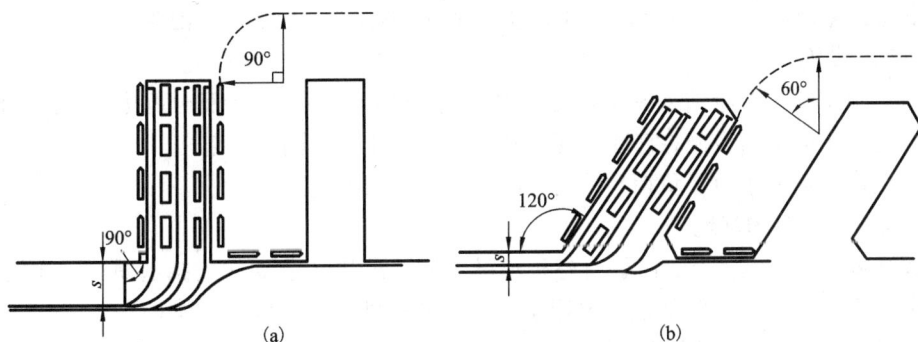

图 3-15 突堤码头

码头前沿的水深一定要满足船舶吃水要求，应在考虑船舶装卸和潮汐变化的情况下，留有足够的富裕水深。

泊位就是供船舶停泊的位置。一个泊位可供一艘船舶停泊；而不同的船型其长度是不一样的，所以泊位的长度依船型的大小而有差异，同时还要留出两船之间的距离，以便于船舶系解缆绳。一个码头往往要同时停泊几艘船，也即要有几个泊位，因此码头线长度是由泊位数和每个泊位的长度所决定的。

（2）港口铁路及道路

货物在港口的集散除了充分利用水路外，主要依靠陆路交通，因此铁路和公路系统是港口陆域上的重要设施。当有大量货物用铁路运输时，便需要设置专门的港口车站。在这里货物列车可进行编组或解体，并设有专门的机车，可将车辆按需要直接送往码头前沿或库场的专用装卸线；装卸完毕后再由机车取回送往港口车站编组。在没有内河的海港，铁路是主要的疏运方式，港口生产与铁路部门有密不可分的关系。

港内道路与港外道路应有很好的连接，对于开展集装箱运输的港口，道路系统尤为重要，港区内的道路要能通往码头前沿和各库场，回路要通畅，进口与出口常常分别设置，并尽可能少与铁路或装卸作业线作平面交叉，以减少相互间的干扰。大型港区与铁路一样，也应有专供汽车用的停车场。

（3）仓库与堆场

仓库、堆场是港口的储存系统，是供货物在装船前或卸船后短期存放使用的，其主要作用是加速车船周转，提高港口吞吐能力。堆场主要用来存放不怕雨淋、日晒和气温变化影响的货物，如煤、矿石、某些建筑材料等，散装货物的堆场常常远离市区和其他码头，以免对环境有污染。仓库用来保管贵重的货物，不使它们受到降水和日晒的影响。

（4）港口机械

港口机械为船舶装卸货物和港区内货物搬运所用的机械。机械的种类和数量根据货物种类、年吞吐量和装卸工艺确定。常见的有起重机、输送带等。

对于专业化的码头通常都设有专门的装卸机械，如煤碳装船码头设有装船机，散粮卸船码头设有吸粮机，集装箱码头前方设有集装箱装卸桥，后方有跨运车、重型叉车等。

（5）给水与排水系统

给水与排水系统分别向船舶、港口各部门供应生产用水、消防用水和生活用水，并使雨水、污水能迅速排除，不影响港内作业，包括管网、水泵、气泵、贮水池等。

（6）供电设施

供电设施主要为变电站。变电站是电力系统中变换电压、接受和分配电能、控制电力的流向和调整电压的电力设施，它通过变压器将各级电压的电网联系起来。

港口企业负荷属于重要负荷，供电设施必须保证供电的可靠性。

（7）港湾作业船舶基地

为保证港口生产与安全，需要有各种辅助船舶。港湾作业船舶包括起重船、拖轮、驳船及其他港口作业船等。船舶基地主要用于港区各种辅助船舶的停泊与维护。

（8）港口通信及助航设备

①信息收集设备，它由雷达、工业电视、甚高频测向仪、望远镜、水文气象遥测遥控系统和数据接收记录装置等组成。

②信息处理设备，由计算机及辅助数据处理器及显示器等组成。它可将所测的数据进行综合处理并显示。

③信息传输设备，包括信息传送、微波系统、广播、扩音，甚高频无线电话等设备。主要用于交通管理中心与有关单位之间、船岸之间及雷达站与交管中心间的图像、数据和控制信号的传输。

④助航定位设备，包括常规航标和高精度无线电定位系统。

⑤现场管理设备，包括监督站、巡逻艇、直升机、信号、灯旗、电光板等。

3.3.5　航标

以特定的实体标志(形状、颜色)、灯光、音响、无线电信号等表示自身位置，用以帮助船舶定位，引导船舶航行，或表示警告、指示碍航物的助航设施称为航标。航标的形式多种多样，陆地上的灯塔，水中的浮标，以及专用的无线电台站都可以用作航标。

航标的主要功能是：

①定位：为航行船舶提供定位信息。

②警告：提供碍航物及其他航行警告信息。

③交通指示：根据交通规则指示航行方向。

④指示特殊区域：如锚地、禁区等。

3.4　航行安全保障技术

1. 船舶定位

（1）航向

航向用航向角表示。自船上观测点 O 向地球北极点 N 引出一条直线为真北基准线，那么航向角就是船的首尾线与真北基准线 ON 的夹角，规定自真北基准线按顺时针方向旋转至船的首尾线的角度为航向角（方位角）。

实际上船舶的航向有三种，即罗经航向、真航向和航迹向。

①罗经航向：由罗经直接指示的船首方向。

②真航向：罗经航向经过罗经误差修正后得到正确的船首方向。

③航迹向：由于风、水流的影响，船舶的速度是船舶在静水中的速度与风、水流引起的速度的合速度，该速度的方向是船舶实际运行方向，称为航迹向。

（2）罗经磁差

因为地磁南北极和地理南北极并不重合，地磁南北线和地理南北线出现了一个夹角，称这个误差为磁差。

磁差的偏东或偏西，是指磁北偏在真北之东或西，磁差偏东用 E 或（＋）表示，偏西用 W 或（－）表示。

磁差是随下面各因素变化的。

①地区不同，磁差不同。磁差一般在低纬度地区比较小，高纬度地区较大而且变化剧烈。

例如我国海南岛磁差接近 0°，而加拿大西海岸竟达 25°E。

②随时间的推移而变化。地磁南北极并不是固定不变的，而是在绕地极作缓慢移动，据推算，地磁极大约 960 年绕地极转一周，地磁极的移动，必然会引起地磁差的变化，磁场每年变化量是 0~0.2°，这个变化叫年差。

例：某船航行在某地区，海图上记载有：西磁差 5°22′（1968），年差 +2.0′，求这个地区的 1975 年的磁差。

1975 年的磁差 = 5°22′（W）+ 2.0 ×（1975 - 1968）= 5°36′（W）

例：真方位角是 290°，磁方位角是 284°，求磁差，是东磁差还是西磁差？

磁差为 6°，由于真方位角大于磁方位角，因而是东磁差。

例：磁方位角是 203°，磁差是 5°西，求真方位角。

真方位角 = 203° - 5° = 198°

（3）罗经自差

18 世纪以来，由于钢铁工业的发展，造船材料主要采用了钢铁，它也受到地球磁场的磁化影响。而装在船上的磁罗经同样也受到船上被磁化钢铁部分的影响，这样磁罗经就失去了原有的准确性，从而发生了误差，这种误差称为"自差"。

航向不同，自差不同；船磁改变，自差改变；航区改变，自差改变。

自差是按罗北偏在磁北的东面或西面，来决定它是东自差或是西自差，并用 E（＋）或 W（－）来表示它们的方向。

例：罗经航向是 139°，自差是 6°西，求磁航向？

磁航向 ＝139－6＝133°

（4）岸基定位

船开出港口以后，要利用各种条件和仪器来测量船位，以检查船舶是否偏离了原定航线，其中岸基定位是比较可靠的方法之一。岸基定位方法有如下 3 种。

方法一：利用山头、灯塔和岛屿的位置进行定位，当同时测出两个或两个以上的物标方位时，就能得到过船舶与物标的直线方程，通过求两直线的交点得出船位。

方法二：利用山头、灯塔和岛屿的位置进行定位，当同时测出与两个或两个以上物标的距离时，以物标为圆心，以船舶到物标的距离为半径画两个圆，两个圆的交点中必有一个为船舶的位置。

方法三：利用无线电发射台进行测定，通过测量两个无线电台发射的信号到达船位的先后时间求得船位离开两个电台的距离之差，得出一条以两电台为焦点的双曲线。同理，再测一对无线电台发射的信号又可得另一条双曲线，两条双曲线交点中的一个，就是船位。

这种定位方法的优点：

①具有一般的航海仪器难以达到的准确性。

②有较大的作用距离。

③不受时间和天气情况的限制。

④使用方便，定位速度快。

双曲线定位必须依赖于专门的无线电发射台站及工作状况。因而，尽

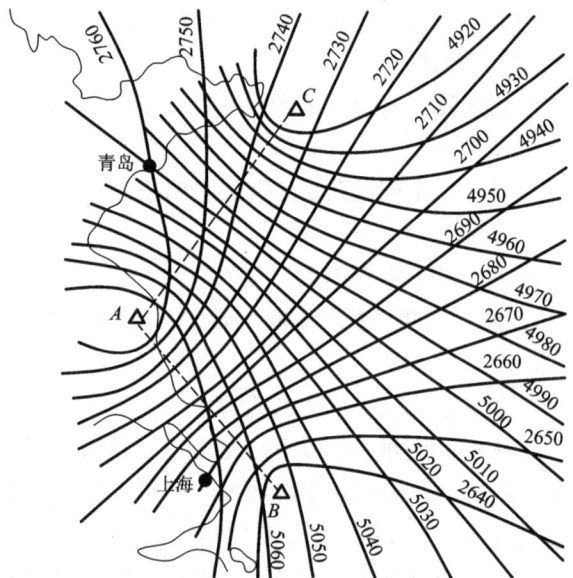

图 3－16　罗兰导航系统原理

管双曲定位系统有许多优点，但始终不能取代一般的常规航海仪器和方法。

罗兰（LORAN）导航系统是一种双曲线定位系统，全名是远程式导航系统（Long Range Navigation System）。在地面建立一系列的无线电发射台，每三个台（一主二辅）为一组，主台和辅台同时发射出脉冲信号，装在载体上的接收机接收每个信号并测量其时间差，它相当于载体距两发射台的距离差。因此，在此两导航台周围就形成了一个双曲线族，每条曲线对应不同的距离差或时间差。主台和另一辅台之间也有一组双曲线。

因此，若在载体上测定这个时间差后，即能在绘有这些双曲线的罗兰导航图上找到相应

的两条双曲线，它们的交点就是载体的位置，如图 3 – 16 所示。

目前使用的罗兰 C 导航系统作用距离可达 2000 km，定位精度优于 300 m。

（5）星基定位

星基定位就是以星体为参照物测定船舶位置的方法。

星基定位的关键是要掌握太阳、月亮等星体的运行规律，其基本原理如下。

天体相对地球的运动规律是完全确定的，因此可以利用观测天体的位置来解决导航问题。

选一颗较亮的星体，该星体在地球表面的投影点称为星下点。由地球表面某位置观测星体可得星体的高度角。高度角相同的所有位置构成以"星下点"为中心的圆周，称为等高圆。

船员只要用六分仪（一种光学仪器）测得某星体的高度角，再根据天文年历及时钟查出该时刻与该星体对应的星下点的位置，就能在地图上作出一个天文船位圆。用同样的方法观测另外一星体可得到第二个天文船位圆。两个圆有两个交点，一个是船舶的真实位置，另一个是虚假位置。根据船舶在测量时刻以前的航迹或借助第三个等高圆，就可排除虚假位置，确定真实位置，如图 3 – 17 所示。

由于海上观测星体多在清晨或黄昏进行，这时只能看见少数比较明亮的星体，所以航海者不仅要能够在晴朗的夜里识别航海用星，而且还要学会在星座不明显的情况下，也能把航海用星识别出来。

这就要求航海者不仅要熟悉航海用星的形状及位置，主要航海用星的亮度和颜色的特点，还要熟悉天空中各个星座位置间的相互关系。

即使如此，大洋航行中，天文定位仍然是较为可靠、实用的方法。

实际使用的天文导航系统可实现船舶定位自动化。

定位设备包括星体跟踪器，标准时间发生器，计算机三大部分。由星体跟踪器对指定星体进行搜索扫描，搜索到以后即转入跟踪状态，同时不断测量星体高度角和方位角。这些信号与标准时间发生器的信号一起输给专用计算机，通过计算给出载体所在的经纬度和航向。

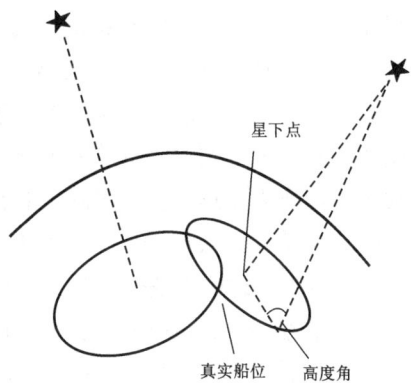

图 3 – 17 星基定位示意图

（6）卫星导航系统

卫星导航系统的基本原理是测量出已知位置的卫星到用户接收机之间的距离，然后综合多颗卫星的数据就可知道接收机的具体位置，如图 3 – 18 所示。卫星的位置可以根据星载时钟所记录的时间在卫星星历中查出，而用户到卫星的距离则通过记录卫星信号传播到用户所经历的时间，再将其乘以光速得到（受大气中电离层的干扰，这一距离并不是用户与卫星之间的真实距离，而是伪距）。由于用户接受机使用的时钟与卫星星载时钟不可能总是同步，所以除了用户的三维坐标 x、y、z 外，还要引进一个 Δt 即卫星与接收机的时钟误差作为未知数，然后用 4 个方程将这 4 个未知数解出来。

卫星导航系统包括三部分。

①导航卫星，为实现全球覆盖，用多颗卫星构成导航星座。GPS 导航系统卫星部分的作用就是不断地发射导航电文。

②地面站，用于跟踪测量导航卫星，并将其位置参数不断"注入"卫星。

③用户定位设备，包括接收机，精确时钟，计算机及显示器。

全球定位系统（GPS，GLOBAL POSITIONING SYSTEM）中的导航星座由十几至二十几颗高轨道卫星（高 20,000 km）组成，以保证在任一时刻在地球上或近地空间的任一点都能同时看到 6 颗星，并从中选出 4 颗进行连续实时测量，接受它们发来的位置参数 (x_i, y_i, z_i) 并通过脉冲信号的时间差测出导航参数（用户与卫星的距离 l_i），然后求解如下 4 个方程，即能求得用户的三维位置坐标 (x, y, z) 及用户时钟与系统时间的误差 Δt。

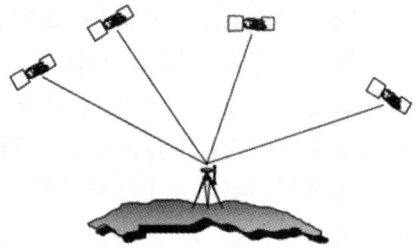

图 3-18 卫星定位

$$(x_i - x)^2 + (y_i - y)^2 + (z_i - z)^2 = (l_i + c\Delta t)^2 \quad (i = 1, 2, 3, 4)$$

全球定位系统的粗定位精度优于 100 m，高定位精度优于 10 m。

2. 船舶的避碰

船舶的航行都是有一定目标的。海洋虽然辽阔，但是船舶的航线还是有限的。一艘船从出发港驶向目的地，总是选择一条路程最短而又安全可靠的航线。因此，在相同地区来往的船只，通常都是航行在这条传统的习惯航线上，这就有可能发生船舶碰撞事故。此外，还有不同航线彼此交叉的情况，也给海上航行增加了危险性。

为了维护海上交通安全，国际上制订了一个共同规则，叫做《海上避碰规则》。它的主要作用是指导船舶驾驶人员采取正确和有效的避让行动，以预防和避免船舶相遇时发生碰撞事故。同时，当船舶碰撞事故发生后，它也可以用于判明碰撞船舶双方的责任，为公正地处理这类海事提供法律依据。因此，它在碰撞前是行动指南，碰撞后是法律依据。

避碰规则中对直行船与让路船进行了定义并合理分配避碰义务；各国船舶在海洋上航行，都要遵守这个规则，只要按照这个规则航行，船舶就不会发生碰撞。两船相遇时，让路船通常的避让方式如图 3-19 所示。

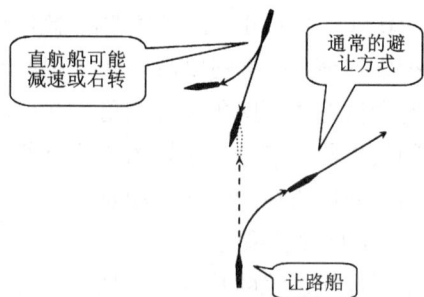

图 3-19 船舶的避碰

目前船舶采取的避碰措施一般是通过航行值班人员的瞭望与仪器观测来判断是否有碰撞危险，然后用舵与车来避免本船与其他船的碰撞，但至今还未形成一套实用的闭环自动避碰系统。

3.5　船舶运输组织

3.5.1　船舶运输组织基本要求

船舶的运输组织，就是航运企业根据已揽取到或即将揽取到的货源和企业的运力情况，综合考虑船舶生产过程中各个环节及与其他运输方式的协调配合，对船舶生产活动所作出的全面计划安排。

船舶的运输组织分为三类，即班轮的运输组织、不定期船的运输组织和轮驳船的运输组织。船舶运输组织应满足如下基本要求。

（1）经济性

用科学的方法，合理组织生产过程中的各有关环节，以最少的人力、物力、财力和时间消耗，取得最大的收入。

（2）及时性

航次是船舶从事货物及旅客运输生产的一个完整过程；船舶运输生产是以航次为单位进行的；航次时间是由航行时间、停泊时间以及其他时间组成，在这三项时间里要完成两类作业，其一是基本作业，包括装卸货物、上下旅客及航行；其二是辅助作业，包括装卸货准备，办理船货进出港手续和燃料供应等。缩短航次运送周期可以加速船舶周转，提高船舶的运输能力，减少货物资金在途中的积压，从而提高船货两方面的经济效益。

（3）协调性

生产过程的协调性是指航运企业基本生产过程同辅助生产过程之间、生产过程各工序之间、干线运输与支线运输之间、水路运输与其他运输方式之间等在生产能力上应保持合理的比例关系，使船舶生产能协调进行。生产过程的协调性是合理组织生产过程的重要前提。

（4）安全性

在组织船舶运输的过程中，安全性应放在首位，安全是安排各项工作的前提，也是保证运输质量的基础。

3.5.2　基础数据

基础数据主要包括：

①航线总距离和港口之间的距离。对船舶的运送周期及经济性有影响。

②航线有效期。航线有效期决定于航线所处地区和航线种类。例如，有冰冻区域的有效期主要决定于封冻期的长短；季节性航线的有效期只是全年或航期中的部分时间。

③平均装卸定额。反映航线上各港口的平均装卸效率和组织管理水平，对生产过程的协调性、经济性有较大的影响。

④水文条件及适航性。如风浪参数、海况、航道尺度等，与船舶的安全性密切相关。

上述这些航线特征对船舶运行组织有直接影响，做计划和运输组织时应全面了解。

3.5.3　班轮的运输组织

班轮运输又称定期船运输，它是指固定船舶按照公布的船期表在固定航线和固定港口间运行的运输组织形式。

对于班轮而言，不论船舶是否满载都要按计划日期启航，保证班期是班轮运输组织的核心工作。

班轮主要承运件杂货，件杂货价格高，且多为轻货，平均积载因数在 $2 \sim 3 \ m^3/t$ 范围内，这就要求有较快的运送速度和较大的舱容。传统的班轮以散件的形式承运件杂货，装卸速度慢，影响了船舶的营运效率，增加了船舶的营运成本。60 年代后半期，件杂货成组化得到了迅速发展，其中以集装箱化最为突出，集装箱班轮运输组织与传统班轮相比最大的特点是船舶大型化、高速化，船舶在港停留时间短，周转快。目前，许多航线上的件杂货装箱率已达 $70\% \sim 80\%$ 之多。

1. 航线布局形式

航线布局有如下几种形式：

①多港口挂靠航线。在运输过程中船舶在沿途港口停靠。

②干线配支船航线。以干、支线接驳方式完成中转运输的线路。

③多角航线。途经多个港口的环形航线。

④单向环球航线。就是绕地球一周的航线。

⑤大陆桥航线。横贯大陆的铁路(公路)将其两边的海上运输线连接起来，形成跨越大陆，连接海洋的国际联运线。

⑥小陆桥航线。比大陆桥的海—陆—海运输少了一段海上运输，成为海—陆或陆—海形式的运输。

2. 班轮航线选择

影响班轮公司航线选择的主要因素如下。

(1)班轮航线的货流特征

港口间货流量。一定时期内两港间的货流量。

航线货流总量。一定时期内该航线上各港口间的货运量总和。

运输方向不平衡系数。运量较少方向的货流量与运量较大方向的货流量的比值。

运输时间不平衡系数。最繁忙时期的货流量与平均货流量的比值。

(2)港口的自然条件和社会、政治因素。

3. 班轮船期表的编制

班轮船期表的编制主要有以下几个步骤。

(1)往返航次时间计算

$$t_r = \frac{L}{V} + \sum \left(\frac{Q_l + Q_d}{M} \right)$$

式中：L 为航线总距离；V 为船舶平均航行速度；Q_l，Q_d 为航线沿途各港装货量与卸货量；M 为沿途各港的总平均装卸效率，t/d。

(2)航线配船数计算

$$m = \frac{t_r Q_{max}}{\alpha_b D_d T}$$

式中：Q_{max} 为运量较大航向的年货物发运量；α_b 为船舶载重量利用率；D_d 为船舶的净载重量；T 为每艘船的年运营时间。

（3）航线发船间隔计算

$$t_i = \frac{t_r}{m}$$

（4）到发时间计算与调整

先计算相邻两港间各航段的航行时间和在各港的停泊时间，然后根据始发港发船时间依次推算出船舶到、离港时间。

如沿途各港所在地有时差产生时，还应对计算出的到发时间进行调整。向东行方向为加，向西行方向为减。

3.5.4　不定期船运输组织

1. 不定期船运输特点

不定期船运输的特点是船舶的航线和运行时间是不固定的，随货主不同的要求而改变。不定期船的主要运输对象是货物本身价格较低的大宗散货，如煤炭、矿石、粮食、铝矾土、石油、石油产品及其他农、林产品和少部分干杂货。这些货物难于负担高的运输费用，但对运输速度和运输规范性方面要求不严，不定期船运输正好能以较低的营运成本满足它们对低廉运价的要求。

2. 不定期船的运输方式

（1）光船租船

这种租船只相当于一种财产租赁，船舶出租人只提供一艘空船，合同期一般较长。承租人配备船员、调度船舶、安排营运，船员的工资、伙食费用及船舶的营运费用由承租人负责；租金按船舶的装载能力和租期长短计算。船舶所有人在租期内不承担任何责任和费用。

（2）定期租船

船舶出租人负责配备船员、负担船员工资、伙食费等。承租人负责船舶调度、营运。航次所发生的费用（如燃油费、港口费）由承租人负担。租金按船舶的装载能力和租期长短计算。

（3）航次租船

船舶出租人负责运输组织工作，并负担船舶的营运中所发生的所有费用。租金按装载货物的数量或按船舶总重吨位及航线计收费用。

在签订航次租船合同前，一般要根据货源情况和装卸港、航线情况进行航次估算。航次估算就是要估算航次收入、航次成本和航次每天的净收入，从而预知某个航次是否盈利，据此经营者就可作出最有利的决策。

通常是以航次每天的净收益作为衡量一个航次经济效益优劣的指标，计算公式如下：

每天净收益 =（航次净收入 – 航次费用）/航次时间 – 每天营运费用

一般来说，每天净收益最大的航次自然对船东有较高的吸引力，但单纯的盈利高低并不是航次选择唯一决定性因素，还跟船主喜欢的航行方向，下一次易于获得载货的港口位置等其他因素有关。

3. 船舶的闲置标准

在航运市场上，需求随着贸易量的变化而发生变化，而作为供给的船舶吨位一旦形成，一般是比较稳定的。因此，在运输需求与实有运力之间常会出现不平衡的现象，导致运价上下波动。当货少船多，运价下跌时，船舶盈利逐渐减少、保本、甚至出现亏损，企业被迫考虑封存(闲置)一部分运力，以减少亏损，调整供需关系，使运价回升。发生亏损就意味着运输收入不能抵偿运输成本，但也不能一亏损就草率地将船舶封存起来。因为船舶封存起来以后，仍需要发生一定的维持费用，如资本费(折旧费)、看守费、保险费、维护保养费等，称其为封存成本或闲置成本，与运营成本相比，闲置成本数额虽大为减少，但这些成本却得不到任何来自船舶自身的补偿。权衡这两种状态的经济损失，可得出船舶封存的经济条件如下：

①船舶营运亏损额＜船舶封存成本，应继续营运。

②船舶营运亏损额＝船舶封存成本，视其他情况而定(称为封存点或封存界限)。

③船舶营运亏损额＞船舶封存成本，应停航封存。

3.5.5　轮驳船队的运输组织

(1)航线种类

船队直接由起运港装船运达目的港的运输组织形式叫直达航线；需在中途由一个驳子倒载到另一个驳子上继续运输才能到达货物目的港的运输组织形式叫非直达航线。

轮驳船队从航线的始发港至航线终点港，在中途不更换推(拖)轮者称为直通航线；如在中途更换推(拖)轮，实行分段牵引，则称为区段牵引航线。

在沿途装货港或卸货港比较分散的一些航线上，驳船队中的部分驳船在航线沿途港加入船队或从船队中分离出去送达途经港口的运输组织形式，称为中途集解航线。

(2)轮驳配合方式

单航次配合。拖轮(推轮)到达目的港后，马上去牵引其他的驳船。

往返航次配合。拖轮(推轮)只在装货港或卸货港更换一次驳船，每个往返航次轮驳重新组合一次。

固定配合。拖轮(推轮)与驳船长期固定组合运行。

重点与难点

1. 船舶航行安全保障技术。

2. 船舶运输组织。

思考与练习

1. 简述杂货船与集装箱船在件杂货运输中的作用？

2. 已知罗经自差是4°西，磁差2°东，用罗经观测陆上的一个物标，罗经方位是145°，求所测方向的真方位角？

3. 怎样根据星体的高度角计算天文船位圆的半径？

第 4 章

航空运输

4.1　航空运输概述

4.1.1　航空运输简介

航空运输是使用航空器运送人员、货物、邮件的运输方式。可以用于运输的航空器有：气球、飞艇、飞机、直升机等。现代航空运输使用的航空器主要是飞机，其次是直升机。

航空运输的历史可以追溯到 19 世纪，经历了如下三个发展阶段。

1. 气球、飞艇阶段

1852 年，法国人亨利制造了一条长 44 m 的飞艇，艇上安装有功率为 3 马力的蒸汽机，带动螺旋桨推进器推动飞艇前进，时速为 10 km，从飞艇开始，飞行受人的意志控制，是人类航空的一个大进步。

1871 年普法战争中，法国人用气球把法国政府官员和物资、邮件等运送出被普军围困的巴黎。德国的"齐伯林伯爵"号飞艇在 19 世纪 20—30 年代曾多次载客横渡大西洋，1929 年实现载客环球飞行。

气球和飞艇体积庞大，不仅行动笨拙，受气候影响大，而且充满氢气的气囊极易发生爆炸，如 1937 年 5 月德国"兴登堡"号大型飞艇在飞行中因气囊起火，烧死旅客多人。上述这些缺点，使人类开始寻找一种更为安全、适用的航空方式。

2. 螺旋桨飞机阶段

1903 年 12 月 17 日，美国莱特兄弟研制的双翼机"飞行者号"试飞成功，宣告了一个新时代的到来，在喷气式飞机出现之前，"飞行者号"的飞行原理一直被沿用，其双翼机的造型成了 20 世纪前 30 年飞机的典型特征。

第一次世界大战是飞机成长的一个重要时期。飞机第一次在战场上投入使用，飞机的性能也在战争中得到很大发展。战争初期，飞机的速度一般约为 60 km/h，到战争结束时，战斗机的速度已经达到 240 km/h。

在速度低于 700 km/h 的情况下，螺旋桨推进效率较高。速度继续增大，推进效率急剧下降。同时，飞机所需的功率随速度的三次方成正比增加，因此螺旋桨飞机不宜以更高的速度飞行。另外人们在实践中发现，在飞行速度达到音速的 9/10，即时速约 950 km 时，局部气流的速度可能达到音速，产生局部激波，从而使气动阻力剧增。要进一步提高速度，就需要发动机有更大的推力。更严重的是，激波能使流经机翼和机身表面的气流变得非常紊乱，从而使飞机剧烈抖动，操纵十分困难，这种现象称为"音障"，螺旋桨式飞机无法克服"音障"问题。

3. 喷气式飞机阶段

世界上第一架喷气式飞机诞生于 1939 年 8 月二战前夕的德国。1941 年，英国的格洛斯特 E28/39 型喷气式飞机试飞成功。这种飞机的发动机是弗兰克·惠特设计的，他至今被人尊称为"喷气式发动机之父"。喷气式飞机的出现是飞机制造史上的一次重大革新与进步。一方面，喷气式飞机克服了螺旋桨式飞机所无法克服的"音障"问题，使飞机的超音速航行成为可能，极大地提高了飞机的飞行速度；另一方面，喷气式飞机轻而有力，由此产生了过去不可想象的巨型飞机，飞机的运输能力大大提高。二次大战后，世界各国的飞机制造都纷纷采用喷气式技术，出现了一场航空领域的"喷气式革命"。以此为契机，世界航空运输业迅速发展起来。

20 世纪 50 年代初，大型民用运输机陆续问世。

20 世纪 60 年代，航空运输进入现代化的世界航空运输时代。

目前，世界航空运输业已发展成一个规模庞大的行业。以世界各国主要都市为起讫点的世界航线网已覆盖各大洲。

4.1.2　航空运输体系

航空运输体系包括飞机、机场、空中交通管理系统和飞行航线四个基本部分。

（1）民用飞机

飞机是航空运输的主要运载工具。飞机是 20 世纪初出现的、技术发展最迅速的一种运载工具。

按运输类型的不同飞机可分为运输机及通用航空飞机两大类。运输机是供航空公司运送客、货的飞机；通用航空飞机是供工农业生产、抢险救灾、教学训练使用的飞机。

按起飞重量及客座数飞机可以划分为大型、中型、小型飞机。飞机起飞重量在 15～30 t 为小型飞机，30～60 t 为中型飞机，60 t 以上为大型飞机；飞机的客座数在 100 座以下的为小型飞机，100～200 座之间的为中型飞机，200 座以上的为大型飞机。

按航程飞机可以划分为远程、中程、短程飞机。远程飞机的航程为 11000 km 左右，足以完成中途不着陆的洲际飞行；中程飞机的航程在 3000 km 左右；短程飞机的航程一般在 1000 km 以内。

（2）机场

机场是供飞机起飞、着陆、停驻、维护、补充给养及组织飞行保障活动的场所，也是旅客和货物运输的起点、终点或中转站。

机场系统由供飞机使用部分（包括飞机用于起飞降落的飞行区和用于地面服务的航站区）和供旅客、接运货物使用的部分（包括办理手续和上下飞机的航站楼、地面交通设施及各种附属设施）组成。

（3）空中交通管理系统

为了保证航空器的飞行安全，提高空域和机场飞行区的利用效率而设置的各种助航设备和空中交通管制机构及规则统称为空中交通管理系统。

　　助航设备分为仪表助航设备和目视助航设备。仪表助航设备是指用于航路、进近、机场的管制飞行，包括通信、导航、监视（雷达）等装置。目视助航设备是指用于引导飞机起降、滑行的装置，包括灯光、信号、标志等。空中交通管制机构通常按区域、进近、塔台设置。空中交通管制规则包括飞行高度层配备、垂直间隔、水平间隔（侧向、纵向）的控制等，管制方式分程序管制和雷达管制。

　　（4）飞行航线

　　飞行航线是航空运输的线路，是由空管部门设定的飞机从一个机场飞抵另一个机场的通道。飞行航线分为航路、固定航线、非固定航线。航路是用于国与国之间，跨省市航空运输的飞行航线，规定其宽度为 20 km。固定航线是用于省市之间和省内定期航班飞行，以及尚未建立航路的飞行航线。非固定航线是用于临时性的航空运输或通用航空飞行，在航路和固定航线以外的飞行航线。

4.1.3　航空运输的优缺点

　　航空运输的主要优点如下：

　　①速度快。这是航空运输的最大特点和优势。现代喷气式客机，巡航速度为 800 ~ 900 km/h，是汽车、普速火车的 5 ~ 10 倍，高速火车的 3 ~ 4 倍，轮船的 20 ~ 30 倍。距离越长，航空运输所能节约的时间越多，快速的特点也越显著。

　　②机动性好。飞机在空中飞行，受航线条件限制的程度比汽车、火车、轮船小得多。它可以将地面上任何距离的两个地方连接起来，也可以定期或不定期飞行。

　　③舒适、安全。喷气式客机的巡航高度一般在 10000 m 左右，飞行不受低空气流的影响，平稳舒适。客舱宽敞，噪音小。

　　④基本建设周期短及投资少。据计算，在相距 1000 km 的两个城市间建立交通线，若载客能力相同，修筑铁路的投资是开辟航线的 1.6 倍，铁路修筑周期为 5 ~ 7 年，而开辟航线只需两年。

　　航空运输的主要缺点是飞机机舱容积和载重量都比较小，运载成本和运价比其他运输方式要高，航空运输比较适宜于 500 km 以上的长途客运，以及时间性强的鲜活易腐烂和价值高的货物的长途运输。

4.1.4　航空运输的地位和作用

　　航空运输是随着社会、经济的发展和技术的进步发展起来的。它在现代社会的政治、经济生活中占据着重要的地位，发挥着不可低估的作用。

　　航空运输是交通运输体系的一个重要组成部分。航空是长距离旅行，特别是国际、洲际间旅行的主要工具，和其他交通运输方式分工协作、相辅相成，共同满足社会对运输的各种要求。随着社会经济的发展、人民生活水平的提高、工作节奏的加快，航空运输将越来越普及。

　　航空运输促进了全球经济、文化的交流和发展。航空运输使国际间的经济、文化、科技的交流往来十分方便，有利于国家或地区间的相互协作、共同发展，有利于经济发达国家或地区到经济不发达国家或地区投资开发。在我国，航空运输发展水平已成为某地区经济是否发达、对外开放是否有力的重要指标。

　　航空运输推动了飞机制造及相关行业的发展。国际航空运输业的不断发展，使几个主要飞机制造商，如波音公司、空客公司，保持了长盛不衰的势头，也给相关设备的生产厂家提供了广阔商机。航空技术属于高新技术领域，航空运输的发展，促使新的、更安全舒适的民航客机机型不断出现，也使通信、导航、监视等设备与技术不断更新完善。

4.1.5　航空运输的发展与趋势

　　未来航空运输的发展，主要表现在如下几方面：

　　①推出新一代航空载运工具。目前，绝大部分民用飞机只是亚音速飞机（只有"协和"式和图 –144 飞机是超音速飞机），最大载客量不超过 600 人。新一代超音速客机的飞行速度将达 2～3 倍音速，亚音速客机的最大载客量将达 800～1000 人，直升机的最大载客量将达 100 人。

　　②两栖运输船是未来最看好的运输工具之一。两栖运输船可搭载 100 名左右的乘客，沿水面或较平坦的地面飞行，它无需道路，也不要修建飞机场，是最便捷的交通工具。

　　③实施新一代通信、导航、监视和空中交通管理系统。现行的空中交通管理系统有三大缺陷，即覆盖范围不足，表现在对大洋和沙漠地区无法有效控制；各国（地区）运行标准不一，跨国飞行安全难以保证；自动化程度不高，管制人员负担过重。

　　④信息技术在航空运输中得到更普遍的应用。现在，计算机信息处理已渗透到商务、机务、航务、财务等各个领域，随着航空运输的发展，信息技术将广泛应用于航空运输的各个方面。如整个行业将充分利用互联网的优势削减成本并实现辅助收益，主要应用领域包括乘客管理和服务，飞机管理和操控，乘客安全以及员工安全。

4.2　航空载运工具

4.2.1　民用飞机

1. 航空器的定义及分类

　　航空器是指可以从空气的反作用（但不包括从空气对地球表面的反作用）中取得支撑力的机器。如气垫船就不属于航空器。

　　航空器又可分为固定翼航空器和旋翼航空器，此外，人们还一直在研制扑翼航空器，但至今尚未成功。

　　固定翼航空器产生升力的翼面固定在机身上，固称为固定翼航空器。这类航空器可分为飞机（有动力）和滑翔机（无动力）。

　　旋翼航空器产生升力的翼面在飞行时相对于机身是运动的。直升机和旋翼机是最常见的旋翼航空器。

　　旋翼机有一幅旋翼，也有机身、尾翼、起落架和动力装置，但旋翼机上的旋翼与发动机没有联系，靠前进时产生的风把它吹动旋转而产生举力，旋翼机利用发动机的动力前进。

2. 飞机升力的产生

　　飞机在空气中之所以能飞行，最基本的事实是，有一股力量克服了它的重量，把它举在空中，这个力是空气与机翼共同作用产生的。

为了分析举力(升力)产生的实质,我们有必要先介绍流体流动的两个基本规律。

(1)连续性定理

空气在管道中流动时,凡是管道细的地方,流速就大,管道粗的地方,流速就小。

(2)伯努利定理

空气在管道中流动时,凡是流速大的地方,压强就小,凡是流速小的地方,压强就大。

气流流过翼剖面上边时,空气收缩,速度增大,压强降低。

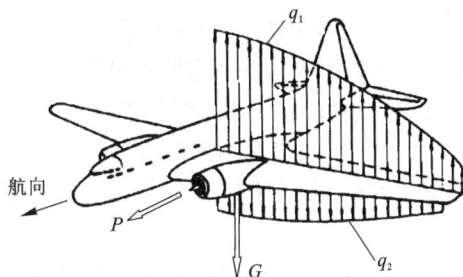

图 4 - 1　机翼上的外荷载

气流流过翼剖面下边时,由于前端上仰,气流受到阻挡,空气流速下降,压强增高,所以机翼上下两侧存在压强差,因此作用在机翼上的合力是向上的,这样就产生了升力,如图 4 - 1 所示。

3. 飞机的基本组成部分

1)飞机的基本组成部分包括机体、推进装置、飞机系统和机载设备。

1)机体

飞机机体是由机翼、机身、尾翼、起落架等部分组成。

现代民用飞机机体除起落架外一般都是以骨架为基础加蒙皮的薄壁结构,其特点是强度高、刚度大、重量轻。机体使用的材料主要有两大类:一是金属材料,特别是大量采用比强度(材料的抗拉强度与材料密度之比)和比刚度(指材料的弹性模量与其密度的比)高的铝合金;二是复合材料。

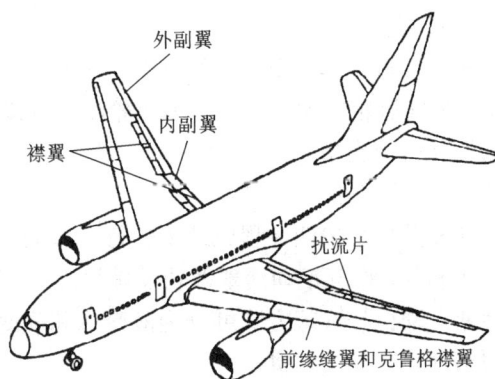

图 4 - 2　飞机机翼和机翼上的活动翼面

(1)机翼

机翼的主要作用是产生升力,此外,机翼上装有很多用于改善飞机气动特性的装置,包括副翼、襟翼、前沿缝翼、扰流板等,如图 4 - 2 所示,因此机翼在飞机的稳定性和操纵性中扮演重要角色。

副翼是飞机的主操纵面之一,一对副翼总是以相反的方向偏转,使一侧机翼的升力增加而另一侧机翼的升力减少,从而使飞机滚转。

襟翼和前缘缝翼都是增加飞机起飞降落时升力的装置,以缩短飞机的起降滑跑距离。襟翼放下时可以改变翼型(机翼剖面形状)形状和增加机翼面积;前沿缝翼位于机翼前缘,打开时可使下翼面的气流流向上翼面以增加上翼面的空气流量。

扰流板是铰接于机翼上表面的金属薄板,打开时可增加机翼的阻力,减少升力,阻碍气流的流动达到减速、控制飞机姿态的作用。在空中飞行时,扰流板可以降低飞行速度并降低高度。只有一侧的扰流板动作时,作用相当于副翼,主要是协助副翼等主操作舵面来有效控制飞机做横滚机动。

机翼还用于安装发动机、起落架及其轮舱、油箱。

（2）机身

机身是飞机的主体，用于装载人员、货物，安装设备，并将飞机的各部件连为整体。机身基本上是左右对称的流线体。大型客机机身一般由机头、前段、中段、后段和尾锥组成。机头主要是雷达天线和整流罩（罩于外突物或结构外形不连续处以减少空气阻力的流线型构件）；前段和中段为气密增压舱，空间被地板分成上、下两部分，上部为驾驶舱和客舱，下部为货舱、设备舱和起落架舱；后段主要安装尾翼及部分设备；尾锥主要是辅助动力装置的排气管。

（3）尾翼

尾翼是安装在飞机后部的起稳定和操纵飞机的装置。

尾翼由垂直尾翼和水平尾翼组成，垂直尾翼其主要作用是保持航向的稳定性，水平尾翼的主要作用是提供俯仰稳定性。

安装在尾翼上的升降舵及方向舵是飞机操纵系统的重要组成部分。

（4）起落架

现代飞机起落架的主要部件有支柱、机轮、减震装置、刹车装置和收放机构等。

起落架的主要作用是使飞机起降时能在地面滑跑和滑行、以及使飞机能在地面移动和停放。现代飞机起落架都是可收放的，可大大减少飞行阻力并有利于飞机姿态的控制。

2）推进装置

飞机的推进装置主要是指发动机。航空发动机分为活塞发动机和燃气涡轮发动机两种类型，其中燃气涡轮发动机又可分为涡轮喷气发动机、涡轮螺旋桨发动机、涡轮轴发动机和涡轮风扇发动机等类型。

（1）活塞发动机

活塞发动机是按四冲程原理来进行工作的，即空气进入汽缸与燃油混合、经燃烧后形成高温高压燃气、燃气推动活塞做功及排气。

活塞发动机按冷却方式可分为液冷式和气冷式两种。液冷式是用水来冷却发动机；气冷式是用空气来冷却发动机。

航空用的活塞发动机气缸数从 2~28 缸或更多，最大功率近 4000 马力。活塞发动机不能单独驱动飞机，它必须驱动螺旋桨才能使飞机飞行。

（2）燃汽涡轮发动机

任何一种燃气涡轮发动机都是由燃气发生器和其他附属装置组成。

燃气发生器是产生具有一定温度（高温）及一定压强（高压）的燃气的装置，它所产生的燃气具有很高的可用能量，这是因为高温具有很高的热能，高压具有很高的位能（或称势能）。具有很高能量的高温高压燃气进一步膨胀就可以对外做功。

航空燃气涡轮发动机仍属于热机的一种，因此从产生输出能量的原理上讲，燃气涡轮发动机和活塞式发动机是相同的，都需要有进气、加压、燃烧和排气这四个阶段。航空燃气涡轮发动机工作时，进入发动机的空气经压气机压缩提高压力，流入燃烧室与喷入的燃油（航空煤油）混合后燃烧形成高温、高压燃气，燃气再进入驱动压气机的燃气涡轮机中膨胀做功，使涡轮机高速旋转并输出驱动压气机及发动机附件所需的功率。由燃气涡轮出来的燃气，仍具有一定的压力和温度，利用这股燃气能量的方式有多种形式，因而相应地产生了不同类型的燃气涡轮发动机。

①涡轮喷气发动机,就是在燃气发生器后紧跟一个尾喷管,由燃气发生器出来的燃气在尾喷管中膨胀加速,从尾喷管中高速排出,产生推力,如图 4-3 所示。涡轮喷气发动机转速高,推力大,适合飞机高速飞行。涡轮喷气发动机是 20 世纪 50—60 年代应用最为广泛的航空燃气涡轮发动机,由于涡喷发动机的推力是由高速排出的燃气所获得的,所以在得到推力的同时有不少由燃料燃烧所产生的能量以燃气的动能和热能的形式排出发动机,动能和热能损失较大,耗油率高,这种现象在飞机低速飞行时更为明显。

②涡轮螺旋桨发动机,从涡轮机中出来的燃气通过减速装置降速后再驱动螺旋桨,提供拉力,燃气中剩下的少部分能量在尾喷管中膨胀,产生一小部分推力,这种发动机称为涡轮螺旋桨发动机,如图 4-4 所示。涡轮螺旋桨发动机由于有直径较大的螺旋桨,而螺旋桨在高速飞行时的效率很低,所以飞行速度受到限制,一般用于时速为 300~400 km 的飞机上。但是,由于它的排气能量损失少,推进效率高,所以耗油率低。

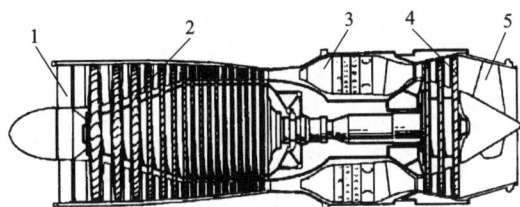

图 4-3 涡轮喷气发动机

1—进气道;2—压气机;3—燃烧室;4—涡轮;5—尾喷管

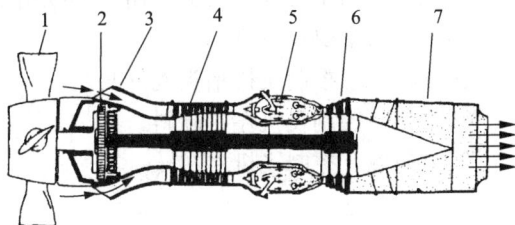

图 4-4 涡轮螺旋桨发动机

1—螺旋桨;2—减速齿轮;3—进气道;4—压气机;
5—燃烧室;6—涡轮;7—尾喷管

③涡轮轴发动机,其工作原理和结构基本上与涡轮螺旋桨发动机相同,如图 4-5 所示。不同的是涡轮轴发动机输出的能量主要是驱动直升机旋翼而不是螺旋桨。涡轮轴发动机除装有普通涡轮外,还装有自由涡轮(即不带动压气机,专为输出功率用的涡轮),此外,燃气发生器排出的燃气基本上已在动力涡轮中完全膨胀,由尾喷管中排出时,气流速度很低,它产生的推力很小,如折合为功率,大约仅占总功率的十分之一左右;有时甚至不产生什么推力。为了合理地安排直升机的结构,涡轮轴发动机的喷口,可以向上,向下或向两侧,不像涡轮喷气发动机那样非向后不可。这有利于直升机设计时的总体安排。缺点是制造困难且成本较高。

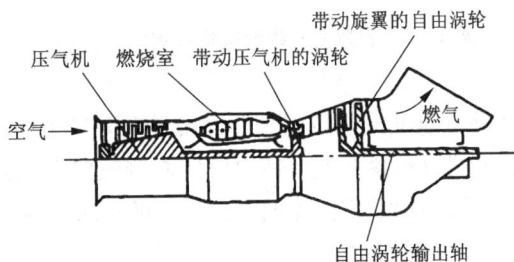

图 4-5 涡轮轴发动机

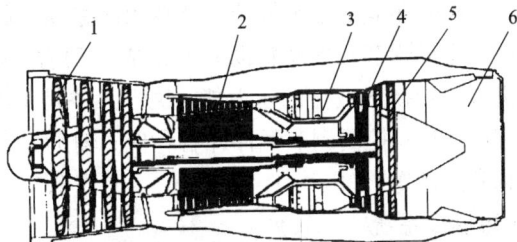

图 4-6 涡轮风扇发动机

1—风扇;2—压气机;3—燃烧室;
4—高压涡轮;5—低压涡轮;6—尾喷管

④涡轮风扇发动机，其结构和涡轮喷气发动机的结构很相似，所不同的是增加了风扇和驱动风扇的低压涡轮，压气机则由高压涡轮驱动，如图4-6所示。

涡轮风扇发动机的动力涡轮传动轴通过燃气发生器轴中心，驱动外径比燃气发生器大的风扇叶片。流入发动机的空气经风扇增压后，一部分流过燃气发生器，称为内涵气流；一部分由围绕燃气发生器的流道环中流过，称为外涵气流。发动机由内、外涵气流分别产生推力。外涵与内涵空气流量之比称为涵道比或流量比。涡扇发动机具有耗油量低、起飞推力大、推重比(发动机推力与重量之比)高、噪音低的优点。因此，目前高涵道比、大推力的涡扇发动机广泛应用于大型运输机上。

3)飞机系统

飞机系统主要有操纵系统、液压传动系统、空调系统、防冰系统等。

(1)操纵系统

操纵系统用于传递驾驶员发出的操纵指令(操纵动作)，改变和控制飞行姿态。改变和控制飞行姿态的主要设备有：

①升降舵。控制飞机抬头或低头。

②副翼。控制飞机左右倾斜。

③方向舵。控制飞机左右转。

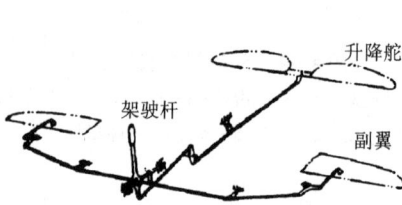

图4-7　副翼及升降舵操纵装置

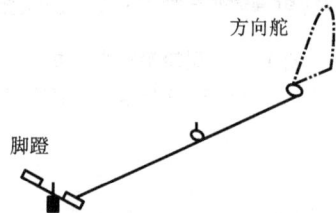

图4-8　方向舵操纵装置

驾驶员前推或后拉驾驶杆可带动升降舵下偏或上偏，使飞机下俯或上仰。向左或向右压驾驶杆则带动副翼偏转，使飞机向左侧或向右侧滚转，如图4-7所示。脚蹬连接着方向舵，驾驶员蹬左脚时，方向舵向左偏转，机头向左偏；反之，机头向右偏，如图4-8所示。

(2)液压传动系统

飞机液压传动系统是指飞机上以油液为工作介质，利用油压驱动执行机构以完成特定操纵动作的整套装置；用于传动、控制操纵系统、起落系统等。液压传动系统由动力元件、执行元件、控制调节元件及辅助元件组成。动力元件指液压泵，其作用是将电动机或发动机产生的机械能转换成液体的压力能；执行元件是将液体的压力能转换为机械能，包括液压动作筒和液压马达；控制调节元件即各种阀；辅助元件包括油箱、油滤、散热器、蓄压器、导管、接头和密封件等。

(3)燃油系统

燃油系统用于贮存飞机所需燃油，并保证在飞机一切可能的飞行姿态和工作条件下，按照要求的压力和流量连续可靠地向发动机供油。此外，燃油还可以用来冷却飞机上的有关设备和平衡飞机。

现代喷气式飞机耗油量很大，大推力的涡轮喷气式发动机每小时要消耗7000 kg甚至更多的燃油。

（4）空调系统

飞机在高空飞行时气象条件较好，风速与风向条件稳定，因此飞机的飞行高度一般都在7000~10000 m，但高空的低压、缺氧和低温使人体难以承受，故必须采用空调系统以营造舒适的机舱环境。

空调系统的功能就是向座舱供给具有一定压力、温度的空气，并按需要调节，保证机上人员的舒适与安全。

目前在飞机上使用的空调系统有如下两种：

①通风式。利用涡轮喷气发动机的压气机将空气加压，同时也就提高了气流的温度，如果温度适当，将其引入到座舱中；否则先引导空气到散热器进行降温，再将其引入到座舱中，座舱中有压力调节器，可用来调节气压的大小。通风式空调系统对座舱的气密性要求较低，构造简单，增压空气的温度较高，不要另装加温设备；但使用高度受限制，一般只适用于飞行高度不超过20000~25000 m 的飞机。

②再生式。自备高压氧气瓶或压缩空气瓶，从中放出氧气，送入座舱，以补偿舱中漏掉的及人消耗的氧气，使舱内保持适宜的含氧量和气压。再生式空调系统使用高度不受限制；但对气密性要求高，附件设备复杂。

（5）防冰系统

飞机在高空飞行时，气温大都在 0℃ 以下，飞机的迎风部位易结冰。现代飞机都装有防冰系统，以防止结冰给飞机飞行带来危害。

飞机防冰系统的主要功能包括防止结冰和除去结冰。

4）机载设备

机载设备主要有指示飞行状况设备、发动机仪表设备、导航及通信设备等。

机载设备可为驾驶员提供有关飞机及系统的工作情况，使驾驶员能随时得到飞行所必需的信息，并可在飞行后向维修人员提供有关信息。

4.2.2　飞机的主要性能

1）速度性能

（1）最大平飞速度

飞机作水平直线飞行，当阻力与动力相等时，飞机能达到的速度称为最大平飞速度。

由于飞机的阻力和动力与飞行高度有关，所以最大平飞速度在不同高度是不同的，通常在 11 km 左右的高度上，飞机可获得最大平飞速度。

（2）巡航速度

巡航速度是指发动机每千米消耗燃油最少的情况下的飞行速度。也就是说，飞机以巡航速度飞行时，最为经济，航程最远。

2）爬升性能

飞机爬升受到高度的限制，因为高度越高，发动机的推力就越小。当飞机达到某一高度，发动机的推力只能克服平飞阻力时，飞机就不能再继续爬升了，这一高度称为理论升限。

为安全起见，通常采用实用升限来表示飞机的爬升性能，就是指飞机还能以每秒 0.5 m 的垂直速度爬升时的飞行高度，这也称为飞机的静升限。

3）续航性能

续航性能主要指航程和续航时间。

航程是指飞机起飞后，爬升到平飞高度平飞，再由平飞高度下降落地，且中途不加燃油和滑油，所获得的水平距离的总和。

续航时间是指飞机起飞，爬升到平飞高度平飞，降落，且中途不加燃油和滑油，在空中停留的时间。

4）起降性能

飞机的起降性能包括飞机的起飞离地速度和起飞滑跑距离、飞机着陆速度和着陆滑跑距离。

（1）涡轮喷气式飞机的起飞

由于涡轮喷气发动机的马力大，起飞一般可分为两个阶段，如图4-9所示。

①起飞滑跑。这一阶段包括开动发动机、滑跑、离地凌空。

②加速和爬行。在这一阶段中，飞机一面加速一面爬升。

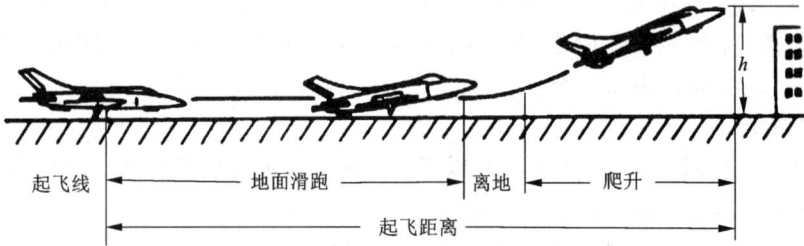

图4-9　喷气式飞机起飞过程

（2）活塞式飞机的起飞

与涡轮喷气发动机相比，活塞发动机的马力较小，它的起飞过程分成三个阶段。

①起飞滑跑。这一阶段包括开动发动机、滑跑、离地凌空。

②平飞加速。平飞加速的目的就是提高飞机的速度，以产生足够大的升力。

③爬升。

（3）飞机的降落

飞机的降落是一种直线减速运动，一般可分为五个阶段，如图4-10所示。

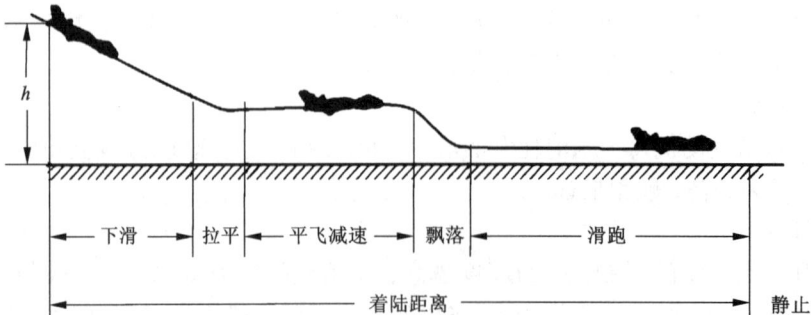

图4-10　飞机的着陆过程

①下滑。就是向下飞，一般从 25 m 的高度转入"下滑"状态。

②拉平。将飞机从向下飞的姿态转为水平飞行姿态。

③平飞减速。使飞机的飞行速度降低到着陆速度。

④飘落触地。由于飞机的速度较低，使举力小于飞机的重量，飞机向下沉，最终使机轮触地。

⑤着陆滑跑。飞机触地后继续减速前进，速度逐渐降低到 0。

（4）起飞离地速度

起飞离地速度就是在此速度下飞机产生的升力略大于飞机的起飞重量。但在正常起飞时，为保证安全，离地速度要稍大于最少平飞速度。

（5）起飞滑跑距离

起飞滑跑距离就是指飞机从松开刹车沿跑道向前滑跑至机轮离开地面所经过的距离。

（6）着陆速度

着陆速度就是飞机着陆接地速度。

7）着陆滑跑距离

着陆滑跑距离就是从飞机接地开始到飞机完全停稳为止，飞机所滑行的距离。

为了改善飞机的起降性能，使飞机在起降阶段在较小的速度下能获得较大的升力，现代民用飞机采用了不同的增升装置，如襟翼，前缘缝（襟）翼等，从而降低飞机的离地和接地速度。

4.3　机场

4.3.1　机场的功能

机场是供飞机起飞、着陆、停驻、维护、补充给养及组织飞行保障活动所用的场所，如图 4 – 11 所示。

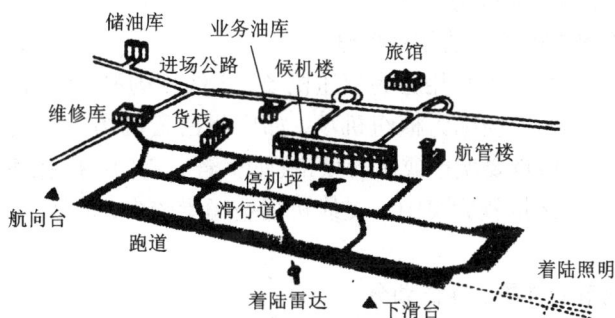

图 4 – 11　机场平面示意图

机场可设在地面上，也可设在水面上。机场应包括相应的空域及相关的建筑物、设施与装置。

通常将机场分为空侧和陆侧。

空侧是受机场当局控制的区域,包括飞行区、停机坪等,进入该区域是受控制的。

陆侧是为航空运输业务提供各种服务的区域,公众能自由进出。

4.3.2 机场的构成

机场包括相应的空域及相关的建筑物、设施与装置。

机场主要由三部分构成,即飞行区、航站区及进出机场的地面交通系统。

1. 飞行区

飞行区是供飞机起飞、着陆和滑行的区域,通常还包括用于飞机起降的空域在内。

飞行区由跑道系统、滑行道系统和机场净空区组成。

相应的设施有目视助航设施、通信导航设施、空中交通管制设施及气象设施。

2. 航站区

航站区是飞行区与机场其他部分的交接部。

航站区包括旅客航站楼、停机坪、进入航站楼的车道及站前停车设施。

3. 进出机场的地面交通系统

进出机场的地面交通系统通常是公路,也可以是其他交通设施,其功能是把机场和附近城市连接起来,将旅客、货物和邮件及时运进或运出航站楼。进出机场地面交通系统的状况直接影响空运业务。

4.3.3 机场类别

1. 按航线性质划分

按航线性质分为国际航线机场(国际机场)和国内航线机场。国际机场有国际航班进出,并设有海关、边防检查(移民检查)、卫生检疫和动植物检疫等政府联检机构。国际机场又分为国际定期航班机场、国际不定期航班机场和国际定期航班备降机场。

国内航线机场是专供国内航班使用的机场。我国的国内航线机场包括地区航线机场。地区航线机场是指我国内地城市与港、澳等地区之间定期或不定期航班飞行使用的机场,并设有相应的类似国际机场的联检机构。

2. 按在民航运输网络中所起的作用划分

按在民航运输网络中所起的作用分为枢纽机场、干线机场和支线机场。

国内、国际航线密集的机场称为枢纽机场,如广州白云机场。干线机场是指各直辖市、省会、自治区首府以及一些重要城市或旅游城市(如大连、厦门、桂林和深圳等)的机场;干线机场连接枢纽机场,空运量较为集中。支线机场空运量较少,航线多为本省区内航线或邻近省区支线。

3. 按机场所在城市的性质、地位划分

按机场所在城市的性质、地位分为Ⅰ类机场、Ⅱ类机场、Ⅲ类机场、Ⅳ类机场。Ⅰ类机场等级最高,Ⅳ类机场等级最低。

Ⅰ类机场,即全国经济、政治、文化中心城市的机场,是全国航空运输网络和国际航线的枢纽,运输业务量特别大,除承担直达客货运输外,还具有中转功能。北京首都机场即属于此类机场,亦为枢纽机场。

Ⅱ类机场,即省会、自治区首府、直辖市和重要经济特区、开放城市和旅游城市或经济发达、人口密集城市的机场，可以全方位建立跨省、跨地区的国内航线，是区域或省区内航空运输的枢纽，有的可开辟少量国际航线。Ⅱ类机场也可称为国内干线机场。

Ⅲ类机场，即国内经济比较发达的中小城市，或一般的对外开放和旅游城市的机场，除开辟区域和省区内支线外，可与少量跨省区中心城市建立航线。Ⅲ类机场也可称为次干线机场。

Ⅳ类机场，即省、自治区内经济比较发达的中小城市和旅游城市，或经济欠发达、但地面交通不便城市的机场。航线主要是在本省区内或邻近省区。这类机场也可称为支线机场。

4. 按旅客乘机目的划分

按旅客乘机目的分为始发/终程机场、经停（过境）机场和中转机场。

始发/终程机场中，始发和终程旅客占旅客的大多数，始发和终程的飞机或掉头回程架次比例很高。目前国内机场大多属于这类机场。

经停机场只有比例不大的始发/终程旅客，绝大多数是过境旅客，飞机一般停驻时间很短。

中转机场中，有相当大比例的旅客下飞机后，立即转乘其他航班飞往目的地。

除以上所述四种划分机场类别的标准外，从安全飞行角度考虑还需确定备降机场。备降机场是指在飞行计划中事先规定的，当预定机场不宜着陆时，飞机可前往备降机场。在我国，备降机场是由民航总局事先确定的。起飞机场也可以是备降机场。

4.3.4 机场等级

飞行区等级、跑道导航设施等级、航站业务量规模等级分别从不同侧面反映了机场的状态。我国民用运输机场就是根据上述三个指标来进行等级划分的。

1. 飞行区等级

飞行区等级由第一要素代码（等级指标Ⅰ）和第二要素代码（等级指标Ⅱ）的基准代号划分。

代码表示飞行场地长度，它是指某型飞机以最大批准起飞质量，在海平面、标准大气条件、无风、无坡度情况下起飞所需的最小飞行场地长度。

代字根据翼展或主起落架外轮外侧的间距确定。

表 5-1 飞行区基准代号表

第一要素		第二要素		
代码	飞机基准飞行场地长度/m	代字	翼展/m	主起落架外轮外侧之间距/m
1	<800	A	<15	<4.5
2	800~1200	B	15~24	4.5~6.0
3	1200~1800	C	24~36	6.0~9.0
4	≥1800	D	36~52	9.0~14.0
		E	52~65	9.0~14.0
		F	65~80	14.0~16.0

2. 跑道导航设施等级

现代商业航空运输主要以大型客机为主。大型客机主要体现为飞机吨位大、速度快、安全责任大。因此有必要开发一种安全可行的辅助着陆系统来减轻飞行员的操纵负荷，提高飞行的安全性。这种系统称为仪表着陆系统。

仪表着陆系统的性能用所需跑道视程和决断高度两个量来表示。跑道视程（RVR）是在跑道中线上飞行的飞行员能看清道面标志或跑道边线灯或中线灯的最大距离。决断高度（DH）是机轮高于跑道平面的高度，在这个高度上，除非已获得足够的目视参考，且根据飞机位置和进近轨迹来判断能满意地继续安全进近和着陆，否则，必须复飞。

进近是指飞机下降时对准跑道飞行的过程，进近程序是有着严格的标准和操作规程的。

进近程序分为两类：一类是所使用的设备在最后航段既能提供方位信息又能提供下滑道信息的称为精密进近程序。精密进近程序的精度较高，如：仪表着陆系统进近（ILS），精密雷达进近（PAR）；另一类是所使用的设备在最后航段只提供方位信息，不提供下滑道信息的称为非精密进近程序。非精密进近程序的精度较低，如 NDB 进近，VOR 进近等。

跑道导航设施等级按配置的导航设施能提供飞机以何种进近程序飞行来划分。

（1）非仪表跑道

跑道上不安装帮助飞机着陆的仪表，驾驶员全凭肉眼观测来操纵飞机，当气象条件不好，如有雾或云层很低时，就不准飞机在非仪表跑道上着陆，以保安全，代字为 V。

（2）仪表跑道

跑道上安装帮助飞机着陆的仪表，飞机可按仪表提供的信息来进行飞行，仪表跑道又可分为如下四类：

①非精密进近跑道。对着陆的飞机提供方向性的引导，代字为 NP。

②Ⅰ类精密进近跑道。能供飞机在决断高度低至 60 m，跑道视程低至 800 m 时着陆的跑道，代字为 CATI。

③Ⅱ类精密进近跑道。能供飞机在决断高度低至 30 m，跑道视程低至 400 m 时着陆的跑道，代字为 CATII。

④Ⅲ类精密进近跑道：可以引导飞机直至跑道，并沿道面着陆和滑行，代字为 CATIII，根据对跑道视程的要求又可细分为 CATIIIA、CATIIIB、CATIIIC 三类。CATIIIA 要求跑道视程为 200 m；CATIIIB 要求跑道视程为 50 m；CATIIIC 对跑道视程无要求。

3. 航站业务量规模等级

此项指标主要依据年旅客吞吐量或货物（及邮件）吞吐量来进行划定。

若年旅客吞吐量与货物（及邮件）吞吐量不属于同一等级时，可按较高者定级。

表 4-2 航站业务量规模分级标准表

航站业务量规模等级	年旅客吞吐量/万人	年货邮吞吐量/kt
小型	<10	<2
中小型	<50	<12.5
中型	<300	<100
大型	<1000	<500
特大型	≥1000	≥500

以上三种划分机场等级的指标,是从不同的侧面反映了机场能接收机型的大小、保证飞行安全和航班正常率的导航设施的完善程度及客货运量的大小,是民航机场规划等级的决定性因素。民航运输机场规划分级如表 4-3 所示。当三项等级不属于同一级别时,可根据机场的发展和当前的具体情况,确定机场规划等级。

表 4-3 民航运输机场规划分级表

机场规划等级	飞行区等级	跑道导航设施等级	航站业务量规模等级
四级	3B、2C 及以下	V、NP	小型
三级	3C、3D	NP、CATI	中小型
二级	4C	CATI	中型
一级	4D、4E	CATI、CATII	大型
特级	4E 及以上	CATII 及以上	特大型

4.3.5 跑道

跑道是机场工程的主体。机场的构形主要取决于跑道的数目、方位以及跑道与航站区的相对位置。跑道是供飞机起降的一块长方形区域。因此,跑道必须要有足够的长度、宽度、粗糙度、平整度以及规定的坡度。

1. 跑道长度

确定跑道长度的主要依据是飞机的起降特性。对于飞机起降所要求的长度,应根据起飞和着陆两种情况考虑。

起飞长度要考虑三种情况,即正常起飞,继续起飞和中断起飞。

正常起飞时由静止启动点 A 到飞机离开地面(速度达到 V_{LOF})的距离称为离地距离 LOD。从启动点到飞机距地面安全高度 35ft(10.7 m)的水平距离为 D_{35},将 $1.15D_{35}$ 作为正常起飞要求的长度,称为起飞距离 TOD,如图 4-12 所示。

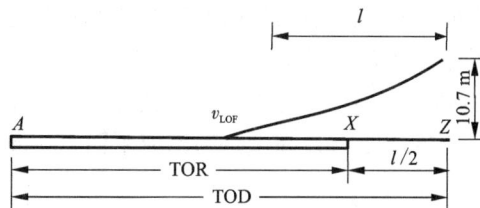

图 4-12 正常起飞所需跑道长度

实际上,飞机在正常起飞滑跑时,离地前并不需要 TOD 这么长的距离。因此,铺砌全强度道面可以缩短；一般除将 1.15LOD 铺砌为全强度道面外，至少还将 $0.5(TOD - 1.15LOD)$ 的长度铺砌为全强度道面。

　　铺砌全强度道面的长度称为起飞滑跑距离 TOR。将 TOD - TOR 的长度设为净空道。

　　起飞滑跑过程中，当有一台发动机失效时，为了保障运行安全，需要做出是继续起飞还是中断起飞的决断。为此，应明确一决断速度 v_1（又称故障临界速度），v_1 应小于前轮抬起速度（即抬头速度）v_R，如图 4 - 13 所示。

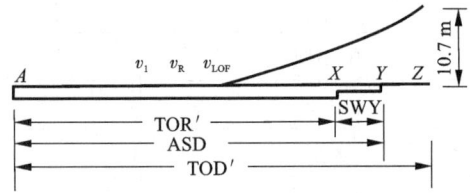

图 4 - 13　继续起飞和中断起飞所需跑道长度

　　设当发觉出现故障时飞机滑跑速度为 v，当 $v > v_1$ 时应继续起飞；如果中断起飞，则飞机减速到停止的距离过长。当 $v < v_1$ 时应中断起飞；如果继续起飞，因 v 过小且动力不足，使得离地距离和起飞距离过长。

　　继续起飞时，驾驶员应操纵飞机继续加速到 v_R 抬起前轮，再加速到离地速度 v_{LOF}，而后离地升空加速到安全高度 35 ft（相应水平位置点 Z）。从静止启动点到离地点的水平距离称为离地距离 LOD′；而从 A 点到 Z 点的距离 D'_{35} 为继续起飞时的起飞距离 TOD′。将 TOR′ = LOD′ + (TOD′ - LOD′)/2 称为起飞滑跑距离，TOR′需铺砌为全强度道面；TOD′ - TOR′为净空道长度。

　　中断起飞时，驾驶员要采取各种减速措施，使飞机从加速转为减速运动，直到飞机在 Y 点停止。AY 即为加速停止距离 ASD，ASD 不需要全部是全强度道面，可将 ASD 与全强度道面之差的距离设为停止道 SWY，其强度可以降低一些。

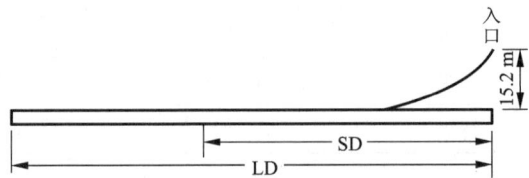

图 4 - 14　着陆所需跑道长度

　　当飞机以要求的速度，从高于着陆表面50ft（15.2 m）处通过跑道入口到接地并完全停止所需的水平距离称为停止距离 SD，如图 4 - 14 所示。考虑到实际情况，将 SD 除以 0.6 作为实际着陆的距离 LD，为安全起见，要求将 LD 铺砌为全强度道面。

　　实际跑道全强度道面长度 FS = max(TOR, TOR′, LD)。飞机起降所要求的飞行场地长度 FL 为起飞距离，加速停止距离和着陆距离三者中最大者。其由三部分组成，即全强度道面 FS，停止道 SWY 和净空道 CWY 组成。

　　此外，跑道长度还要考虑海拔修正、气温修正及坡度修正。

　　海拔修正：海拔高度每高出海平面300 m，跑道长度增加7%。非常热或高海拔地区另外考虑。

　　气温修正：机场基准温度每超过机场海拔高度的标准大气温度1℃，起飞跑道长度增加1%。气温修正是在海拔修正的基础上进行的。如海拔和气温两项修正的总量超过修正前长度的35%，应做专门研究。

　　坡度修正：经过海拔和气温两项修正后，跑道长度再按有效坡度（跑道中心线上的最高点与最低点的标高差与跑道长度之比）进行修正。有效坡度每增加1%，跑道长度增加10%。

2. 跑道的方位和跑道的数量

跑道的方位即跑道的走向。飞机最好是逆风起降,而且过大的侧风将妨碍飞机的起降。因此主跑道的方向一般和当地的主风向一致,跑道的方位以跑道的磁方位角表示。

跑道的数量主要取决于航空运输量。运输不很繁忙,且常年风向相对集中的机场,只需单条跑道。运输非常繁忙的机场,则需要两条或多条跑道。其基本构形可以是平行、交叉或开口 V 形,如图 4 – 15 所示。非平行跑道可以避开过大的侧风。平行跑道的间距、交叉跑道交叉点的位置对跑道容量(单位时间内可容纳的最大飞机运行次数)是有影响的。

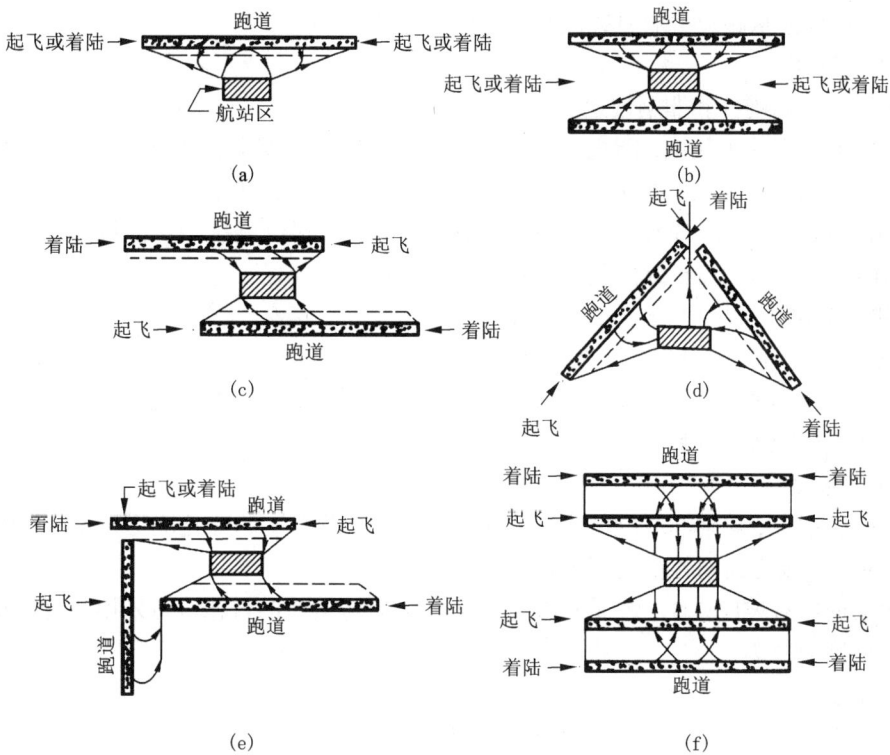

图 4 – 15　跑道的布置

3. 跑道编号

机场的跑道编号并不是按先后顺序或随意编制的,而是代表跑道的方向,这有助于识别风向与跑道的关系。

机场跑道号根据该跑道指向的罗经方向,以 10° 为区间,取 01 ~ 36 共计 36 个编号进行编码,如果该跑道是单向进近使用,则这个编码要涂刷在跑道进近一端的跑道入口向内的道面上,方向指向飞行程序的进近方向,另一端的道面不进行涂刷;如果该跑道双向进近使用,则跑道两端的道面都要进行涂刷。

例如:某条跑道磁方位角 357°/177°(北偏西至南偏东)其编号应确定为 36/18,南端涂刷为 36,北端涂刷为 18,与其所在方位正好相反,原因是该编号是供执行进近飞行程序的航空器驾驶员使用,所以,当飞行员在飞机上对跑道进行目视观察的时候,航向指向 357° 方向,其进近的入口是跑道的南端,及从跑道中线 177° 方向执行进近,飞行员应该观察到"18"的编号,反之亦然。

当机场同时拥有2条平行跑道时,为了区分不同的跑道,入口编号加上 L 和 R 两个字母,用以区分左右,上例中,如果该跑道所在的机场修建了第二条平行的跑道,新修建的跑道在前述跑道的西侧,则新跑道的编号应为"36L/18R",现有的跑道编号应改为"36R/18L",因为从飞行员的角度观察,多了一条跑道,当航向向北时,新建的西跑道的南入口在原有的东跑道的南入口左侧,所以叫"36L",原有跑道的南入口改称"36R",北侧两个入口也如此。

如果机场的平行跑道数量到达 3 条,可以用"L","M"和"R"三个字符区别左,中,右,或者,采用相邻跑道号的方法进行编号,具体确定方法需要根据新建跑道和原有跑道的方位关系确认,但应遵从跑道号顺时针旋转的规则。

4. 跑道道面

跑道道面分为刚性和非刚性道面。

刚性道面由混凝土筑成,能把飞机的载荷承担在较大面积上,承载能力强,一般在中型以上空港都使用刚性道面。国内几乎所有民用机场跑道均属此类。

非刚性道面有草坪、碎石、沥青等各类道面,这类道面只能抗压不能抗弯,因而承载能力小,只能用于中小型飞机起降的机场。

5. 跑道宽度

飞机在跑道上滑跑、起飞、着陆不可能总是沿着跑道中心线运行,飞机有时还要调头,因此跑道应有足够的宽度,但也不宜过宽,以免浪费土地。决定跑道宽度的主要因素是飞机的翼展及主起落架外轮轮距,一般不超过 60 m。

6. 跑道坡度

为了保证起飞、着陆和滑跑的安全,跑道纵向坡度及坡度的变化应尽量避免。在使用有坡度的跑道时,要考虑对性能的影响

跑道横向应有坡度,且尽量采用双面坡,以便加速道面的排水,当采用双面坡时,中心线两侧的坡度应对称。

4.3.6 航站楼

航站楼是航站区的主体建筑物。航站楼一侧连着机坪,另一侧与地面交通系统相连。航站楼的基本功能是安排好旅客和行李的流程,为其改变运输方式提供各种设施和服务,使航空运输安全有序。

1. 航站楼的水平布置

航站楼的水平布局是否合理,对运营和管理的影响极大。

航站楼水平布置的一般原则是:对于空侧,航站楼要有足够的停机位以便接纳到港和离港的飞机。对于陆侧,应有足够的地面旅客接纳能力。在一般情况下,一个机场设一个航站楼,如果旅客流量大,集中办理无法满足旅客要求,也可设多个航站楼。

航站楼的水平布置形式有如下几种。

(1)前列式候机楼

航站楼为直线或曲线形,飞机沿着航站楼停靠,登机口沿候机楼前沿布置,通过登机廊桥连接航站楼和飞机。在某些简单的机场,则通过步行出航站楼,由登机桥上飞机,如图4－16所示。

采用这种方式布置时候机楼不宜过长，否则将给旅客带来不便，因此前列式布置方式只适用于中小规模的机场。

（2）廊道式候机楼

为了延展航站楼空侧的长度，候机楼主楼朝停机坪方向伸出一条或数条廊道，登机口沿廊道两侧布置，如图 4 - 17 所示。当指廊较长时，采用这种方式布置可能使部分旅客的登机步行距离加大；飞机在指廊间运行不方便。

图 4 - 16　前列式

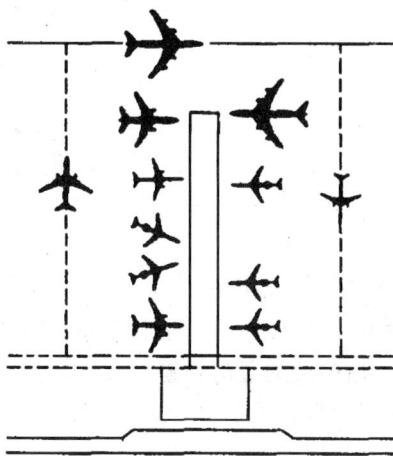

图 4 - 17　廊道式

（3）卫星式候机楼

在候机楼主楼之外建造一些登机厅（卫星式建筑物），沿登机厅周围布置登机口，而登机厅与主楼用廊道连通，如图 4 - 18 所示。这种布置方式克服了廊道式旅客步行距离过长的缺点，能多设固定登机口；这些登机厅通过地下、地面或高架廊道的方式与主楼连接。

卫星式候机楼可通过卫星建筑来延展航站楼的空侧；一个卫星建筑上的多个门位与航站楼主体的距离几乎相同，便于在连接廊道中安装自动步道接送旅客，不会因卫星建筑距航站楼主楼较远而增加旅客步行距离。

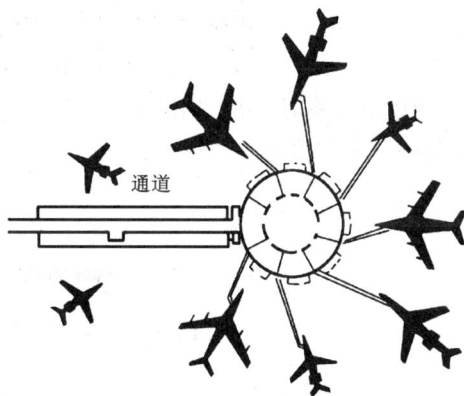

图 4 - 18　卫星式

（4）转运车式

采用这种登机方式时，飞机停在远离候机楼的停机坪上，旅客搭乘摆渡车登机或离机，如图 4 - 19 所示。其优点是避免了旅客步行距离过长；可节省建造廊道的费用；候机楼可集中布置，平面灵活，不受飞机载客增多、飞机型号增大的影响。其缺点是要用到摆渡车，开行摆渡车导致运营费增加，普通摆渡车旅客满意度低且旅客上下摆渡车需要时间，旅客进、出港效率低。

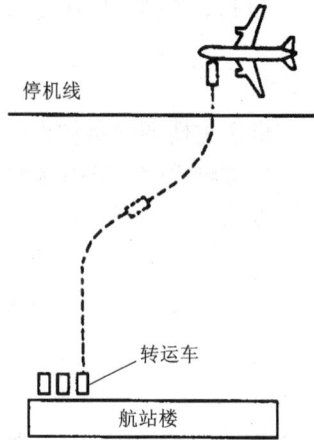

图 4 – 19　转运车式

（5）综合式候机楼

采用上述 4 种中的两种或两种以上形式建造的候机楼。

2. 航站楼的竖向布置

航站楼竖向布置的原则是要合理安排旅客和行李的流程。一般情况下，航站楼层数越多，旅客越感到不方便，因此，航站楼的层数不宜超过三层。

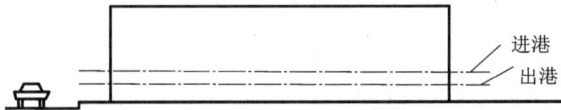

图 4 – 20　单层式

采用单层方案时，进、出港旅客及行李均在机坪层进行，旅客一般只能利用舷梯上、下飞机，如图 4 – 20 所示。

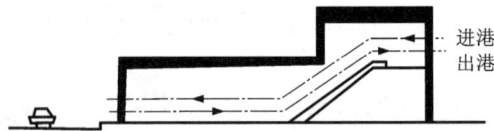

图 4 – 21　一层半式

采用一层半方案时，出港旅客在一层办理手续后到二层登机，登机时可利用登机桥。进港旅客在二层下机后，赴一层提取行李，然后离开，如图 4 – 21 所示。

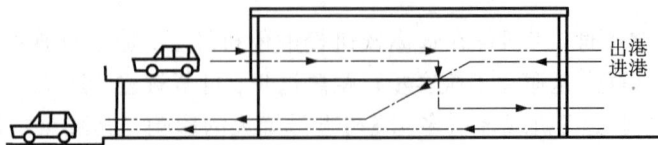

图 4 – 22　二层式

采用二层方案时，旅客、行李流程分层布置。进港旅客在二层下机，然后下一层提取行李，转入地面交通。出港旅客在二层托运行李，办理手续后登机，如图 4 - 22 所示。

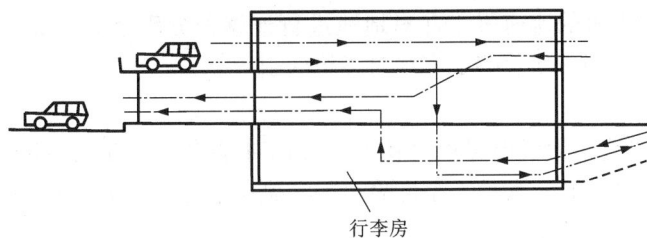

行李房

图 4 - 23　三层式

采用三层方案时，旅客、行李流程基本与二层方案相同，只是将行李房布置在地下室或半地下室，如图 4 - 23 所示。

4.3.7　导航设备

导航的任务是确定飞机飞行中所在的位置，以及确定飞机的飞行方向。

导航方法有目测导航、定点推算导航、天文导航和无线电导航等。

1. 目测导航

目测导航是最简单的导航方法，就是驾驶员靠目力观察地面熟悉的地形和地物，如山峰、河流、铁路等，或者借助于航空地图上的标记来飞行。显然，这种方法有很大的局限性。天气不好或者飞行地区没有详尽的航空地图，就会遇到困难，所以只限于短途和低空飞行。但是只要有可能，总是尽量把目测导航和其他导航方法配合起来进行工作，以便获得更好的效果。

2. 定点推算导航

这一导航方法是根据出发地和目的地的已知位置，利用航空地图选择航线，再根据风向、风速和飞行速度，依靠罗盘、航空时钟、空速表和高度表来推算出已飞过的距离和目前飞机所在位置，并确定下一步的飞行方向。如第一次飞越大西洋就是采用这种方法(纽约至巴黎)，但是定点推算不精确，所以现代飞机上已很少采用了。

3. 无线电导航

无线电导航分为自主式导航(多普勒导航)和协调式导航。

1) 自主式导航(多普勒导航)

可完全依靠飞机上的无线电设备完成导航任务，它不受地区和气候条件限制，不依赖地面设备，可在敌区工作，而且隐蔽性好。

多普勒导航是利用"多普勒效应"来工作的。

当振动着的波源逐渐靠近观测者时，测量到的频率比从波源发出的频率高；当波源离去时，测量到的频率则低于发出的频率。这叫多普勒效应或多普勒原理。

飞机飞行时，它上面安装的多普勒雷达向地面发出无线电波，如果它的频率为 f_0，那么反射回来的无线电波的频率就变成 $f_0 + f_d$，这里 f_d 叫多普勒频率(多普勒频移)，飞机的速度越快，f_d 就越大，多普勒雷达通过测定多普勒频率，获得飞机的地速和偏流角。地速等于飞机空速(飞机相对于空气的速度)和风速相加,空速和地速之间的夹角就叫偏流角。

多普勒导航系统由脉冲多普勒雷达、航向姿态系统、导航计算机和控制显示器等组成。多普勒雷达测得的飞机速度信号与航向姿态系统测得的飞机航向、俯仰、滚转信号一并送入导航计算机,计算出飞机的地速矢量并对地速进行连续积分等运算,得出飞机当前的位置。利用这个位置信号进行航线等计算,实现对飞机的引导。

2)协调式导航

飞机上的设备和地面无线电导航台协调工作时才能进行导航的导航方式称为协调式导航。目前在飞机上使用较广,其优点是准确可靠,缺点是必须依赖地面设备,无法在敌区工作,而且易受干扰。

(1)甚高频全向信标(VOR)和测距仪(DME)组成的系统

地面设备通过天线发射从 VOR 台到飞机的磁方位信息,其中 VOR 和 DME 常配套使用,在提供给飞行器方向信息的同时,DME 还能提供飞行器到导航台的距离信息,这样飞行器的位置就可以唯一的被确定下来

(2)无方向信标系统(NDB)

NDB 也叫中波导航台,是用来为机上无线电罗盘提供测向信号的发射设备。机上无线电罗盘则利用该信号测量飞机与地面导航台的相对方位。

(3)仪表着陆系统

仪表着陆系统由飞机上的航向、

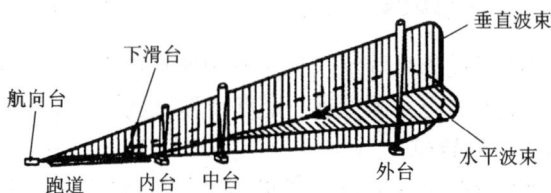

图 4 - 24　仪表着陆原理

下滑、指点信标接收机和指示器以及地面航向台、下滑台和指点信标台组成,如图 4 - 24 所示,它为飞机提供航向道、下滑道和距跑道着陆端的距离信息,用于在复杂气象条件下引导飞机进场着陆。

航向台沿跑道发出两种频率不同的无线电信号,在跑道中心线上,这两种无线电波强度相等,形成一条"等信号区",它恰好与跑道中心线一致,在航向台前有一个航向监视器,用来检查等信号区是否偏离跑道中心线。

下滑台也发出两种频率不同,但带有方向性的无线电波束,形成"下滑等信号区",它是一个斜面,其倾斜坡度为2°~4°。下滑台前也有下滑监视器,其作用是检查下滑台信号所形成的下滑面是否正确。

指点信标台用于标志下滑道上某点的高度与离跑道入口的距离的关系,最多有 3 个指点标。它们垂直向上发射扇形波束,由于它们离跑道的距离是已知的,所以当飞机飞到它的上空时,接受到它们发出的信号,就知道高度与离跑道入口的距离了。

下滑台等信号区是一个斜面,航向台等信号区是一个垂直平面,这两个平面的交线就是飞机下滑的正确航线。飞机只要沿着这条航线飞行就能正确地完成着陆动作,不管外面是有大雾还是黑夜。

4. 天文导航

以星体为基准,利用星体跟踪器测定水平面与对星体视线间的夹角(称为星体高度角)。高度角相等点构成一个大圆。测定两个星体的高度角可得到两个大圆,它们的交点之一就是

飞机的位置。

5. 卫星导航

卫星导航(GNSS)系统是一个全球性的位置和时间的测定系统,包括一个或几个卫星星座、机载接收仪及监视系统。卫星导航系统不仅能提供与 GPS 和俄罗斯的 GLONASS 系统相类似的导航定位功能,且同时具有全球卫星移动通信的能力,即具有通讯与导航的双重功能。

GNSS 在航空导航中主要用于航路导航、进场与着陆和区域导航。其主要优点是其可以使飞机很容易实现任意两点之间的直线飞行,而且可以灵活地选择一条短捷航路。不再受地面电台的限制,实现随机导航。

GNSS 可以提供一个无缝隙的导航引导系统,可供航空器在不依靠其他导航系统的前提下在各个飞行阶段使用。

4.4　空中交通运行与管理

4.4.1　空中交通管制

空中交通管制就是对飞机的飞行进行管理,引导飞机按既定航线飞行,并合理控制空中交通流量,保证飞行安全,空中交通管制体系如图 4-25 所示。空中交通管制分为程序管制和雷达管制。

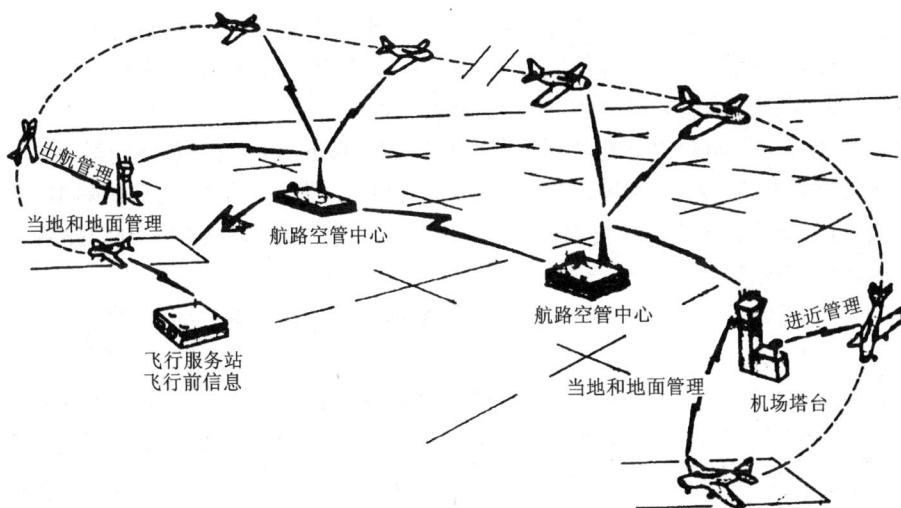

图 4-25　空中交通管制体系

1. 程序管制

程序管制的任务是为飞机配备安全间隔。程序管制方式对设备的要求较低,不需要相应监视设备的支持,其主要的设备是地空通话设备。管制员在工作时,通过飞行员的位置报告分析、了解飞机间的位置关系,推断空中交通状况及变化趋势,同时向飞机发布放行许可,指挥飞机飞行。

航空器起飞前，机长必须将飞行计划呈交给报告室，经批准后方可实施。飞行计划内容包括飞行航路（航线）、使用的导航台、预计飞越各点的时间、携带油量和备降机场等。空中交通管制员将批准的飞行计划内容填写在飞行进程单内。当空中交通管制员收到航空器机长报告的位置和其他资料后，立即将其与飞行进程单中的相关内容进行比对，当发现航空器之间小于规定垂直和纵向、侧向间隔时，立即采取措施进行调配间隔。这种方法速度慢、精确度差，为保证安全对空中飞行限制很多，如同机型、同航路、同高度需间隔 10 min，因而在划定的空间内所能容纳的航空器较少。

机场放行仪表飞行飞机的时间间隔如下：

前后两架飞机同速度、航迹和巡航高度时，前一架飞机起飞后 10 min，放行后一架飞机。

前后两架飞机同速度、航迹但不同巡航高度时，前一架飞机起飞后 5 min，放行后一架飞机。

前后两架飞机不同速度、相同航迹时，速度较快飞机起飞后 2 min，放行较慢飞机。

航路仪表飞行飞机穿越航线的时间间隔如下：

穿越处无导航设备，在穿越航线中心线时，保持与其他飞机时间间隔不少于 15 min。

穿越处有导航设备，在穿越航线中心线时，保持与已飞越导航设备的飞机时间间隔不少于 10 min，与未飞越导航设备的飞机时间间隔不少于 15 min。

2. 雷达管制

通过雷达对空中飞行的飞机进行监视，掌握飞机的航迹位置和有关飞行数据并引导飞机飞行。

在向飞机提供雷达管制服务前，管制员必须对飞机进行识别确认，可采用一次雷达或二次雷达识别。对飞机进行识别后，即可确定飞机是否偏离既定航线，与附近飞机的间隔是否符合规定，以及既定航线上天气情况是否适合飞行，然后决定是否对飞机进行必要的引导。

与程序管制相比雷达管制是空中交通管制的巨大进步。

程序管制和雷达管制最明显的区别在于两种管制手段允许的航空器之间最小水平间隔不同。在区域管制范围内，程序管制要求同航线同高度航空器之间最小水平间隔 10 min（对于大中型飞机来说，相当于 150 km 左右的距离），雷达监控条件下的程序管制间隔只需 75 km，而雷达管制间隔仅仅需要 20 km。

允许的最小间隔越小，意味着单位空域的有效利用率越高，飞行架次容量越大。

（1）一次雷达

雷达发射机产生足够的电磁能量，经过收发转换开关传送给天线。天线将这些电磁能量辐射至大气中，集中在某一个很窄的方向上形成波束，向前传播。电磁波遇到波束内的目标后，将沿着各个方向产生反射，其中的一部分电磁能量反射回雷达，被雷达天线获取。天线获取的能量经过收发转换开关送到接收机，形成雷达的回波信号。由于在传播过程中电磁波会随着传播距离而衰减，雷达回波信号非常微弱，几乎被噪声所淹没。接收机放大微弱的回波信号，经过信号处理机处理，提取出包含在回波中的信息，送到显示器，显示出目标的距离、方向、速度等，如图 4-26 所示。

（2）二次雷达

发射询问信号并接收目标的应答信号来获得目标信息的雷达称为二次雷达。二次雷达的概念是相对于依靠接收目标反射回波工作的一次雷达而言的，由询问机和应答机两部分组

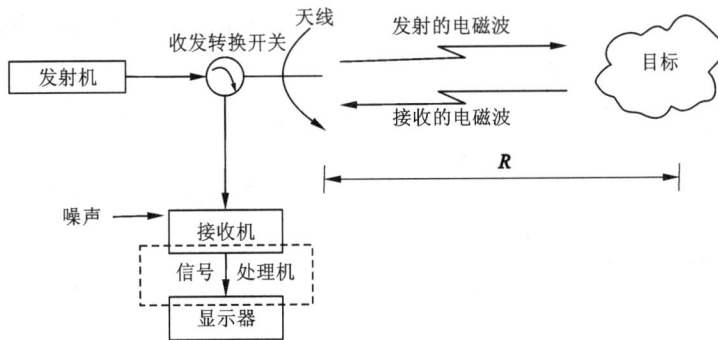

图 4 - 26　一次雷达基本工作原理

成。询问机与雷达安装在一起，应答机安装在飞机上。询问机和应答机使用两个不同的频率。询问机定向地向飞机发出"识别"或"高度"模式的询问信号，该飞机上的应答机则回答一组含有识别编号或高度数据的编码脉冲，如图 4 - 27 所示。通过询问机的定向天线扫描，可获取目标回波时的方向信息以及询问和应答之间所经过的时间，进而测出飞机的方位和距离。这样，就得到了被管制飞机的方位、距离、高度数据，显示在一次雷达或二次雷达的显示器上，供交通管制人员指挥飞机安全飞行和起降。二次雷达不能探测和识别无应答机的非合作目标。

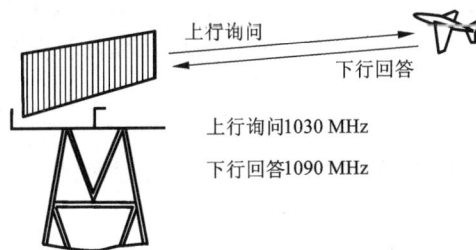

图 4 - 27　二次雷达原理

二次雷达具有如下优点：
①由于目标的定位是靠两次有源辐射，同样的辐射功率二次雷达作用距离远。
②由于询问频率和回答频率不同，避免了一次雷达的地物波和气象波干扰。
③由于采用编码信号，可以交换信息。
二次雷达的缺点如下：
①窜扰。当两部以上的询问机相继对空中的多部应答机进行询问时，应答机对每个询问信号均会产生回答。因此，每个询问机接收到的应答信号中，除应答机对自己的回答信号外，还有该应答机对另一部询问机的回答信号，后者对本询问机实际上是一种干扰，且不可能与本询问信号同步，故称窜扰或异步干扰。
②混扰。当询问天线波束内有两个或两个以上的我方目标时，询问机可以收到询问天线波束内的所有应答机的回答信号。由于回答的信号有一定持续时间，所以当两个目标接近

时，询问机收到的信号会相互交错、重叠，妨碍正确译码，造成干扰，故称之为混扰。

③占据。在应答机接收一询问信号至转发完回答信号的一段时间内，该应答机不可能响应其他的询问，即应答机被占据了。

4.4.2 空域管理

空域管理就是对供飞机飞行的空间进行管理，在保证飞行安全的情况下，使空间得到合理利用。

1. 飞行高度层的规定

（1）机场区域

不论航向如何，从 600～6000 m，每隔 300 m 为一个高度层；6600 m 以上，每隔 600 m 为一个高度层，直到 12000 m。

（2）航线区域内

真航线角在 0°～179°范围内，从 900～5700 m，每隔 600 m 为一个高度层；6600～11400，每隔 1200 m 为一个高度层；13000 m 以上，每隔 2000 m 为一个高度层。真航线角在 180°～359°范围内，从 600～6000 m，每隔 600 m 为一个高度层；7200～12000 m，每隔 1200 m 为一个高度层，12000 m 以上，每隔 2000 m 为一个高度层。

2. 空中交通服务区域

（1）飞行情报区

为飞行提供情报服务和告警服务而划定的区域。它主要是针对外国飞机进出和飞越我国境内而划定的。飞行情报指有助于安全和高效地实施飞行的建议和情报，包括天气、航路、机场、调度等相关管理和信息服务。告警服务是指航空器遇难或失踪时通知有关单位，并协助搜寻或援救的业务。

（2）飞行管制区

为飞行提供空中交通管制服务而划定的空间称为飞行管制区，分为区域管制和机场管制两种。

①区域管制可分为高空管制（6600 m 以上）和中低空管制（6600 m 以下）。在每个区域管制区内设立区域管制室，负责为在管制区内飞行的民航飞机提供管制服务、飞行情报服务和告警服务。飞行繁忙的区域管制区，还划分扇区。

②机场管制通常是指以机场基准点为中心，水平半径 50 km，垂直高度 6600 m 以下的空间。在每个机场管制区内设立塔台管制室，负责对进、离场和在本场内飞行的飞机提供管制服务、飞行情报服务和告警服务。飞行繁忙的机场，还设立进近管制室。

（3）航路

航路是为了保证省市区之间以及我国与外国之间的航空运输，在我国境内飞行密集的航线上建立的飞行通道。航路是空中一条带状的区域，其宽度为 20 km（中心线两侧各 10 km），沿途有良好的备降机场、导航设备和监视雷达，以保证飞机在航路内准确飞行。

（4）航线

航线也是空中一条带状的区域，与航路相比，航线上的飞机密度较少。航线可分为固定航线和临时航线，固定航线上有导航设备，一般与航路相同。临时航线上的导航设备不全，不能保证飞机作仪表飞行。

（5）空中走廊

机场是飞行频繁的地区，各个方向的飞机都在这里起飞降落，容易产生混乱和冲突。空中走廊就是针对这一情况而设立的，空中走廊是在机场区域内划出的进出机场的空中通道，宽度为 8～10 km，它能减少飞行冲突，提高飞行空间利用率。飞机在走廊内飞行必须保持规定的航向和高度，严格遵守管理员的指挥。

（6）机场区域

机场区域指机场及其附近地区上空，是为飞机在机场上空飞行、加入航线、进入机场和进行降落而规定的区域。

（7）空中禁航区

这是指一个国家的陆地或领海上空，禁止航空器飞行的划定区域，分永久性禁航区和临时禁航区。

（8）限制区

这是指在一个国家的陆地或领海上空，根据某些规定的条件，限制航空器飞行的划定空域。它用时间和高度等条件限制航空器飞入或飞越，如炮射区、靶场等。

（9）危险区

这是指一个在某些规定的时间内存在对飞行有危险的活动的划定空域。它在规定的时间和高度范围内禁止航空器飞越。

4.5　航空运输组织

航空运输是一种社会化的集体生产活动，是资金密集型、高风险、高科技服务性产业，拥有巨额资产、先进技术和设备、复杂的生产过程和严格的生产质量标准、跨区域的生产规模和庞大的员工队伍。经过近一个世纪的发展，航空运输在国际、国内以及航空运输生产企业内部已经形成一整套管理体系，以保证航空运输的安全、有序、高效。

4.5.1　旅客运输组织

1. 制定航班计划

航班计划是航空运输企业组织生产的核心，是组织和协调生产部门与管理部门各项工作的依据，是企业赖以生存的基础。航空公司应根据公司的发展目标、航线计划、运力、人力资源以及资金等情况，在市场调查的基础上，进行航班的安排。

2. 航班座位管理

航班座位管理是保证实现航班计划的重要环节之一。通过科学地管理航班座位，充分发挥运力，提高飞机乘坐率，以获得最大的经济效益。

航班座位管理一般通过计算机订座系统来实现，辅以手工操作。在现代航空运输市场经营过程中，计算机订座系统是一个极其重要的系统，可显著提高订座效率和销售水平。

3. 吨位控制

在保证运送旅客的基础上，为充分利用飞机的运载能力，应配以足够的货物或邮件，以提高飞机的载运率，降低成本。吨位控制通过对航班飞机进行配载平衡实现。

4. 运输飞行组织

航空运输生产活动的目的，就是要将旅客、货物、邮件安全正点地运送到目的地。运输飞行组织的任务，就是为圆满完成这项目标有效地组织飞行。

4.5.2 货物运输组织

1. 运输生产计划

根据航空货运市场调查和预测，估算航空货物在各机场之间的流量和流向，确定本公司的市场目标和市场份额。在此基础上制定货物运输生产计划，主要包括运力计划、运输量计划、周转量计划、收入计划及在上述计划的基础上形成的运输综合计划等。

运力计划。运力计划是在市场调查和预测的基础上，根据公司飞机的情况、预期市场目标和市场份额，计划投入航线的机型、航班数，也就是计划航线可提供吨位。

运输量计划。运输量计划是根据市场需求量预测、航空公司可提供吨位和历史生产完成情况，计划在每条航线上的运输量及总运输量。

周转量计划。周转量计划是根据航线航班计划和运输量计划，制定每条航线的运输周转量和总周转量计划，也就是航线的运输计划。

收入计划。编制收入计划的关键是要正确确定货物运输费率。货物运输费率除考虑航线差异之外，还要考虑货物的构成、运输量，价格调整系数等因素。航空货物运输费率一般是根据历史平均费率和计划期费率调整情况确定的一个估算值。对于包机运输来说，运价则根据运输量计划中包机飞行小时乘以包机费率得出。各航线货运收入计算之和，即为航空公司年度的货运收入计划。

运输综合计划。将各分类计划的总量指标汇集在一起，就形成了运输综合计划，它反应了航空公司计划年度的主要货物运输指标、收入指标和发展情况。

2. 货物进出港生产组织与管理

航空货物运输市场销售部门接收的交运货物，一般在机场组织进出港生产。航空公司通常委托航线机场进行货物进出港组织和管理，大型航空公司一般在基地机场自行组织货物进出港生产。

货物的进出港是一个组织严密的生产过程，有严格的工序控制和定时要求，涉及的部门多，需要统一组织和协调，密切合作共同完成。

旅客航班的航空货运生产工序要定时，与客运同步进行，以保证航班正点。

3. 吨位控制与配载

民航旅客运输通过座位控制和运价政策来提高乘坐率。座位控制只考虑客舱的可用座位数，整个客舱空间的使用费用已经计入每张客票之中。航空货物运输则不一样，需要通过吨位控制来提高载运率。换言之，货运既要考虑货物的体积，还要考虑货物的重量。因此，吨位控制的任务是，通过舱位预订与分配提高货舱的载运率，避免吨位浪费、超售或装运过载。

航空货运可以采用全货机或客货混装型飞机运输。

(1)全货机方式运输

采用全货机方式运输时，吨位控制和配载过程比较单一。主要控制货物体积(不能超高、超长)、形状(易于固定)，不能超重。

(2)客货混装方式运输

客货混装方式运输,由于必须首先考虑运送旅客,因此货运吨位控制和配载应在保证客运的前提下进行。根据乘客的座位分布情况,按照飞机配载要求,进行货物的重量和位置控制,在保证飞机飞行平稳安全的前提下充分提高飞机载运率。

4.6 国际航空运输

国际航空运输是指涉及一国以上的航空运输。

国际航空运输除了航空运输所具有的各种特点外,其最大特点就是涉及国家主权原则,因为航空可用于军事、侦察、犯罪等多种危及国家安全的活动。因此,国际航空运输不同于国际间一般的商业或贸易交往,其意义远远超出运输的单一范畴,而与政治、经济、外交、国防等许多方面有直接联系,受到各国政府的极大关注。

当一个国家的某个航空公司计划开辟国际航线,准备开设到另一个国家某个城市的航班时,必须具有对方国授予的航空运输市场准入权。航空运输市场准入权是进入国政府授予的航班运营基本权利,以允许外国航空公司进入本国航空运输市场进行有条件的或无条件的航空旅客运输或航空货物运输业务。

4.6.1 航班业务权

国际航空运输市场准入的内容之一是业务经营权。一国授予另一国的某航班在授权国的业务经营权利,就是规定承运人、航班次数、航班号、航班飞机型号、航班经营方式等事项,并在航空运输协定中详细说明。业务经营权利还包括飞越权、技术性降停权、加班飞行权等。获得、保护、保留或撤销这些权利的法律基础是相关的国际民航公约以及两国政府的协定。

航班业务权共有九种。

第一航行权。飞越授权国领空而不降停的自由或权利,称之为飞越权。

第二航行权。在授权国领土上作非业务性降停(加添油料或由于机械、气象等原因的降停而不上、下旅客、货物和邮件)的自由或权利,称之为技术降停权。

第三航行权。在授权国卸下来自航空机所属国的旅客、货物和邮件的自由或权利,称为卸载权。

第四航行权。在授权国装上前往航空机所属国的旅客、货物和邮件的自由或权利,称为装运权。

第五航行权。在授权国卸下来自第三国的旅客、货物和邮件,或从授权国装载旅客、货物和邮件飞往第三国的自由或权利。即承运人可在授权国经营一条境外航线。这一权利表明,允许承运人在授权国有较大的业务经营范围,这也意味着向承运人所在国开放航空运输市场。

第六航行权。在授权国卸载或装载来自或前往承运人所在国的旅客、货物和邮件,而这些旅客、货物和邮件可以由该承运人的不同航班运往第三国或承运人所在国。

这意味着承运人可在授权国经营第三国至承运人所在国之间的客货联运业务。

第七航行权。在授权国卸载或装载来自或前往其他国家的旅客、货物和邮件,然后飞往第三国或其他国家。这意味着承运人可在授权国经营境外业务。

第八航行权。在授权国经营在授权国的国内两个不同的地点间载运旅客、货物和邮件业务，但航机以本国为终点站。

第九航行权。本国航机可以到授权国作国内航线运营。

第六、第七、第八、第九航行权目前尚未得到国际民航组织及大多数成员国的认可。

4.6.2 国际航空运输的多边协定

"国际航空运输的多边协定"是指国家之间的国际航空运输双边或多边协定，《芝加哥公约》中明确规定，任何国际航班，未经授权，不得进入其他国家的领空。

1. 互惠业务权

互惠业务权是双边航空协定的首要内容。互惠业务权就是双方同意对方经营什么线路，开放哪几个经营点，同意哪些经停点。

这就要求在谈判中要有明确的方针和政策，对有关情况和资料要及时掌握，谈判中必须争取什么，可以放弃什么，都要心中有数，最终在能接受的条件下签订自己认为最符合自己利益的协定。

2. 运力与运价

（1）运力的管理

国际双边航空协定中对运力的管理可以归纳为三类，即自由确定法，百慕大Ⅰ法和事先确定法。

自由确定法是指在双边协定中对运力完全不作规定，不加限制，听由各航空公司根据市场需要，自行决定使用什么机型，飞多少航班。

百慕大Ⅰ法就是"事后审议法"。对运力完全不作规定，不加限制，听由各航空公司根据市场需要，自行决定使用什么机型，飞多少航班。双方当局只是在一定时间后进行磋商，审议双方运力是否符合规定。

事先确定法是指在双边协定中明确规定双方各自使用什么机型，每周或每日飞多少航班。

（2）运价管理

双边协定中的运价管理，包括对运价的制定原则和审批程序，运价制订原则一般由双方有关航空公司进行协商，取得一致后报有关政府批准。

国际双边航空协定中对运价的管理主要有三种模式，即双批准模式，始发国原则模式及双不批准模式。

双批准模式下双方指定承运人应向双方政府提交进、出其领土的运价。该运价需由双方政府批准才能生效，该模式是目前制定运价最常见的方法。

始发国原则模式下运价由业务始发国一方批准运价即可生效。包括从该国始发的单程和来回程运价。

双不批准制模式下承运人呈报的运价都将生效，除非双方政府都不批准。双方同意避免采取单方面的不批准行动，要双边协商一致后才分别予以不批准。政府的不批准行为只限于对认为是掠夺性的或歧视性的运价、或滥用垄断权制定的运价，或由于政府补贴而人为地降低运价。除此之外，政府对运价不予干预。

运价管理比运力管理更为复杂和困难。因为运价在制定后还有一个执行问题，由于两点间运价不是孤立的，它往往和地区甚至地区外的许多运价交织在一起，在计算和货币折算上极为复杂。另外，由于竞争的原因，票价折扣名目繁多，加上中间人的活动，运价在执行上问题很多，并且还出现种种违章行为，国际航空运输界对此极为关心，但至今缺乏解决的办法。

3. 协定的实施

在协定中规定航线承运人的运营资格申请程序和运营许可证发放程序，双方各自指定空运企业，受指定的空运企业向对方申报资格，对方发给空运企业经营许可证。

对征收机场和地面设施使用费、油料供应、机务维修、互免关税、适航资格认可、航空器、机组、旅客、货物进出对方国家的查验以及紧急事件的处理等事项进行具体的规定和明确说明。

4. 协定生效与终止

协定中还包括有关法律性质的事项，如协定的审批、生效、争议、终止、撤销、修改等事宜。

双边国家航空运输协定是一个政治性、技术性、商业性相结合的法律文件，协定谈判涉及国家外交、外贸、民航等政府部门。

总之，在遵守国际航空公约的基础上开展国际航空运输业务，必须维护国家利益，坚持互惠互利原则，在此基础上拓展航空运输市场，繁荣和发展国家经济。

重点与难点

---

1. 民用飞机的结构组成。
2. 机场跑道的类型、长度与编号。

思考与练习

---

1. 在某机场跑道的一端测得跑道的磁方向为 233°，计算跑道两端的编号。
2. 仪表着陆系统由哪几部分组成？各自的作用是什么？

第 5 章

管道运输

5.1 管道运输概述

5.1.1 管道运输简介

我国是最早用管子输送流体的国家，据历史史料记载，公元前的秦汉时期，我国的先民们就已经用打通了竹节的竹子连接起来输送卤水。

管道运输是继铁路、公路、水运、航空运输之后的第五大运输方式，它在国民经济和社会发展中起着十分重要的作用，管道运输是利用管道将原油、天然气、成品油、矿浆、煤浆等介质送到目的地的一种运输方式。

管道运输是随着石油生产的发展而产生的一种特殊运输方式。油气能源的开发促进了管道运输的发展，而管道运输技术的提高，又为能源开发创造了条件。随着石油、天然气生产和消费速度的增长，管道运输发展步伐不断加快。

管道运输的管道按所输物品的物态可将其分为原油管道、成品油管道、天然气管道、二氧化碳气体管道、煤浆管道及矿浆管道等。

1. 输油管道

现代意义的输油管道始于 19 世纪中叶。1865 年在美国宾夕法尼亚州建成第一条原油管道，直径 50 mm，长 9.75 km，每小时输送原油 13 m^3。这时期管道运输在管材、管道的连接方法、施工机械和油气增压设备等方面都存在很多待解决的问题。实际上，直到 20 世纪初，管道运输才有进一步发展，但真正具有现代规模的长距离输油管道则始于第二次世界大战。当时，美国因战争需要，建设了两条当时管径最大、距离最长、技术水平最好的输油管道。一条是原油管道，管径为 600 mm，连同支线全长 2158 km，日输原油 47700 m^3；另一条是成品油管道，管径 500 mm，包括支线全长 2745 km，日输成品油 37420 m^3。

20 世纪 60 年代开始，输油管道向着大管径、长距离方向发展，苏联—东欧的"友谊"输油管道和美国的横贯阿拉斯加的输油管道就是两个典型代表。沙特阿拉伯的东—西原油管道和阿尔及利亚—突尼斯的原油管道都穿过了浩瀚的沙漠地区。随着英国北海油田的开发，兴建了一批海洋原油管道，最长的达 358 km，在深一百多米的海底铺设。这些管道的建设成功，标志着管道已可以通过极为复杂的地质、构造区与气候恶劣的地区。

2. 输气管道

18 世纪以前，世界输气管道使用竹木管。18 世纪后期用铸铁管，19 世纪 90 年代开始采用钢管。输气动力开始全靠天然气井口压力，1880 年后才用蒸汽驱动的压气机。20 世纪 20—30 年代采用了双燃料发动机驱动的压气机给天然气加压，输气压强从 6 kg/cm^2 上升到 28 ~ 42 kg/cm^2。输送距离也愈来愈长。

世界第一条工业规模的输气管道是 1886 年美国从宾西法利亚州的凯思到纽约州的布法罗，全长 140 km，管径 200 mm。现代输气管道的发展始于 20 世纪 40 年代末，美国田纳西天然气公司建设了一条从西部到东海岸的输气管道，全长 2035 km，管径为 609 mm。

20 世纪 70—80 年代是世界天然气管道系统发展的高峰期。在这一时期，世界天然气管道系统不仅在数量和规模上有很大的增长，而且天然气储运的各项技术水平都得到了很大的提高。

随着现代科学和工程技术的发展，以及世界对天然气需求量的日益增加，促使管道朝着大口径、高压强方向发展，出现了规模巨大的管网系统。长距离输气管道普遍采用压气机增压输送；管材广泛采用低合金钢，并开始采用更高强度的材料。为降低管道内的摩擦阻力，钢管已普遍采用内涂层。

目前，已建成的大型输气管道有：

①前苏联乌连戈依—中央输气管道系统。全系统由 6 条输气干线组成，总长 2×10^4 km，1985 年建成投产，输气量达 1.8×10^{11} m^3，向国内外供气。

②阿尔及利亚—意大利输气管道。全长 2506 km，1983 年建成投产，年输气量 1.25×10^{10} m^3，这条管道穿越地中海，建造了水深 600 m 的海底管道。

③横贯加拿大输气管道。总长 8500 km，1983 年建成投产，管道年输气量达 3×10^{10} m^3。

④阿拉斯加公路输气管线，该管线起于阿拉斯加北坡的普鲁霍湾气田，经加拿大进入美国。建于 1986 年，全长 7800 km 余，输气能力为 $(2.48 ~ 3.30) \times 10^{10}$ m^3。

3. 输送固体料浆管道

固体料浆管道输送一般是将固体物料破碎成粉粒状，与适量的液体配制成可输送的浆液后再利用管道进行输送，在浆液到达目的地后，再将固体与液体分离后送给用户，其工艺包括固体物料的粉碎、制浆、管道输送和颗粒的脱水等过程。

按所输物质分为煤浆管道、铁矿浆管道等；管道的载体一般用水，也正在发展用甲醇等其他液体作载体。

目前长距离、大输量的固体料浆管道都采用浆液输送工艺。浆液输送系统包括浆液制备厂、输送管道、浆液后处理子系统。

利用管道输送固体物料也有相当长的历史，1904 年出现了用管道输煤的专利，1930 年出现过输送废煤渣和磷酸盐的管道。但真正应用于工业生产的高效、可靠而经济的长距离煤浆管道，还是在 1957 年才建成的，该管道长 175 km、管径 273 mm，铺设在美国俄亥俄州，每年输煤 1.3×10^6 t。之后，美国于 1970 年 11 月建成投产从亚利桑那州北部黑梅萨地区的露天煤矿到内华达州的莫哈夫电厂的输煤管道，全长 439 km，管径为 457 mm，

设计年输煤量为 5×10^6 t。

世界上第一条输送铁矿石的管道 1967 年在澳大利亚投产，管径 248 mm，长 85 km，每年输送 2.3×10^6 t 铁矿。1977 年 5 月巴西建成并投产了全长 393 km、管径为 509 mm 的萨马科铁矿浆管道，计划年输铁矿石 1.2×10^7 t。

随着固体料浆管道在技术上逐渐成熟，固体管道运输正在日益发展。

4. 容器式输送管道

容器式输送管道的原理是靠鼓风机在管道内建立气体气压差，以推动带有轮子的容器列车在管道内运行，待输的物料是在装载站自动定量装入容器中的，并在卸载站自动卸下。容器式管道输送装置由气源站、管道、容器、接收站和电气控制系统组成。

容器式管道输送技术在 1827 年已取得专利，1860 年在伦敦建成了世界上第一条输送邮件的容器式管道，这种输送方式虽在当时引起人们很大的兴趣，但其实用性有待进一步提高，未得到广泛应用。在解决了大型容器停止时的冲击和管道的制造等技术问题后，联邦德国于 1964 年在汉堡建成一条管径为 450 mm、容器两端装有走轮、输送距离为 2200 m 的压送式管道输送装置的实用线。自 1970 年起加拿大、美国、苏联、南非和日本对容器式输送管道进行了大量的研究并获得进展，已成功用该项技术来输送石灰石、建筑材料，隧道开挖出来的土石方和固体废弃物。

容器式管道输送装置除用空气推动外，也有用水来推动的。其特点是可在倾斜度大，甚至在垂直管线中输送；水有较大的浮力，输送时能耗可相对减少；输送速度低时噪声很小，但要求水密性好。

5.1.2　管道运输的特点

管道运输与铁路、水运、道路等运输方式相比，具有下述特点：

①可实现不间断输送。

②运量大。一条管径 720 mm 的管道可年输送原油 2×10^7 t 左右，相当于一条铁路的全部运量。一条管径 1220 mm 的管道，年输送量可达亿吨以上。

③可按短直方向定线、占地少。管道可以从河流、湖泊乃至海洋的水下穿过，也可以穿越高山，横贯沙漠，因此管道基本上不受平面障碍物的影响，且允许纵坡较铁路、公路大，故易于选取捷径，缩短运距。另外，管道埋于地下部分占总长度的 95% 以上，占用土地少。

④受气候条件的影响较少。可长期稳定运行。

⑤劳动生产率高。可对管道实行远程控制，自动化程度高，便于管理，维修工作量也小。

⑥安全性较好。易燃、易爆、易挥发的气体或液体采用管道输送，既可减少挥发损耗，也较其他运输方式安全。

⑦耗能低，运费低廉。每吨千米原油的管道能耗，相当于铁路的 1/12 ~ 1/7；成品油管道的运费只是铁路运费的 1/6 ~ 1/3。尤其在大输量时，运输成本接近水运。

⑧漏失污染少，无噪音。根据西欧石油管道的统计，漏失量约为输送量的百万分之四。

⑨建设投资大，建成后改线困难。

⑩承运货物单一。适应面窄，只适合单向、定点、量大的货物运输。

5.2　长距离输油管道

5.2.1　概述

　　长距离输油管道是连接油田、炼厂、油库或其他用油单位的长距离输送原油或成品油的管道。

　　原油管道的起点大多是油田，终点则可能是炼油厂，或转运原油的港口、铁路枢纽。

　　成品油管道的起点常是炼油厂或成品油库，沿途常有较多的支线分油或集油。其终点和分油点则是转运油库或分配油库，在该处用铁路或公路运输将各种型号的成品油送给城镇的加油站或用户；也有用支线将油品直接送给大型用油企业的，如将轻油送给化工厂，或将燃料油送给发电厂；或有沿途接入其他炼油厂或油库的进油支线，以构成地区性的产、运、销管网系统。成品油管道输送的货物除了石油炼制产品(包括各种牌号的汽油、煤油、柴油、燃料油和液化石油气等)外，还包括油、气田生产的液态烃和凝析汽油。由于所输的油品品种繁多，成品油管道常采用顺序输送的方法。

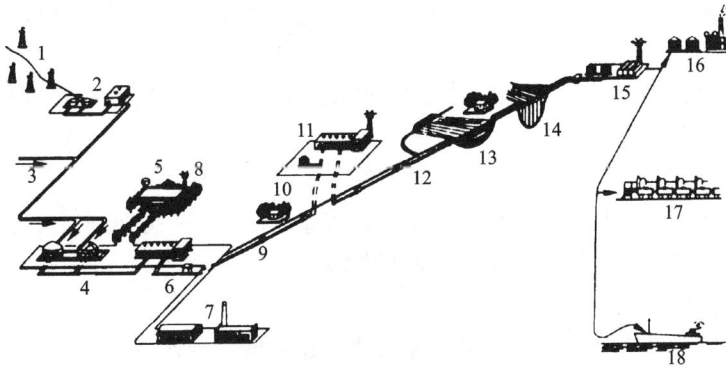

图 5-1　管道输油系统

1—井场；2—转油站；3—来自油田的输油管；4—首站罐区和泵房；5—全线调度中心；
6—清管器发放室；7—首站的锅炉房、机修厂等辅助设施；8—微波通讯塔；9—线路阀室；
10—管道维修人员住所；11—中间输油站；12—穿越铁路；13—穿越河流的弯管；
14—跨越工程；15—末站；16—炼厂；17—火车装油栈桥；18—油轮装油码头

　　由于油品在沿管道向前输送的过程中会损失压力能，如输送的是热油，则还有热能的损失，故必须在沿途设置若干个输油站，以供给油流压力能和热能。

　　由于长输管道的输油压力大，故干管部分都由钢管焊接而成。为防止土壤对钢管的腐蚀，管外都涂有防腐绝缘层，并加以阴极保护(阴极保护技术是电化学保护技术的一种，其原理是向被腐蚀金属结构物表面施加一个外加电流，被保护结构物成为阴极，从而使得金属腐蚀发生的电子迁移得到抑制，避免或减弱腐蚀的发生)等电法防腐措施。长输管道沿途每隔一定距离设有截断阀，阀门设在地下阀井或地上阀室内；大型穿(跨)越构筑物两端也必须设截断阀，以便一旦发生事故可及时截断管内的油流，防事故扩大和便于抢修。

有线或无线通信系统是全线生产调度和指挥的重要工具，大部分输油企业都自有一套独立的联系全线的通讯系统，包括通讯线路和中继站。

输油管道也可按所输油品的比重不同，分为轻油管道和重油管道。

不论输送何种油品，长距离输油管道都是由输油站(包括首站、末站、若干个中间泵站、中间加热站等)和管道线路工程两大部分组成。长输管道的线路部分包括干管、沿线阀室，通过河流、铁路、公路、峡谷等的穿(跨)越构筑物，管道防腐用的阴极保护设施，以及沿线的简易公路、通讯线路、巡线人员住所。

1. 管道输送工艺

(1)热油输送工艺

就是对高黏度、易凝固油品加热后输送；加热的油品沿管道流动，其热量不断地向周围介质释放，油温不断下降，故一般除在首站加热油品外，在沿线中间站还需再次加热，补充油品沿线损失的热量，以维持适宜的输送温度。

如大庆油田原油的蜡含量较高，含蜡原油的特点是凝固点高，低温下黏度高，高温下黏度低，故需对其加热降低其黏度后才能输送。

(2)油品热处理工艺

该项工艺在原油输送中应用较多，如含蜡原油热处理是将原油加热到某一温度，使蜡晶全部溶解，胶质和沥青质高度分散，然后，再以一定的冷却方式和冷却速度进行冷却，使蜡重新结晶，改善原油品质。

采用该项技术，可使原油管道减少中间加热站，降低输油管道的投资及运行费用，提高运行安全性。

(3)常温输送工艺

常温输送是指不对油品加热，直接加压进入管道，油品经一定距离后，管内油温等于管线埋深处地温的输送方式。适合低凝点油品的输送。

(4)伴水输送工艺

用水分散易凝高黏原油，形成水包油乳状液或在管壁形成水环，改善原油与管壁的摩擦条件，减小摩擦阻力。

(5)顺序输送工艺

在一条管道中依序连续输送不同性质的油品。又称交替或批量输送。顺序输送可提高管道的利用率，取得较好的经济效益。

(6)油品改性输送工艺

就是对原油进行一定程度的初加工(如脱蜡、脱沥青等)，改变原油的化学成分。这样可以使油品的流动特性发生变化，利于输送。

(7)加添加剂输送工艺

加添加剂具有减黏、降凝及减阻的作用，最终达到增输的目的。但常年注入势必提高原油输送成本，而且大多还存在环保问题。

输油工艺的选择应根据所输油品的性质和当地条件，采用不同的输油工艺。我国是世界上盛产含蜡黏稠原油的大国，原油物性覆盖面很广，大多为"三高"原油，即含蜡量多、凝点高、黏度高，流型复杂，流动性能差。针对我国原油物性和流变特性，采取加热、原油热处理及加剂综合处理工艺进行输送，取得了良好的效果。

2. 中间输油站连接流程

中间输油站与其上、下两站之间的连接方式，即中间输油站的连接流程，有开式流程和密闭流程两种。

图 5 - 2　开式流程

(1)开式流程

开式流程是以每个站的"罐到泵"为基本单元组成管道系统的工艺流程，如图 5 - 2 所示。每个中间泵站有不小于两个的常压油罐，上站来油进入收油罐，使上站来油压力泄为常压，站内油泵从发油罐抽油输往下站。收发油罐可互相倒换使用，用油罐调节上下游泵站输量的不平衡，并可用于计量各站的输量。由于油罐是通过呼吸阀与大气相通的，油流进入下一站时压力即降为常压，故称为开式流程。

开式工艺流程的特点是：

①所输油品全部用泵由罐中抽出和全部进入下一单元的罐中，油气的呼吸损耗很大。

②上一泵站多余能量不能用于下一泵站，因而形不成全线的统一压力系统，不利于全线系统优化运行。

③易于操作管理，不易发生水击破坏；但各泵站的液位不稳定，全线输油不平稳，并且不便于多油品循序输送。

输油管道上某个泵站突然因停电或发生事故而停泵，或阀门误关使上站来油在进站处突然受阻，油流的动能转化为压力能，会使进站处的压力骤然升高，这种因流速迅速变化而引起压力变化的现象称为水击。

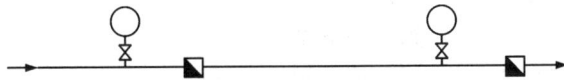

图 5 - 3　旁接罐流程

(2)旁接罐流程

随着管输技术的发展，上、下泵站间的输量差显著减少，也没有必要逐站计量。在这种情况下，油流主体不进入罐内，上、下两站的油泵直接联系，中间站只设置一个油罐(旁接罐)，旁接罐起调节上、下泵站流量不均衡的作用，由于油罐与大气相通，该输油流程仍是开式的，这种开式流程称为旁接罐流程，如图 5 - 3 所示。

旁接罐流程的特点是：

①因所输油品基本上不进入中间泵站的罐内，油气损耗量可大大减小。

②在油泵入口部分属于开式常压系统，仍然存在不能利用站上多余能量的弊病。

③易于操作管理，不易发生水击破坏，运行比较稳定。

（3）密闭式工艺流程

上、下两站的油泵直接连接，中间泵站内不设运行用油罐，上站来油全部直接进泵，沿管道全线油品在密闭状态下输送，全线各泵站是相互串联工作的统一水力系统，各站输量相等，如图5-4所示。密闭流程运行时，各中间站相互密切关联，任何一个泵站或站间管道工作状况的改变，都会使其他泵站和站间管道的输量和压力发生变化；尤其是当某一中间泵站突然停电，或某一机组突然损坏时，会产生较大的水击压力，可能损坏管道和设备。因而要求管道、泵机组、阀件、通讯和监控系统有很好的可靠性和较高的自动化水平。

图5-4　密闭流程

密闭式工艺流程的特点是：

①油品在"泵—管道—泵"的密闭系统中输送，几乎没有油气逸散损失。

②管道的全线形成一个密闭的统一压力系统，有利于实现全线优化运行。

③密闭工艺流程存在的最主要问题，是防止和对付水击作用的破坏。

④要求管道全线具备自动控制、调节与保护功能。

⑤管道运行易于操作管理。

3. 管道站场工艺流程

由站内的输油设备及其管道系统来实现油品在站内的流动过程，称为输油站的工艺流程。主要包括下列流程。

（1）来油与计量

油品的运行路径为来油→流量计→阀组→罐。

该流程仅存在于首、末站，用于与外系统的油品交接计量。

（2）正输

先泵后炉流程油品的运行路径为：

①首站。罐→阀组→泵→炉→阀组→下站

②中间站。上站来油→阀组→泵→炉→阀组→下站

先炉后泵流程油品的运行路径为：

①首站。罐→给油泵→阀组→炉→泵→阀组→下站

②中间站。上站来油→阀组→炉→泵→阀组→下站

用于管线的正常输油。

（3）压力越站

油品的运行路径为上站来油→阀组→炉→阀组→下站。

适用情形：

①输量较小。

②输油机组发生故障不能加压。

③供电系统发生故障或计划检修。

④站内低压系统的管道或设备检修。

⑤冷却水系统中断，使输油泵机组润滑得不到保证。

⑥作为流程切换时的过渡流程。

（4）热力越站

油品的运行路径为上站来油→阀组→泵→阀组→下站。

适用情形：

①地温高，输量大，热损失小，可不加热。

②停炉检修。

③加热炉系统发生故障，但可以断油源。

（5）全越站流程

油品的运行路径为上站来油→阀组→下站。

适用情形：

①加热炉管破裂着火，无法切断油源。

②加热炉看火间着火，无法进入处理。

③非全越站不能进行站内管道、设备施工检修或事故处理。

（6）油品站内循环流程或倒罐

油品的运行路径为罐→泵→炉→阀组→罐。

适用情形：

①管道投产时作站内联合试运行。

②输油干管发生故障或检修，防止站内系统的管道或设备凝油。

③下站罐位超高或发生冒罐事故，本站罐位超低或发生抽空现象。

④本站出站压力紧急超压。

⑤作为流程切换时的过渡流程。

采用密闭流程时，该流程仅存于首、末站。

（7）反输流程

先泵后炉油品运行路径为下站来油→阀组→泵→炉→阀组→上站

先炉后泵油品运行路径为下站来油→阀组→炉→泵→阀组→上站

适用情形：

①投产前管道预热。

②因各种原因使停输时间过长，需反输活动管线。

③管道输量太低，必须正反输交替运行。

④清管器在进站管段受阻需进行反冲。

（8）清管器收发

发送清管器油品运行路径为：

①罐（或上站）→阀组→泵→炉→阀组→发送筒→下站

②罐（或上站）→阀组→炉→泵→阀组→发送筒→下站

接收清管器油品运行路径为：

①上站→接收筒→阀组→泵→炉→阀组→下站

②上站→接收筒→阀组→炉→泵→阀组→下站

该流程只有在清管时才使用。

5.2.2　管道输油站

沿管道干线为输送油品而建立的各种作业站场，称为输油站。

1. 输油站类型

输油站按其所处位置不同可分为首站、末站、中间站。中间站按其任务不同又可分为中间泵站、加热站、热泵站、分(合)输站和减压站等。

(1)首站

首站是长输管道的起点，通常位于油田、炼厂或港口附近。其主要任务是接受来自油田或海运的原油，或来自炼厂的成品油；经计量、加压(有时还有加热)后输往下一站。此外还有发送清管器、油品化验、收集和处理油污等辅助作业。有的首站还兼有油品预处理任务，如原油的脱盐、脱水、脱机械杂质(不溶于油和规定溶剂的沉淀或悬浮物，如泥沙、尘土、铁屑、纤维和某些不溶性盐类)、加添加剂或热处理。

首站的主要生产设施有：油罐区、泵机组、阀门组(包括清管器发送装置)、油品计量及标定装置、油品加热装置(如有加热任务)等，还有与主要作业配套的水、电、燃料、消防等辅助作业系统。

首站的输油流程一般包括：①接受来油经计量后储于油罐中；②向下游站输油，由辅助增压泵抽取罐中的存油，经计量后再由输油主泵增压后输入出站干线，如需加热，则常在计量后经加热装置加热后再进主泵；③向下站发送清管器，有时还要接收油田来油管道送来的清管器；④站内循环和倒换油罐；⑤管道的超压保护和出站压力调节。

(2)末站

位于管道的终点，往往是收油单位的油库(例如炼油厂的原油库)或转运油库，或两者兼而有之。接受管道来油，将合格的油品经计量后输送给收油单位；或改换运输方式，如转换为铁路、公路或水路继续运输。

末站的主要任务之一是解决管道运输和其他运输方式之间输量不均衡问题。为保证管道能连续地按经济输量运行，作为转运油库的末站，需设置足够容量的油罐。油罐区容量的大小要根据转运方式的运转周期、一次运量、运输条件及管道输量等因素综合考虑。如转换为海运，则一次装油量大、周转周期长、又要受台风等气候条件的影响，故需要较大的储油罐区。

末站除设有庞大的油罐区外，还有计量、化验和转输设施，如铁路装油栈桥、水运装油码头及与之配套的泵机组、阀门组或加热装置等。

(3)中间输油站

在管道沿线设置中间输油站的地点，是根据输油工艺中水力和热力计算，及沿线工程地质、建设规划等方面的要求来确定的。中间输油站的任务，只是给油流提供能量(压力能、热能)，它可能是只给油品加压的泵站，也可能是只给油品加热的加热站，或者是既加热又加压的热泵站。

2. 输油站的主要生产装置

1)输油泵

输油泵是输油站的核心设备，有往复泵和离心泵两种。

（1）往复泵

往复泵工作时活塞由曲柄连杆机构带动，把曲柄的旋转运动变为活塞的往复运动；当活塞运动使缸内工作容积增大时，泵缸内形成低压，排出阀受排出管内液体的压力而关闭；吸入阀受缸内低压的作用而打开，储罐内液体被吸入缸内；当活塞运动使缸内工作容积缩小时，由于缸内液体压力增加，吸入阀关闭，排出阀打开向外排液，如图 5 - 5 所示。

往复泵的排量只与转速（冲程数）有关，与排出的压力基本无关，一般不能用于密闭输送，由于泵排出液体压力的大小应满足管道的需要，故泵出口须设安全阀以防超压。往复泵的自吸能力强，效率较高，适于输送高黏度液体；但其排量小、体积大、结构复杂，压力脉冲大、易磨损、维修不便。

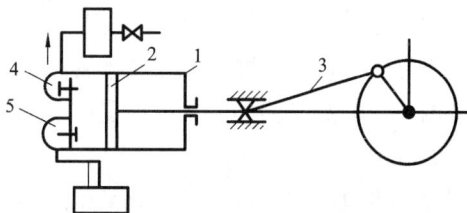

图 5 - 5　往复泵工作原理
1—油缸；2—活塞；3—曲柄连杆机构；
4—排油阀；5—吸油阀

（2）离心泵

离心泵在工作时，叶轮被泵轴带动旋转，对位于叶片间的流体做功，流体受离心力的作用，由叶轮中心被抛向外围，泵内的液体被抛出后，叶轮的中心部分形成真空区域。一面不断地吸入液体，一面又不断地给予吸入的液体一定的能量，将液体排出。离心泵便如此连续不断地工作，如图 5 - 6 所示。

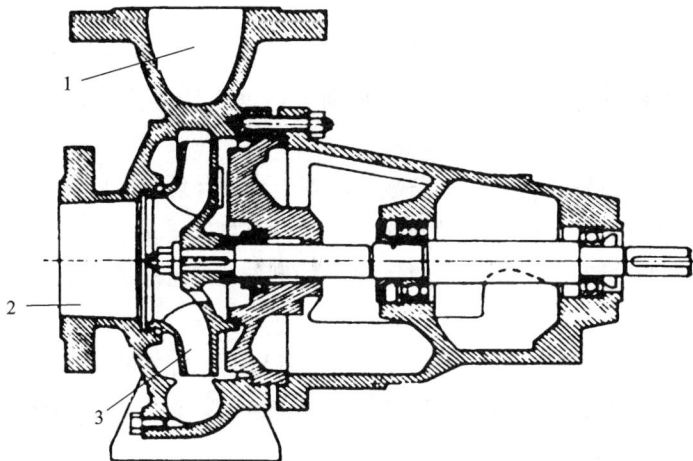

图 5 - 6　离心泵工作原理
1—压出室；2—吸入室；3—叶轮

离心泵的排量大，压力平稳，排量随排出压力的增大而减小，故运行安全，可实现密闭输送。离心泵构造简单，便于维修，能用高速动力机械如电动机等直接驱动，在高速、大排量下效率较高；但泵的效率和工作特性受所输液体黏度的影响较大，输送液体的黏度较大时泵的效率下降，自吸能力差，大排量、高扬程的离心泵常要求正压进泵。

由上述特点可知，离心泵适宜于输送排量大、黏度较低的液体。在我国目前的长输管道和油田、炼厂中，大都用离心泵输油。往复泵通常只是用于输送高黏度的油品，以及在输送易凝、高黏原油的管道上处理事故时，作高压、小排量顶推凝油之用。

（3）输油泵的动力

在长输管道上大都采用电动机驱动输油泵，电动机与其他原动机相比，具有价廉、轻便、维护管理方便，工作平稳，便于自控、防爆、安全性好等优点。但是一个大型输油泵站所需的电功率可达 1×10^4 kW 或更大，其输、变电和配电设备数量相当可观，在离电源较远或电力供应不足处，如需新建电厂或发电装置来给输油站供电时，采用电驱动就不一定合理了。电驱动的另一弱点是输油的可靠性受供电可靠性的制约，一旦停电，就可能造成一站停输，甚至全线输油中断。

因此在供电困难的地区，根据实际情况选用柴油机或燃气轮机来驱动输油泵，可能比电动机更适宜。由于大功率的柴油机往往转速不高，不能与大型离心泵直接传动，高速柴油机又大都对燃料要求严格，检修周期短，维修工作量大。国外在缺电的长输泵站上已逐渐采用燃气轮机来驱动离心油泵，如美国 1977 年建成的横贯阿拉斯加管道。

选择输油泵机组时，除需满足输油压力、排量和油品物性的要求外，还要保证机组的可靠性和高效率。泵机组的可靠耐用是保证管道连续输油和实现自动化的基础，泵机组的效率高低则是影响输油成本的关键因素。

（4）输油泵的组合方式

一个输油站设几台泵机组，主要根据能在规定的输量范围内提供所需的压力，并保持泵在高效区运行的原则确定。

根据泵的特性和输油工艺的要求，输油站的多台输油泵之间有两种组合方式，一为并联，一为串联。往复泵只能并联运行，离心泵则可根据生产的需要，采用并联或串联方式进行。

并联时各台泵的进口管连接在同一条吸入汇管上，各台泵的出口管则连接在同一条排出汇管上。此时泵站的排量是各工作泵的排量之和，各台泵的排出压力相等，也就是排出汇管上的压力。为便于调节输量，提高运行的经济性，可采用在同样扬程下排量大小不同的泵进行并联组合。

串联时各台泵顺着油流的方向，上一台泵的出口与下一台泵的进口相连。因此泵站的排量也就是每一台泵的排量，而泵站的扬程则是各工作泵的扬程之和。为便于调节，可采用在同样排量下扬程大小不同的泵进行串联组合。

平原地区的泵站多采用大排量、中扬程的离心泵串联运行，以利于输量变化时的调节和自动控制。若输油站的下游管道上坡很陡，泵站给出的压力主要用于克服高程差，则宜采用并联方式。

5）加热装置

加热输送是目前输送易凝高黏油品普遍采用的方法。

在输油站上可能采用如下三种加热方式：

①用管式加热炉直接加热。

②用加热炉加热某种中间热载体，再在换热器中用热载体加热油品。

③利用动力装置的余热加热，如柴油机的冷却水或燃气轮机的废气与原油换热。

直接加热设备简单，投资省，应用较多，热效率较低。由于原油在炉管内直接受热，一旦因停电、停泵而使原油断流时易造成事故。用换热器加热原油可避免上述不安全因素，且有利于提高加热效率，但流程复杂，设备投资增加。

在既加热又加压的中间热泵站上，一般来说，进主泵前先加热要有利得多，因为进泵的原油温度高，黏度小，不会降低泵效，可节约动力。且加热装置承压低，既节省投资又安全。但此时必须考虑到克服加热装置压降的动力由何处提供，仅靠泵的吸入能力是不够的。因此，采用泵前还是泵后加热，要视具体条件而定。全线密闭输油时，用泵前加热比较合理。当以旁接油罐方式输油时，若采用泵前加热，则为了有足够的压力，加热炉须设于旁接油罐之前，利用上站的泵压克服加热炉的摩阻，这样会使流程的操作复杂，且增加旁接油罐的蒸发损耗。如中间站上有辅助增压泵，则在增压泵之后输油主泵之前加热最适宜。

3）管道清理装置

各类流体输送管道在长时间运行后，管道内壁会存积大量的污垢，不仅会增大管道阻力，而且会直接影响到流体的正常输送，为减少管道输送时的摩擦阻力，就要及时清除沉积在油管内壁上的蜡、凝油、泥沙和铁锈等杂物。清管是保证输油管道能长期在满输量下安全、经济运行的基本措施之一。

清管的方法是向管内投放与管内壁严密接触的清管器，在油流压力的推动下顺着管壁前进，刮掉壁上的沉积物。清管器有球型清管器、皮碗（直板）型清管器及泡沫清管器等多种形式。

（1）清管器

①球形清管器。球形清管器是用耐磨耐油的橡胶制成的圆球，直径不超过 100 mm 时一般采用实心球，大于 100 mm 时采用内腔注水的空心球，注水孔有加压用的单向阀，用以控制打入球内的水量，调节清管球直径对管道内径的过盈量，如图 5 - 7 所示。球形清管器可以在管道内做任意方向的转动，通过性能好但密封性不佳，故清管效果较差。当管道温度较低时，空心球内应灌注防止凝固的液体，以防冻结。

②皮碗（直板）清管器。皮碗清管器主要由一个刚性骨架和前后两节或多节皮碗构成，如图 5 - 8 所示。皮碗清管器密封性能良好，它不仅能推出管道内积液，而且推出固体杂质效果远比清管球好。如将皮碗改成直板，就成为直板型清管器。

③泡沫清管器。泡沫清管器外貌呈炮弹形，

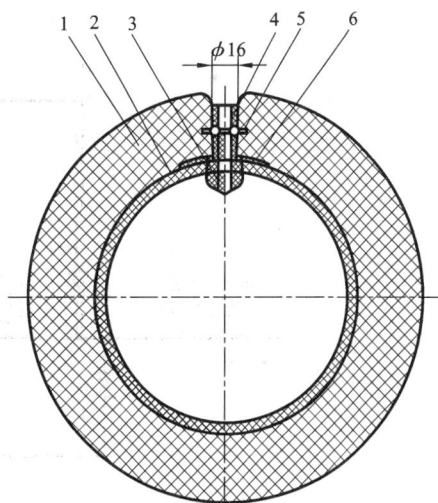

图 5 - 7　球形清管器
1—球体；2—球胆；3—嘴头；
4—嘴芯塞；5—嘴芯；6—胶芯

内部芯体为高密度泡沫，表面有耐磨耐油涂层，如图 5 - 9 所示。这类清管器的密封性能较好，有很好的变形能力与弹性，能顺利通过各种弯头、阀门和变径管。

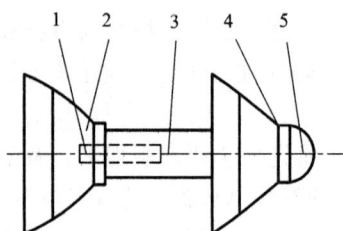

图 5 -8　皮碗清管器
1—信号发射机；2—皮碗；3—骨架；4—压板；5—导向器

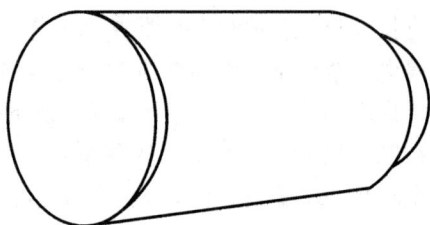

图 5 -9　泡沫清管器

（2）清管器收发装置

为了投放和取出清管器，需在输油站上设清管器收发装置，如图 5 - 10 及图 5 - 11 所示。

清管器的发送步骤：

①打开 5 号放空阀，确认发送筒内无压，然后打开发送筒，把清管器送入发送筒底部，关闭发送筒。

②关闭 5 号放空阀，打开 4 号发送进气阀平衡筒压。

③打开 3 号阀门，关闭 1 号进气阀发送清管器。

④确认清管器发出后，打开 1 号输气管线进气阀，关闭 3 号阀门及 4 号清管器发送进气阀。

⑤打开 5 号放空阀将发送器泄压至零。

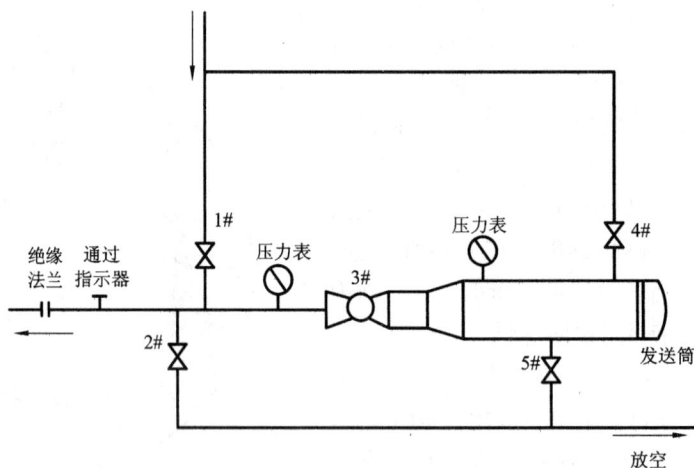

图 5 - 10　清管器发送

清管器的回收步骤：

①关闭 5 号接收器放空阀、打开 4 号阀门平衡接收筒压力；打开 3 号阀，关闭 1 号阀。

②在清管指示器发出清管器通过信号后，关闭 4 号阀，打开 6 号、7 号阀排污。

③确认清管器进入接收筒后，打开 1 号阀。

④关闭 6 号、7 号排污阀，关闭 3 号阀。

⑤打开 6 号、7 号排污阀,打开 5 号放空阀,当接收筒压力降为 0 时取出清管器。

⑥清除接收筒内污物。

⑦关闭 5 号放空阀,关闭 6 号、7 号排污阀。

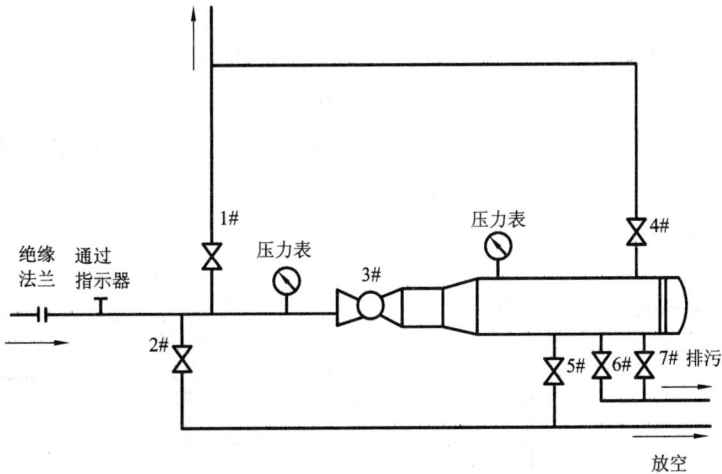

图 5 – 11　清管器回收

4)储油罐

原油及汽油多选用浮顶式油罐,其他油品一般选用拱顶式油罐。

(1)浮顶罐

浮顶罐是一上部开口的立式圆柱形罐,钢浮顶浮在油面上,在收发油时可随油面升降,如图 5 – 12 所示。所谓的罐顶只是漂浮在罐内油面上随油面升降而升降的浮盘,浮顶油罐当罐顶随油面下降至罐底时,油罐就变为上部敞开的立式圆筒形容器,若此时遇大风罐内易形成真空,如真空度过大罐壁有可能被压瘪。

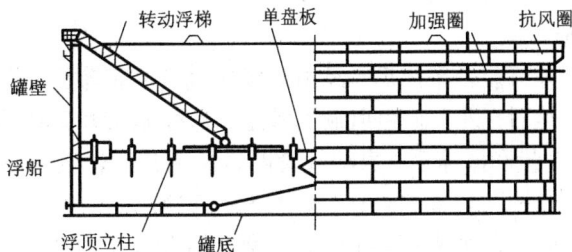

图 5 – 12　浮顶罐

浮顶油罐罐顶与油面之间基本上没有气相空间,油品没有蒸发的条件,因而没有因环境温度变化而产生的油品损耗,也基本上消除了因收、发油而产生的损耗,避免污染环境、减少发生火灾的危险性。所以尽管这种油罐钢材耗量和安装费用比拱顶油罐大得多,但对收发油频繁的油库、炼油厂原油区等仍优先选用,用于储存原油、汽油及其他挥发性油品。

（2）拱顶罐

拱顶罐的总体构造如图5-13所示。拱顶油罐由于气相空间大，油品蒸发损耗大，故不宜储存轻质油品和原油，宜储存低挥发性及重质油品。拱顶罐的结构简单，施工方便；当罐的容积较大时（>1万 m³），单位容积耗钢量增多，拱顶部分容积过大，增加油品蒸发量。

（3）内浮顶罐

内浮顶罐在拱顶罐内增加了一个浮顶。这种油罐有两层顶，外层为与罐壁焊接连接的拱顶，内层为能沿罐壁上下浮动的浮顶，其结构如图5-14所示。内浮顶油罐既有拱顶罐的优点也有浮顶罐的优点，它克服了拱顶油罐由于气相空间大而导致的油品蒸发损耗大，污染环境及不安全的缺点，又避免了浮顶罐承压能力差、在雨水及风沙等的作用下浮顶易发生过载而沉没和罐内可能形成真空的现象。

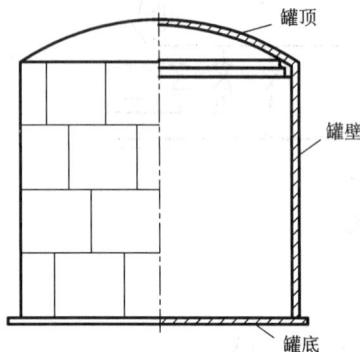

图 5-13 拱顶罐

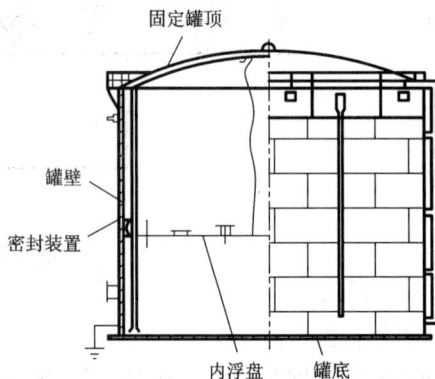

图 5-14 内浮顶罐

5.3 长距离输气管道

5.3.1 输气系统及管道天然气

1. 输气系统的组成

天然气从气田的各井口装置采出后，经由矿场集气管网汇集到集气站，再由各集气站输往天然气处理厂进行净化后，进入长距离输气管道，送往城市和工矿企业的配气站，在配气站上经过除尘、调压、计量和添味后，由配气管网送给用户。输气系统就是从井口装置开始到用户之间一切输配气管网和装置的总称，如图5-15所示。

自20世纪70年代以来，世界上新开发的大型气田多远离消费中心。同时，国际天然气贸易量的增加，促始全球输气管道的建设向长运距、大管径和高压力方向发展。

长距离干线输气管道管径大、压力高，距离可达数千千米，大口径干线的年输气量高达数百亿标准立方米（工程上的标准立方米指温度为20℃、压力为101325 Pa的标准状况下的体积）。

2. 管道天然气

天然气的主要成分是甲烷，含量一般不少于90%，其次为乙、丙、丁烷及其他气体烃类，常含有少量有毒的硫化氢，以及二氧化碳、氢气和水蒸气等。此外还可能含有固体砂粒、凝

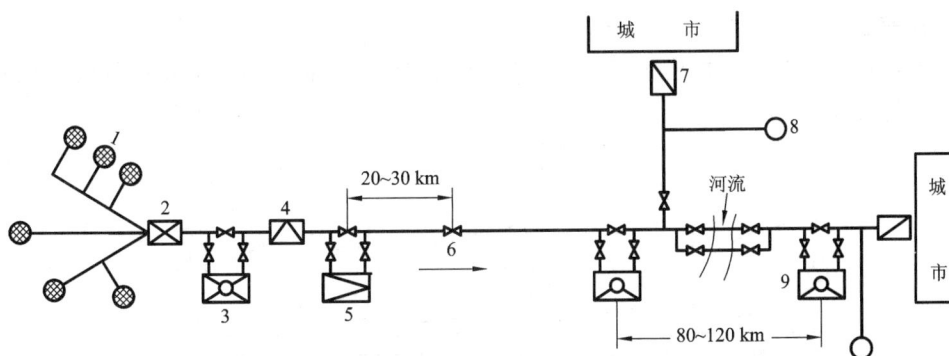

图 5 – 15 管道输气系统

1—井场装置；2—集气站；3—矿场压气站；4—天然气处理厂；5—首站；
6—截断阀；7—调压计量站；8—地下储气库；9—中间压气站

析油(天然气油)和水等。天然气在标准状况下的容重为 $0.68 \sim 0.72 \ kg/m^3$，与空气的相对密度约为 0.6；在空气中的含量为 $5.3 \sim 15\%$（体积）时，遇明火会引起爆炸；被水蒸气饱和的天然气，在一定的压力及温度条件下，会生成外观像雪似的结晶水合物。

天然气中所带的固体杂质会磨损压气机和仪表，沉积在管道中又会使管道断面缩小、粗糙度增大，以至使摩阻增大，甚至堵塞管道。凝析液和水除了会因聚集而增加输送的能耗外，还会腐蚀管道和仪表。结晶水合物则不仅会增加摩阻，甚至可能堵塞管道。硫化氢和二氧化碳等酸性气体，遇水时对金属有很强的腐蚀性。因此，为确保输气管道的安全、经济，使气体质量符合用户的要求，天然气在进入长输管道以前必须除去游离水、凝析液和固体杂质，并脱掉硫化氢和水蒸气，以消除事故隐患。

目前，各国都制定了管道输送天然气的质量标准，一般要求经过处理的天然气中硫化氢含量小于 $5.5 \ mg/标 \ m^3$；天然气的露点温度（水开始凝析的温度）低于管道周围环境温度 $5 \sim 10℃$；含尘粒径小于 $10 \ \mu m$，含尘量小于 $0.5 \ mg/m^3$。

5.3.2 输气站的分类和功能

长输管道的输气站，可按其作用不同分为压气站、调压计量站和储气库三种，如图 5 – 16 所示。

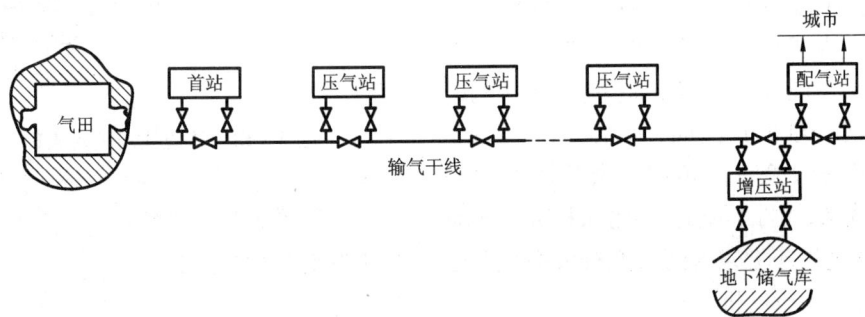

图 5 – 16 输气站

1. 压气站

压气站是给天然气提供压力能的,可按其在管道沿线的位置分为起点压气站、中间压气站及终点充气站。

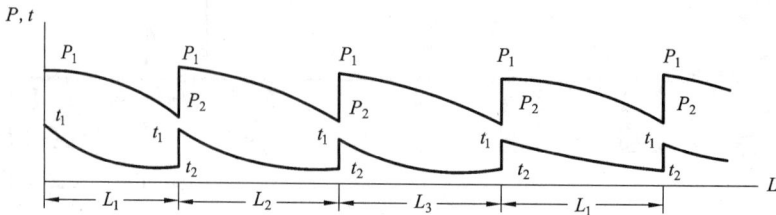

图 5 - 17 输气管道沿线压强和温度变化

天然气在输气管道的流动过程中由于各种摩擦,其压力不断下降,导致管道的输气通过能力降低,仅靠天然气地层压力实现长距离大量输送天然气是不可能的。要保持天然气管道中规定的流量及压力,必须建立压气站,如图 5 - 17 所示。

起点压气站直接建在气田之后,用途是使天然气保持必要的压力,以便继续在干线输气管中输送;除提供压力能外,起点压气站还兼有气体净化(除尘、干燥、脱水和冷凝液、脱硫等)、混合、计量、压力调节和清管器发送等作业。

中间压气站位于输气管道沿线上,一般每隔 100 ~ 200 km 建一座压气站,主要是给在输送中消耗了压力能的天然气增压,把进站的气体从进口压力压缩到出口压力,以保证干线输气管道中规定的流量;除正常输送时的增压外,还包括越站旁通,清管器接收及发送,安全泄压等。

终点充气站位于储气库内,主要是将输来的天然气加压后送入地下储气库,以及从地下储气库中抽出天然气。

经压气站输送的天然气流量可以通过接通和切断压气机组、改变压气机组的转速来调节。所有情况下,都应减少机组数量,同时达到输气量的要求,以减少投资和燃料消耗。

1)压气机

压气机组合而成的压气机组是压气站的主要设备。长输管道采用的压气机有往复式和离心式两种。

(1)往复式压气机

往复式压气机利用活塞在气缸中的往复运动及与之协调配合的吸入阀和出口阀的开启与关闭来实现气体压缩,如图 5 - 18 所示。具有压缩比(出口与进口的压力之比)高、效率高及可通过改变气缸顶部的余隙容积来改变排量的优点,但排量小,占地面积大,振动

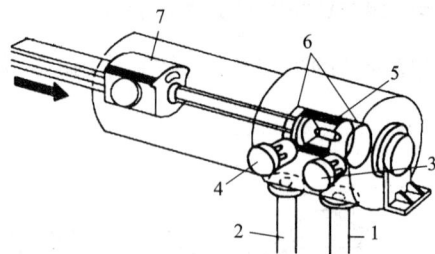

图 5 - 18 往复式压气机原理
1—燃气入口;2—燃气出口;3—进气阀;4—排气阀;
5—活塞;6—气缸内壁;7—十字头

也大,一般适用于要求升压幅度较大的起点压气站和终点充气站。

(2)离心式压气机

离心式压气机利用高速旋转的叶轮使叶轮出口处的气流达到很高的流速,然后在扩压室将高速气体的动能转化为压力能,从而使压缩机出口的气体达到较高的压力,如图 5 - 19

所示。

离心式压气机的主要部件有：

①吸气室：其作用是将气体从进气管均匀地引入叶轮进行压缩。

②叶轮：离心压缩机中唯一对气体介质做功的部件，如图 5 – 20 所示。它随轴高速旋转，气体在叶轮中受旋转离心力和扩压作用，因此气体流出叶轮时的压力和速度都得到明显提高。

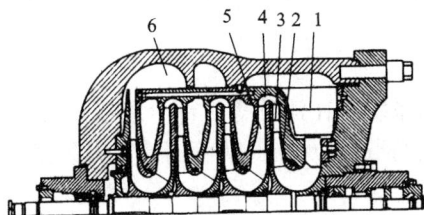

图 5 – 19　离心式压气机原理（半剖面）
1—吸气室；2—叶轮；3—扩压器；
4—弯道；5—回流器；6—排出室

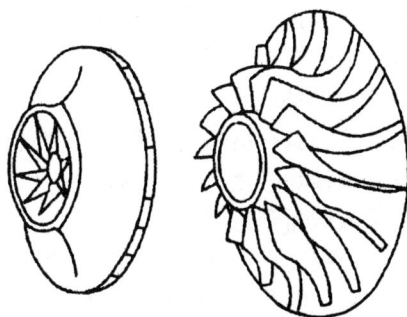

图 5 – 20　离心式压气机叶轮

③扩压器：离心压缩机中的转能部件。气体从叶轮流出时速度很高，为此在叶轮出口后设置流通截面逐渐扩大的扩压器，以将这部分速度能有效地转变为压力能。

④弯道：位于扩压器后的气流通道。其作用是将经过扩压器后的气体由离心方向改为向心方向，以便引入下一级叶轮继续压缩。

⑤回流器：它的作用是使气流以一定方向均匀地进入下一级叶轮入口。回流器中一般都装有导向叶片。

⑥排出室（蜗壳）：其主要作用是把从扩压器或直接从叶轮出来的气体收集起来，并引出机外。在蜗壳收集气体的过程中，由于蜗壳外径及通流截面的逐渐扩大，因此它也起着一定的扩压作用。

在离心压缩机中，习惯将叶轮与轴的组件统称为转子，而将扩压器、弯道、回流器、吸气室和蜗壳等称为定子。

离心式压气机的压缩比低，排量大，可在固定排量和可变压力下运行，适用于中间压气站。在输量较大的长输管道上，目前大都采用离心式压缩机。

（3）压气机的选择

压气机的选择，除满足输量和压缩比要求，并有较宽的调节范围外，还要求具有可靠性高、耐久性好，并便于调速和易于自控等。在满足操作要求和运行可靠的前提下，尽量减少机组台数。

（4）压气机连接方式

同一种类的压气机均可用并联、串联或串联和并联兼用方式运行。需要高压缩比，小排量时多用串联；需要低压缩比，大排量时多用并联；压力和输量有较大变化时，可用串联和并联兼用方式运行。功率不同的压气机可以搭配设置，便于调节输量。往复式和离心式两种压气机也可在同一站上并联使用。

（5）压气机驱动方式

压气机用的原动机有燃气发动机、电动机和燃气轮机等多种。

燃气发动机具有热效率高、燃料耗量低的优点，但设备复杂，投资和安装费高。

电动机驱动操作简单，有利于环境保护，维护工作量少；其缺点是调速困难，一般不能通过改变动力轴的转速来调节天然气的流量(采用调速电动机可适当调节流量)，必须输入电能，由于敷设大功率的供电线路投资又大，故一般只用于距电源近、电价低廉地区。

燃气轮机是目前输气管道上使用最多的原动机，其优点是体积小，运行可靠，转速高，可与压气机直接传动，能用多种油品或天然气作燃料。其主要缺点是热效率低，必须附设余热回收装置以提高其效率。

2)压气站的流程

压气站的流程由输气流程、机组控制流程和辅助系统工作流程等三部分组成。

输气流程除净化、计量、增压等主要流程外，还包括越站旁通、清管器接收及发送、安全放空与紧急截断管道等。

机组控制流程包括启动、超压保护、防喘振等。

辅助系统部分工作流程包括供给燃料气、自动控制、冷却、润滑等。

2. 调压计量站

燃气输配系统包括不同压力等级的输配管网，并连接有不同使用压力要求的用户，要使输配终端压力不随用气量的变化而保持稳定，必须根据使用压力要求设置压力调节装置。同时，通常还需对调压后送出的燃气进行计量。这些功能由调压计量站实现。

调压计量站一般都设在输气管道的分输处和末站，任务是调节和稳定气流压力和测量气体流量，以给城市配气系统分配气量及分输给储气库。调压计量站的主要设备有压力调节阀、流量计量装置和机械杂质分离器等。

3. 储气库

天然气的消费由大量燃气用户的使用叠加而成，具有小时、日、月及季节的不均衡性，而气源的供气量不可能随用气的不均衡性同步供给，在天然气供应和需求之间始终存在着不均衡性，在管道沿线或终点设置储气库，可解决管道均衡输气和气体消耗的昼夜及季节不均衡的矛盾。

当管道发生意外事故，如停电、设备暂时故障时，建在城市配气站或大工业用户附近的储气库仍能连续给用户供气。

在多气源地供气的情况下，如燃气成分有差异，设置储气库可起到混合不同燃气，使燃气性质(成分、热值、燃烧特性)均匀。

天然气可按液态、气态或固态储存。

1)液态储气库

天然气的液态储存目前一般采用低温常压储存的方法，最常用的方法是深度冷冻法，将天然气冷却到 -163℃，在常压、低温下储存。其储存库主要有冻土地穴、地上金属储罐、预应力钢筋混凝土储罐等几种。

天然气液化后在常压低温下储存比较安全，负荷调节范围广，适于调节各种情况(月、日、时)的供气与用气之间的不平衡。用气高峰时，经过再气化即可供气。天然气的液化和再气化都需要消耗一定的能量，只有储存量较大时经济上才合算。

2)气态储气库

天然气的气态储存方式有储气罐、地下储气库，埋地高压管束储气和利用长输管道的末段储气等。

（1）低压湿式储气罐

低压湿式储气罐是一种压强基本稳定、储气容积在一定限度内可以变化的低压储气设备，其储气原理是在水槽内放置钟罩，钟罩随着天然气的进出而升降，并利用水封防止罐内天然气逸出和外面的空气进入罐内。罐的容积可随供气量而变化。

湿式储气罐按罐的节数分单节罐和多节罐。按钟罩的升降方式分为在水槽外壁上带有导轨立柱的直立罐和钟罩外壁上带有螺旋状轨道的螺旋罐；其构造形式分别如图 5 – 21 及图 5 – 22 所示。

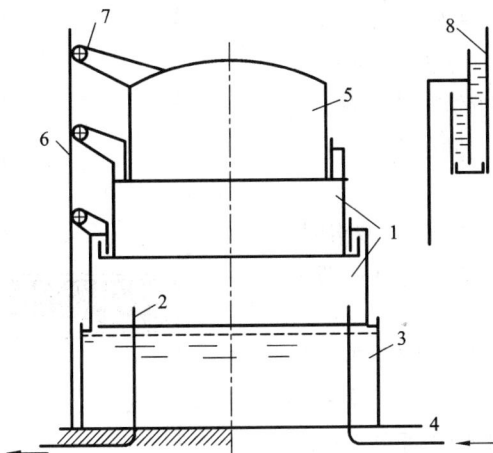

图 5 – 21　多节直立湿式罐

1—塔节；2—出气管；3—水槽；4—进气管；5—钟罩；6—导轨立柱；7—导轮；8—水封

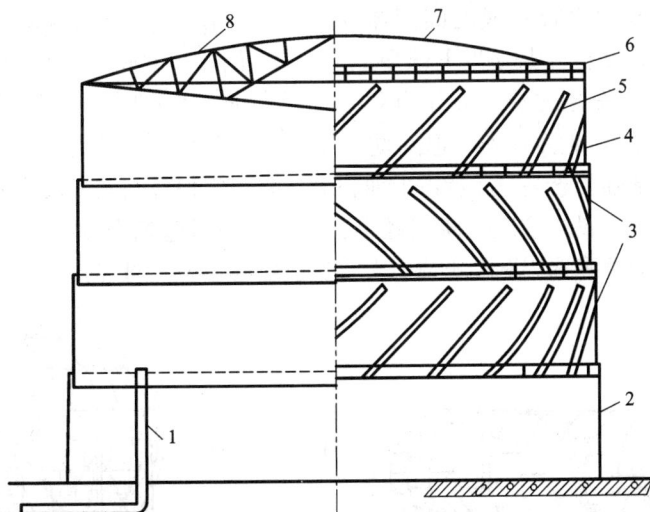

图 5 – 22　螺旋罐

1—进气管；2—水槽；3—塔节；4—钟罩；5—导轨；6—平台；7—顶板；8—顶架

低压湿式储气罐有一个大水槽，运行时对不均匀沉降的要求较严格，因此对地基的承载力及均匀性有一定要求，特别是在软弱地基及不均匀地基条件下要打满堂桩，地基处理费用高。

低压湿式储气罐运行时频繁地在水中升降，且储气罐中气体的部分物质溶于水中并附着在储气罐钢材表面上，对钢材产生腐蚀作用。

低压湿式储气罐在北方地区运行时，寒冷的冬季存在水槽结冰的问题，因此在水槽外圈需加设保温墙，且水槽内应加设蒸汽管道使水不至于冻结而影响罐的正常运行。

（2）低压干式罐

干式罐主要由圆柱形外筒、沿外筒上下运动的活塞、底板及顶板组成。气体储存在活塞以下部分，随活塞上下而增减其容积，如图5－23所示。干式罐没有水槽，因而存在复杂而不易解决的密封问题，也就是如何防止活塞与外筒之间的漏气。

（3）高压储气罐

当需要以较高压力将燃气送入城市时，使用低压储气罐显然不合适，这时一般采用高压罐。

高压储气罐其几何容积固定不变，依靠改变罐内的压力储存燃气，高压储气罐没有活动部分，因此结构比较简单。高压储气罐按其形状分为圆筒形和球形等形式，卧式圆筒型储气罐如图5－24所示，球型储气罐如图5－25所示。

圆筒型储气罐是由钢板制成的圆筒体和两端封头构成的容器，封头分为半球型、椭圆型和碟型。根据安装方法，可分为立式和卧式两种。前者占地面积小，但对防止罐体倾倒支柱及基础要求高；后者占地面积大，但支柱和基础做法较为简单。

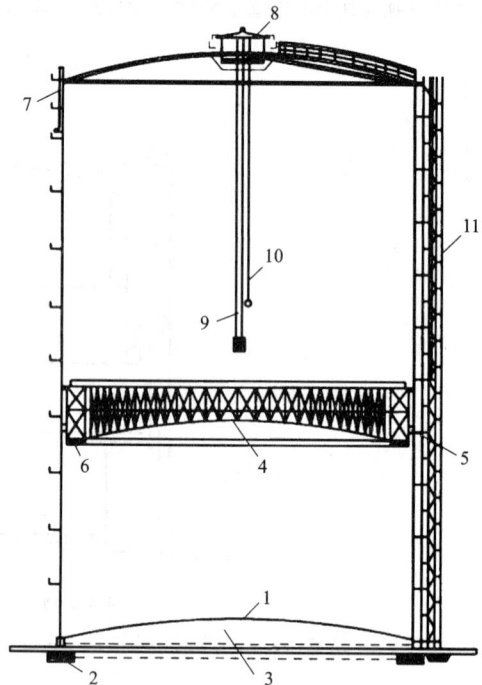

图5－23　可隆型干式储气罐

1—底板；2—环形基础；3—砂基础；4—活塞；
5—密封垫圈；6—加重块；7—燃气放散管；8—换气装置；
9—内部电梯；10—电梯平衡块；11—外部电梯

单位体积球形罐金属耗量比圆筒型罐小，但球型罐制造较为复杂，制造安装费用较高，所以一般小容量的储罐多选用圆筒型罐，大容量的储罐多选用球型罐。

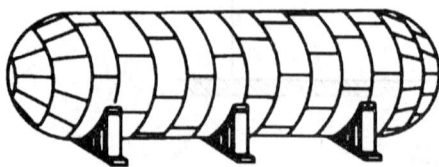

图5－24　卧式圆筒型储气罐

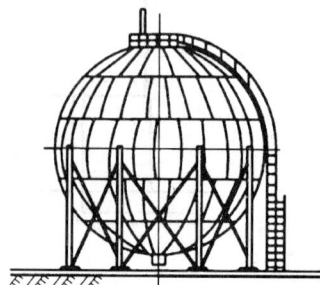

图5－25　球型储气罐

（4）地下储气库

地下储气库是将长输管道输送来的商品天然气重新注入地下空间而形成的一种人工气田或气藏，一般建设在靠近下游天然气用户城市的附近。地下储气库的储存量大，机动性强，调峰范围广；经济合理，经久耐用，使用年限长达 30～50 年或更长；安全系数大，安全性远远高于地面设施。

目前世界上典型的天然气地下储气库类型有 4 种：枯竭油气藏储气库、含水层储气库、盐穴储气库、废弃矿坑储气库。

①枯竭油气藏储气库。枯竭油气藏储气库利用枯竭的气层或油层而建设，是目前最常用、最经济的一种地下储气形式，具有造价低、运行可靠的特点。

②含水层储气库。用高压气体注入含水层的孔隙中将水排走，在非渗透性的含水层盖层下直接形成储气场所。含水层储气库是仅次于枯竭油气藏储气库的另一种大型地下储气库形式。

③盐穴储气库。在地下盐层中通过水溶解盐而形成空穴，用来储存天然气。从规模上看，盐穴储气库的容积远小于枯竭油气藏储气库和含水层储气库，单位有效容积的造价高，而且溶盐造穴需要花费几年的时间。但盐穴储气的优点是储气库的利用率较高，注气时间短，垫层气用量少，需要时可以将垫层气完全采出。

④废弃矿坑储气库。利用废弃的符合储气条件的矿坑进行储气。目前这类储气库数量较少，主要原因在于大量废弃的矿坑技术经济条件难以符合要求。

（5）埋地高压管束储气

高压管束，事实上是一种高压管式储气罐，因其直径小能承受更高的压力。管束储气是将一组或几组钢管埋在地下，对管内储存的天然气加压，利用气体的可压缩性进行储气，可使储气量大大增加。

管束储气可以埋设在人口稀少的地区，与长输管线一样对待。站内的设备如分离器、压缩机、空冷器以及操作阀门等可以设在计量站统一管理。管束储气开始时，利用长输管线的输送压力充气，待压力平衡后即启动压缩机注入管束。压缩机入口压力按计量站入口压力计算，压缩机出口压力为管束储气压力。

（6）长输管线末段储气

长距离燃气输气管线有一定的储气能力。因为长输管线末端排出的燃气量是不断变化的，如果压送站送出的燃气量不变，而从管线末端排出的气量随用气工况变化，这样管线末端是在负荷不断变化的情况下工作的。当夜间城市用气量小于供气量时，剩余的燃气就积存在管道内，使管内压力升高。一般到凌晨 5～6 时，管道内的压力可达到最大允许值，而此时管道内排出的气量仍小于供气量，则压缩机不得不停止压送，或减少压送，在这种情况下，燃气储存在管道末段中，称为管道末段储气。当白天城市用气量高于供气量时，储存的燃气就经管道送入城市管网。

3）天然气的固态储存

天然气水合物是一种白色固体物质，有极强的燃烧力，主要由水分子和烃类气体分子（主要是甲烷）组成，它是在一定条件（合适的温度、压力、气体饱和度、水的盐度、pH 值等）下由水和天然气在中高压和低温条件下形成的。一旦温度升高或压强降低，甲烷气则会逸出，固体水合物便趋于崩解。

天然气水合物又称固态甲烷，由天然气与水组成，呈固态，外貌像冰雪或固体酒精，点火即可燃烧。因此被称为"可燃冰"、"气冰"、"固体瓦斯"。

天然气水合物燃烧后几乎不产生任何残渣，污染比煤、石油都要小得多。

天然气水合物具有极强的储载气体能力，一个单位体积的天然气水合物可储载 100~200 倍于该体积的气体量。

天然气水合物的储存方法是，将天然气在一定压力和温度下转变成固体结晶水合物并储存于钢制的储罐中。

天然气水合物储运技术一般基于以下两方面考虑：

①开采海上气田或远洋进口天然气，天然气在出口国或气田先加工成水合物再经过轮船运往需要天然气的地方气化后使用。

②内陆储运，主要是在没有必要铺设专用管道的情况下使用，因为天然气水合物储运具有很大的灵活性。

重点与难点

1. 输油管道站场工艺流程。
2. 天然气的储存方式。

思考与练习

1. 水击现象是如何产生的？对管道运行有何影响？
2. 低压储气时为什么选择容积可变的罐体？

参考文献

[1] 黄世玲. 交通运输学[M]. 北京：人民交通出版社，1988

[2] 沈志云. 交通运输工程学[M]. 北京：人民交通出版社，2000

[3] 佟立本. 铁道概论[M]. 北京：中国铁道出版社，2012

[4] 钱仲侯. 高速铁路概论[M]. 北京：中国铁道出版社，1994

[5] 冯焕，何勋隆. 铁路站场及枢纽[M]. 北京：中国铁道出版社，1987

[6] 王午生. 铁道线路工程[M]. 上海：上海科学技术出版社，1999

[7] 郝瀛. 铁道工程[M]. 北京：中国铁道出版社，2000

[8] 尹力明，陈贵荣. 吸力型磁悬列车的悬浮电磁铁的设计原理和设计方法[J]. 机车电传动，1992，(5)：14－19

[9] 王延安，陈世元，苏战排. EMS 式与 EDS 式磁悬浮列车系统的比较分析[J]. 铁道车辆，2001，39(10)：17－20

[10] 才西月. 道路勘测设计[M]. 沈阳：东北大学出版社. 2006

[11] 徐家钰，王凤丽，杜海明. 道路工程[M]. 上海：同济大学出版社，2015

[12] 黄晓明，许崇法. 道路与桥梁工程概论[M]. 北京：人民交通出版社，2014

[13] 张廷楷. 高速公路[M]. 北京：人民交通出版社，1990

[14] 吴瑞麟，沈建武. 城市道路设计[M]. 北京：人民交通出版社，2003

[15] 周亦唐. 道路勘测设计[M]. 重庆：重庆大学出版社，2013

[16] 彭向荣. 公路 S 型曲线超高设计方法探讨[J]. 广东公路交通，2007，(2)：43－44

[17] 徐大振，刘红，沈志江. 水运概论[M]. 人民交通出版社，2005

[18] 王云. 航空航天概论[M]. 北京：北京航空航天大学出版社，2009

[19] 高俊启，徐皓. 机场工程概论[M]. 北京：国防工业出版社，2014

[20] 谢础，贾玉红. 航空航天技术概论[M]. 北京：北京航空航天大学出版社，2008

[21] 王绍周. 管道运输工程[M]. 北京：机械工业出版社，2004

[22] 李长俊. 天然气管道输送[M]. 北京：石油工业出版社，2008

[23] 曹开朗，李建勋，李伟. 低压储气罐技术经济比较及选型[J]. 煤气与热力，2001，21(1)：66－68